准噶尔盆地复杂储层
数字岩心技术实验研究及应用

靳 军 王子强 寇 根 等著

石油工业出版社

内 容 提 要

本书系统总结了准噶尔盆地复杂储层开发中数字岩心技术的应用，对数字岩心的技术原理、单尺度及多尺度数字岩心的构建方法、基于数字岩心的砂砾岩及致密岩的孔隙结构分析、基于数字岩心的多相及单相多尺度流动模拟与分析等内容进行了详细的介绍，其间穿插了丰富的应用实例分析，对砂砾岩及致密岩的结构及渗流规律的深入认识具有很高的参考价值。

本书可供从事油气勘探开发工作的科研和技术人员以及高等石油院校相关专业师生参考使用。

图书在版编目（CIP）数据

准噶尔盆地复杂储层数字岩心技术实验研究及应用／靳军，王子强，寇根著 . — 北京：石油工业出版社，2020. 5

ISBN 978-7-5183-4113-9

Ⅰ. ①准… Ⅱ. ①靳… ②王… ③寇… Ⅲ. ①岩芯分析–应用–准噶尔盆地–油气–复杂地层–储集层–实验 Ⅳ. ①P618. 130. 2-33

中国版本图书馆 CIP 数据核字（2020）第 110953 号

出版发行：石油工业出版社
（北京安定门外安华里 2 区 1 号楼　100011）
网　　址：www. petropub. com
编辑部：（010）64523546
图书营销中心：（010）64523633
经　　销：全国新华书店
印　　刷：北京中石油彩色印刷有限责任公司

2020 年 5 月第 1 版　2020 年 5 月第 1 次印刷
787×1092 毫米　开本：1/16　印张：16
字数：360 千字

定价：160. 00 元
（如出现印装质量问题，我社图书营销中心负责调换）

《准噶尔盆地复杂储层数字岩心技术实验研究及应用》
撰 写 人 员

靳　军　　王子强　　寇　根　　吕道平　　赵增义

周　伟　　魏　云　　娄清香　　凌　云　　王　熠

杨　龙　　安　科　　周　波　　葛　玲　　胡冰艳

陈一飞　　刘伟洲　　刘向军　　郭立辉　　陈新华

前　言

数字岩心技术作为一种新兴的学科交叉技术，近年来在石油工业得到了广泛的应用。该技术在砂岩等常规储层条件下的应用较多，也取得了很多技术成果。目前，数字岩心在砂砾岩以及致密岩等复杂储层条件下的应用还比较少，国内也没有该领域的著作。近年来，在准噶尔盆地复杂储层油田的开发中，数字岩心技术在砾岩以及致密岩心的岩心结构分析、岩石物理特性模拟等多个方面都得到了广泛的应用，并取得了很多有价值的结果。

本书基于近年来数字岩心技术在准噶尔盆地复杂储层油田的一系列应用，系统地介绍了数字岩心的技术原理，单尺度及多尺度数字岩心的构建方法，基于数字岩心的砂砾岩及致密岩的孔隙结构分析，基于数字岩心的多相及单相多尺度流动模拟及分析等内容。书中穿插了丰富的应用实例分析，提供了翔实的文献参考资料。

本书共五章。第一章主要阐述数字岩心技术的研究背景及意义，概括介绍国内外相关研究现状。第二章介绍多相数字岩心建立的必要性和建立方法，然后基于体积平均法从理论上推导建立了描述自由流—渗流耦合的数学模型，为后文的多尺度流动模拟作理论基础。第三章分别研究了多尺度岩心的网格划分方法，自由流—渗流耦合数学模型的离散方法，采用 C++语言编写了尺度流动模拟程序，并基于二维多孔介质尺度流动模拟结果验证多尺度流动模拟程序和方法的正确性。第四章基于数字岩心的微观孔隙结构分析，研究了微孔隙对数字岩心渗透率的影响。第五章基于二维多相数字岩心，研究了储层多孔介质多尺度孔隙结构对流体渗流的影响。

靳军、王子强、寇根负责制定本书的指导思想以及全书的统稿、定稿等工作。第一章由寇根、王子强、刘伟洲编写，第二章由吕道平、赵增义、郭立辉、刘向军编写，第三章由周伟、魏云、娄清香、陈新华编写，第四章由凌云、王熠、杨龙、安科编写，第五章由葛玲、胡冰艳、周波、陈一飞编写。在编写过程中，中国石油大学（华东）提供了技术支持。

由于水平有限，书中难免存在不足，敬请读者批评指正。

目　　录

第一章 绪 论

本章对数字岩心技术中的两部分主要内容，即数字岩心的构建及数字岩心的应用的研究进展进行简单介绍。数字岩心构建技术主要涉及物理实验方法及数值重建方法。数字岩心应用技术主要涉及基于数字岩心技术的岩石孔隙结构表征技术及基于数字岩心的岩石属性数值模拟技术。最后，本章还介绍了准噶尔盆地复杂储层岩心特征。

第一节 数字岩心技术简介

近年来，随着计算机、X 射线或 CT 等技术的发展，数字岩心作为新兴的储层孔隙特征表征方法，已逐渐在油层物理及渗流理论研究中发挥重要的作用。数字岩心即储层岩石的三维微观结构模型。将真实岩心中的岩石骨架和孔隙用不同灰度的体素（其大小取决于成像设备的分辨率）表示，即构成了数字岩心。应用数字岩心技术能够克服常规岩石物理实验测量存在的问题，再现储层岩石的复杂微观特征。数字岩心能够对多种孔隙结构微观参数进行定量分析，有利于研究这些微观参数对岩石物理属性的影响。另外，借助于数值算法，还可以在数字岩心的基础上进行计算机模拟实验。这些模拟实验快速便捷而且成本低，可模拟计算岩石的弹性、电性、核磁共振和渗透性特征等物理属性，并且能探索各个属性间的关系。相比其他孔隙结构研究方法，数字岩心技术具有速度快、成本低、可计算多种岩石物理属性、探索各属性之间的关系、可模拟一些常规岩石物理实验难以测量的物理量等优点。

数字岩心技术主要包括两部分内容：一是数字岩心的构建；二是数字岩心的应用。数字岩心的构建方法主要分为两大类：一类是物理方法，主要是通过实验仪器对岩心样品扫描等物理方式直接成像来构建数字岩心，主要有 X 射线 CT 成像方法、序列二维薄片叠加成像方法和共焦激光扫描方法。这类方法的优点是能够比较准确地表征真实岩心的孔隙结构，但无法识别小于仪器精度的孔隙。另一类是数学方法，是以高精度二维图像为基础，通过地质过程模拟或随机模拟来重构三维数字岩心，主要有 MCMC 方法、马尔可夫链方法、高斯随机场方法、模拟退火算法、顺序指示模拟算法和多点地质统计学方法等。这类方法只需借助少量的岩心二维图像等资料，通过图像分析提取相关的建模信息，之后采用某种数学方法重构数字岩心。方法的优点是成本低、适应性强、不受仪器的分辨率限制，但构建的数字岩心在孔隙结构和连通性等方面与真实岩心存在一定的差距。

数字岩心的应用也主要分为两类：一类是利用数字岩心进行岩石结构分析。在这类应用中，主要是基于数字岩心对岩石中孔隙或岩石进行定量描述，进而分析岩石结构特征。目前，这类应用主要是基于数字岩心建立反映孔隙空间特征的孔隙网络模型，然后再基于孔隙网络模型进行岩心结构分析。建立孔隙网络模型的方法包括多向扫描法、孔隙空间居中轴线法、多面体法及最大球方法等。另一类是基于数字岩心对岩石的重要性质进行数值模拟。目前可以模拟的性质有很多，包括弹性、电性、渗流特性等。在这些性质里面最重要的还是对岩心渗流特性的模拟。对岩心渗流特性进行模拟的方法有基于孔隙网络模型的逾渗方法、格子玻尔兹曼方法以及基于计算流体力学的直接模拟法。

第二节　数字岩心构建技术研究进展

数字岩心的构建方法经过最近 20 年左右的发展，取得了不少新的成果。无论是在构建的准确性，还是在构建速度上都提高很多。数字岩心的构建方法整体上可以分为物理实验方法和数值重建方法两类。物理实验方法是通过实验仪器对岩心样品直接成像构建数字岩心。数值重建方法是以高精度二维薄片图像为基础，通过随机模拟或地质过程模拟重建三维数字岩心。

一、物理实验方法

1. 序列二维薄片叠加成像方法

序列二维薄片叠加成像方法是一种常见的数字岩心构建方法。该方法是将多孔介质表面刨光后采用高分辨率照相仪器进行成像；然后切割掉一层表面，重新进行成像；如此重复，就可以得到一系列连续的二维薄片图像；将所有图像按照扫描顺序进行叠加就可以得到三维可视化的数字岩心。序列二维薄片叠加成像方法获取数字岩心的流程如图 1-1 所示。近年来，出现了将序列二维薄片叠加成像方法与聚焦离子束（FIB）技术相结合构建三维数字岩心的技术，一般称为 FIB-SEM 技术。由于通常的序列薄片成像方法应用电子束对样品表面进行刨光，这样会使样品表面产生的静电较多，不利于表面成像。FIB 技术是通过离子束对样品表面进行磨蚀，产生的静电较少，具有更好的成像质量，可以达到纳米级的分辨率。图 1-2 为采用 FIB-SEM 技术构建的硅藻土的三维数字岩心。

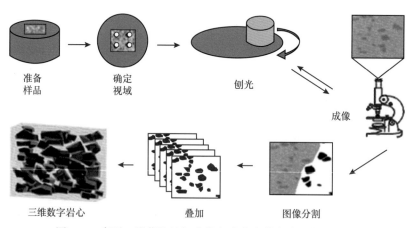

准备样品　　确定视域　　刨光　　成像

三维数字岩心　　叠加　　图像分割

图 1-1　序列二维薄片叠加成像方法获取数字岩心的流程图

对于样品表面积为 $50\mu m\times50\mu m$ 的样品，应用 FIB 聚焦离子束离子电流为数千皮埃条件下磨掉 $0.1\mu m$ 厚度需要几分钟，具体时间与离子束电流大小和样品材料相关，一般情况下 1h 仅可以扫描 5~20 张图片，建模速度较慢。离子束能量越高，样品表面的磨蚀就越快，但是样品表面就会越粗糙，成像质量就会越差。由于序列二维薄片叠加成像方法对样品表面重复的切割、刨光和成像需要花费大量的时间，因此在实际构建数字岩心过程中较少使用。

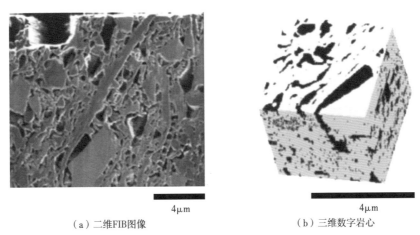

（a）二维FIB图像　　　　　　　　（b）三维数字岩心

图1-2　硅藻土的二维 FIB 图像及应用 FIB-SEM 技术构建的三维数字岩心

2. X 射线 CT 方法

与序列二维薄片叠加成像方法相比，X 射线 CT 方法的应用更为广泛。该方法应该是通过物理手段构建数字岩心的最常用的方法。利用该方法构建数字岩心具有不损坏样品并且可进行多精度扫描的特点。

20 世纪 70 年代早期，Jim Elliott 构想并研制了第一台微 CT 系统，最初该系统只是用于医学领域。1979 年，Bellaire 研究中心的 Vinegar 利用医学 CT 完成了第一个岩心扫描。其后的 30 年，各国纷纷将 CT 技术扩展运用到石油地质研究的各个领域，包括研究岩石的基本物理性质、岩心地质特征、微观驱替及孔隙发育程度等。1984 年，Wang 描述了岩心驱替中使用 CT 观测原油驱替；Wellington 和 Vinegar 于 1985 年利用 CT 研究了泡沫作为 CO_2 流度控制剂的益处。1986 年，Withjack 通过 CT 确定岩心性质，指导混相驱试验，并描述和测量相对渗透率。90 年代初，Dunsmuir 将微 CT 技术发展并应用于石油领域，主要是提高了微 CT 技术的分辨率，可以达到孔隙级分辨率。Coenen 应用微 CT 技术构建了分辨率为微米级和亚微米级的三维数字岩心。

国内最早发表岩石 CT 成果的是杨更社等，他们着重分析了岩石 CT 图像的 CT 数分布特征，即无裂纹时 CT 数直方图呈现单峰曲线特点，有裂纹或空洞发育时直方图呈现多峰曲线特点。葛修润等采用新研制的三轴压力仪与 CT 设备配合，实现了不卸载扫描，首次获得砂岩的实时 CT 图像，使实验技术有了新的突破。丁卫华提出了 CT 尺度的概念，其含义是基于 X 射线 CT 设备分辨率水平（一般在 0.01~1mm 数量级），通过图像处理后，能够从 CT 图像中识别的特定物质或结构的最小尺度，尤其是图像中的线状或环状影像的尺度。岩石内部裂纹宽度达到 0.01~1mm 或更大时，可从 CT 图像中识别。CT 尺度裂纹出现时，岩石试件必须考虑结构效应，而不能看作简单的岩石材料。

目前主要有两种类型的微 CT 系统用于构建储层岩石的数字岩心：一种是使用工业 X 射线发生器产生 X 射线的台式微 CT 系统；另一种是采用同步加速器作为 X 射线发生器的

同步加速微 CT 系统。虽然现在先进的台式微 CT 系统可以获得分辨率为 5μm/pixel 甚至更高分辨率的数字岩心，但是文献中高质量的数字岩心都是用同步加速微 CT 系统获得的。澳大利亚国立大学于 2004 年建立了数字岩心实验室，应用自制的微 CT 系统对数字岩心构建技术进行了广泛深入的研究，构建了直径为 5cm、最大视域为 55mm、分辨率小于 2μm 的柱塞岩心的数字岩心。柱塞岩心数字岩心的体素数为 20483，利用 128 个节点的并行机群运算了 4h。图 1-3 为澳大利亚国立大学 XCT 实验室应用自制 CT 系统得到的砂岩和碳酸盐岩的数字岩心。

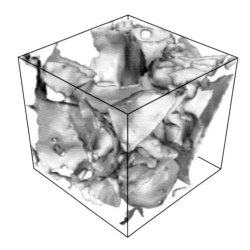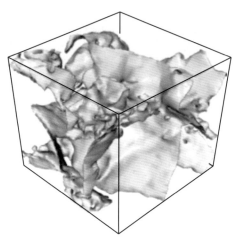

（a）砂岩数字岩心（分辨率5.6μm/pixel）   （b）碳酸盐岩数字岩心（分辨率3.04μm/pixel）

图 1-3   澳大利亚国立大学 XCT 实验室应用自制的微 CT 系统得到的砂岩和碳酸盐岩的数字岩心

对于疏松砂岩数字岩心的构建，一般台式微 CT 系统的分辨率就足以胜任；对于致密岩石和碳酸盐岩，由于孔隙尺寸在亚微米级，需要应用同步加速微 CT 系统。但是，由于同步加速仪器价格昂贵，不适合工业应用，随着 CT 技术的发展和计算机处理能力的提高，可以克服台式微 CT 系统分辨率不足的问题。目前，美国 Xradia 公司生产的台式微 CT 系统的分辨率已经达到 30nm。

二、数值重建方法

1. 随机方法

数值重建方法是通过分析岩心薄片的统计信息，采用数学方法来重建三维数字岩心的一种方法。数值重建方法根据其重建算法的不同可以分为很多种，而随机方法是其中最常见的一种。

高斯随机场方法基于去顶高斯随机场，通过统计岩心二维薄片孔隙空间的几何属性来重建三维数字岩心。几何属性主要指孔隙度和两点相关函数，这两个量是表征孔隙结构的基本量。在三维空间定义一个相函数 $Z(x)$，使得在固体骨架相 $Z(x)$ 为 0，孔隙空间相 $Z(x)$ 为 1，如果三维空间相函数 $Z(x)$ 的孔隙度和两点相关函数与二维岩心薄片的统计结果一致，则定义的三维空间就是应用高斯随机场方法重建的数字岩心。仅用孔隙度和两点相关函数两个量不能表征孔隙空间的拓扑信息，Yeong 和 Torquato 引入了线性路径分布来重建三维数字岩心。Hilfer 引入了局部孔隙度分布和局部渗流概率函数来提高对孔隙几何空间的表征能力。Serra、Torquato 和 Lu 引入的孔隙弦长分布也可以很好地描述岩石的微观结构。孔隙度和两点相关函数结合这些描述函数可以提高重建数字岩心的连通性，也可以提高预测岩石宏观传导属性（如渗透率）的准确性。但是，高斯随机场方法重建数字岩心的连通性依然较差。

1997 年，Hazlett 提出了重建数字岩心的另外一种随机方法——模拟退火算法。随后，Yeong 和 Manwart 对模拟退火算法进行了广泛深入的研究，证实了该方法可以将约束函数的信息有效地输出到最终重建的三维数字岩心中。模拟退火算法在数字岩心重建过程中可以引入任意的统计属性作为约束条件，但是随着约束条件的增多，重建过程变慢。

2003 年，Keehm 开发了重建数字岩心的顺序指示模拟算法。此后，朱益华和陶果等，刘学锋和孙建孟等也对顺序指示模拟算法进行了研究。由于未能从根本上解决孔隙连通性问题，该方法重建的三维数字岩心孔隙连通性依然较差。

2004 年，Okabe 和 Blunt 借鉴地质建模过程中常用的地质统计学方法，开发了从岩心二维薄片图像重建三维数字岩心的多点地质统计学方法。该方法本质上也是一种随机方法。该方法重建的数字岩心具有良好的长程连通性，他们构建的 Berea 砂岩的数字岩心［图 1-4（b）］，与采用 CT 方法建立的 Berea 砂岩的数字岩心［图 1-4（a）］相比，具有相似连通特征。此外，张挺等，张丽和孙建孟等都对多点地质统计方法进行了研究。

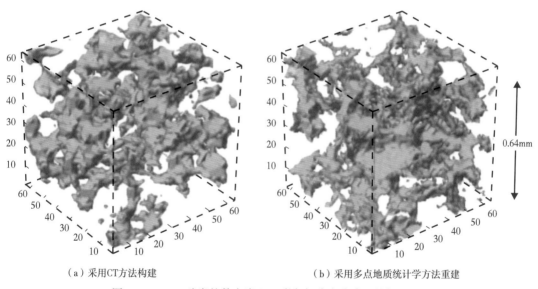

（a）采用CT方法构建　　　　　　　　（b）采用多点地质统计学方法重建

图 1-4　Berea 砂岩的数字岩心（彩色部分为孔隙，骨架透明）

Wu 等基于马尔可夫随机网格统计模型，利用 5 点邻域模板测量相邻体素为孔隙或骨架的概率，从而重建三维数字岩心。与多点地质统计学方法相比，该方法建模速度较快，并且重建数字岩心也具有长程相关性。

基于孔隙空间各向同性的假设，上述提到的随机方法可以重建高分辨率三维数字岩心。同时，与过程模拟方法相比，随机方法具有重建成岩过程复杂岩石（如碳酸盐岩）的数字岩心的优势。

2. 过程模拟方法

与随机方法引入随机函数重建数字岩心不同，Bryant 等通过模拟岩石的地质形成过程，采用等径球体的堆积来重建数字岩心。但是，他们重建的模型只有岩石的颗粒尺寸与堆积球体的半径相同时才能准确预测岩石的渗流属性。随后，Oren 和 Bakke 应用不同颗粒半径的球体建立了数字岩心，明确提出了沉积过程、压实过程和成岩过程。图 1-5 为 Oren 等采用 CT 方法和过程模拟方法重建的 Fontainebleau 砂岩的数字岩心。他们经过计算，就形态学属性来说，过程模拟方法重建数字岩心的两点相关函数、局部孔隙度分布和局部渗流概率与 CT 方法构建的数字岩心非常吻合；就岩石物理属性来说，过程模拟方法重建数字岩心的渗透率和地层因素与 CT 方法构建的数字岩心也比较吻合。

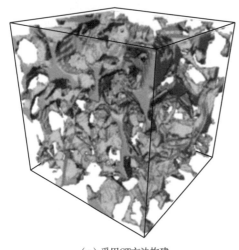 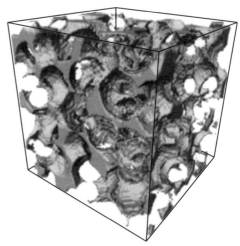

（a）采用CT方法构建　　　　　　　　　　　　　　　（b）采用过程模拟方法重建

图 1-5　Fontainebleau 砂岩的数字岩心（灰色部分为孔隙，骨架透明）

刘学锋和孙建孟等综合运用模拟退火算法和过程模拟方法重建了三维数字岩心。与传统模拟退火算法相比，该方法运算时间明显减少，而且适用于建立孔隙结构和成岩过程复杂的三维数字岩心。

三、混合重建方法

采用物理实验方法和数值重建方法建立的数字岩心能够比较好地描述普通岩石的孔隙结构特征。但对于具有孔隙结构特征的低渗透储层及致密油储层的岩石，由于其孔隙尺寸跨度较大，从纳米级到微米级，单一的数字岩心重建方法并不能完整准确地反映其孔隙结构特征。在这种情况下，多种重建方法的混合应用能够弥补单一重建方法的不足。

郭雪晶等基于高精度的纳米 CT 技术构建了能反映微纳米尺度孔隙结构的页岩的数字岩心。这种基于高精度纳米 CT 技术构建数字岩心的方法具有精度高、孔隙结构明显等优点。聂昕基于高精度 CT 图及 FIB-SEM 扫描图，采用 MCMC 方法构建了反映页岩微纳米尺度的孔隙结构的数字岩心。王晨晨等使用模拟退火算法和 MCMC 方法分别构建了两种孔隙尺度的数字岩心，并基于这两种数字岩心叠加构建了一种反映两种孔隙尺度的双孔隙数字岩心。这种方法构建的数字岩心能够同时反映大孔隙和微小孔隙结构信息。

第三节　数字岩心应用技术的进展

一、基于数字岩心技术的岩石孔隙结构表征

为了利用数字岩心表征岩石孔隙结构特征，最常用的方法是在其基础上建立一种反映岩心孔隙空间特征的模型。目前，应用最广泛的该类模型即为孔隙网络模型。利用孔隙网络模型可以定量地分析岩心孔隙结构的多种特征，如孔隙半径、喉道长度、配位数等。近年来，孔隙网络模型研究得到了很好的发展，有很多新的研究成果。

孔隙网络模型是对真实多孔介质复杂孔隙空间几何形态的抽象模型。孔隙网络模型的建立首先需要利用图像处理学、拓扑学及几何学中的方法对相应的数字岩心进行处理，从而得到关于孔隙和喉道分布的拓扑信息。该类模型把孔隙空间等价为一些功能不同的单元体，狭长的部分为喉道，而喉道交接点代表孔隙体；孔隙体和喉道被合理地量化为理想的几何形状。

Zhao 等于 1994 年提出扫描算法，该算法对孔隙空间的通道从 9 个方向进行扫描，标记那些离固体边界最近的点为喉道；喉道定义后，向周围扩展直到与孔隙空间的边界相交，除去喉道剩余的孔隙空间则定义为孔隙体。

该算法后来又被 Ioannidis 等采用和推广，他们提出了一种基于孔隙空间提取的中轴线算法。该算法可方便地计算孔隙体和喉道的有效半径及其他一些几何特性。该算法将孔隙空间看作岩心内部相互连通的空心管道，这些空心管道的中轴线相互连接就构成了孔隙空间的中轴线；以中轴线为基础，对孔隙空间进行分割和简化，即可得到与数字岩心等价的孔隙网络模型；中轴线上局部最小区域定义为喉道，节点处则定义为孔隙体。

Sheppard 扩展了提取孔隙网络方法，基于中轴线法结合形态学的方法挑选边界，应用新的节点融合方法构建模型的连接，然后通过分水岭算法把孔隙体部分划分为孔隙和喉道。

最大球算法是由 Silin 首次提出的，该算法从孔隙空间的每个体素开始，寻找正好与颗粒或者边界接触的最大内切球；包含在其他球里的小尺寸球体将被视为包含物被删除，剩下的球体分为主球体和仆球体用以描述孔隙空间；任意两个相交或相切的球体，大半径球体定义为主球体，小半径球体定义为仆球体；所有局部最大的主球体用来表征孔隙体，所有连接相邻孔隙的球体用来表征喉道。随着研究的发展，细分了球与球之间等级制度的确定标准。Hu Dong 沿用最大球的概念并建立一种树状结构，描述球与球之间的关系，进一步明确了对孔隙和喉道的定义，提高了建模速度，且孔隙及喉道间相互的连通关系更加清晰。

二、基于数字岩心的岩石属性数值模拟

储层岩石渗流属性数值模拟可以从宏观和微观两个尺度进行。宏观尺度主要基于连续介质假设，通过求解偏微分方程或偏微分方程组得到岩石中压力场和流速场的分布，从而计算得到岩石的绝对渗透率和相对渗透率。微观尺度的研究思路主要有两类：一类是基于数字岩心，采用格子玻尔兹曼方法进行流动模拟，或采用有限元方法等数值算法求解

Navier-Stokes 方程，从而得到岩石的渗流参数；另一类是基于孔隙网络模型，采用孔隙级流动模拟理论和方法进行流动模拟并获得岩石的渗流参数。本部分主要介绍微观尺度岩石流动属性数值模拟的研究进展。

由于多孔介质的孔隙空间异常复杂，孔隙和骨架的边界极不规则，直接求解流体在多孔介质中流动的 Navier-Stokes 方程不太符合实际。基于数字岩心，采用数值方法求解 Navier-Stokes 方程或进行格子玻尔兹曼模拟可以解决这一问题。Roberts 等基于 Fontaine-bleau 砂岩的数字岩心，采用有限差分格式求解了线性 Stokes 方程并计算了绝对渗透率，计算结果与实验测量结果一致。Manwart 和 Hilfef 基于过程模拟方法重建的 Fontainebleau 砂岩数字岩心，也进行了类似的工作，并从孔隙几何结构和传导特性方面评价了重建数字岩心和真实岩石的相似程度。他们还分别采用有限差分和格子玻尔兹曼方法计算了随机方法、过程模拟方法和 X 射线 CT 方法构建数字岩心的渗透率，并与实验结果进行了对比。结果表明：数字岩心的长程连通性对于绝对渗透率的计算非常重要，当重建数字岩心的孔隙度接近最低渗流临界值时，传统的高斯随机场和模拟退火算法计算的绝对渗透率比实验测量值低 90%，过程模拟方法计算的结果与实验测量值接近；当重建数字岩心的孔隙度较大时，随机方法计算的绝对渗透率与实验测量值接近，过程模拟方法计算的绝对渗透率在实验测量值的 5 倍之内。Gunstensen、Chen 和 Hazlett 应用格子玻尔兹曼方法模拟了多相流的渗流属性，由于计算时间长，只能局限于尺度非常小的数字岩心的多相渗流属性的计算。因此，基于数字岩心进行多相流的格子玻尔兹曼模拟一般用来进行渗流机理研究，而不是进行多相流渗流属性的定量预测。

基于数字岩心进行渗流属性计算非常耗时，一般通过构建复杂多孔介质等效的孔隙网络模型进行单相流和多相流渗流属性的模拟和预测。应用网络模型预测多孔介质宏观属性的想法最早是由 Fatt 于 1956 年提出的，他应用一个规则的二维毛细管网络模型，根据 Young-Laplace 方程确定流体进入各不同半径毛细管的顺序，测量了毛细管压力曲线和相对渗透率曲线。由于当时计算能力的限制，对于多孔介质的动态属性，像相对渗透率曲线和电阻率增大指数曲线，他应用等效的电阻网络进行模拟。通过惠斯通电桥测量整个等效电阻网络的电阻，基于 Poiseuille 定律和 Ohm 定律的可类比性将测量得到的电阻转换为渗流属性。通过与真实岩心的实验测量结果比较表明，Fatt 应用毛细管网络模型计算得到的毛细管压力曲线、相对渗透率曲线和电阻率增大指数曲线与实验测量得到的曲线形状非常吻合，因此他认为毛细管网络模型是一种可以表示真实多孔介质孔隙空间的有效模型。

与三维毛细管网络模型相比，二维毛细管网络模型的连通性较差。Chatzis 和 Dullien 将 Fatt 的二维毛细管网络模型扩展到三维，并用等效的三维电阻网络进行多相流模拟计算。他们的模拟结果表明，三维毛细管网络模型的属性与二维毛细管网络模型差异非常大，应用二维毛细管网络进行两相流动模拟时，只有一相流体是相互连通的，另一相流体是孤立的。因此，他们认为进行两相模拟时，不应采用二维毛细管网络模型。

孔隙网络模型是从孔隙尺度研究和预测多孔介质宏观属性和现象的有效工具，已经广泛地应用于化学工程、石油工程和水文地理学等领域单相流和多相流的流动过程模拟，应用主要包括：计算相对渗透率和水力传导系数；研究毛细管压力、饱和度和界面面积之间的函数关系；预测绝对渗透率；模拟吸吮和驱替过程；预测流体分布、界面面积和孔隙尺度的蒸发过程。

从描述流体流动的物理机理来划分，孔隙网络模型可以分为准静态孔隙网络模型和动态孔隙网络模型。准静态孔隙网络模型假设毛细管压力控制着整个流动过程，由黏度引起的黏性压降是可以忽略的。在每一个时间步，一次只有一个孔隙单元或喉道单元的流体配置发生变化，因此准静态孔隙网络模型只适用于层流模拟。动态孔隙网络模型要同时考虑毛细管压力和黏性压降对流体驱替的贡献，在每一个时间步，会同时有若干个孔隙单元或喉道单元的流体配置发生变化，黏性力的影响是通过孔隙网络模型压力场的显式计算实现的。

1. 准静态孔隙网络模型

描述多孔介质中互不相溶流体驱替过程的物理量有毛细管数 N_c 和流度比 M。N_c 定义为黏性力和毛管力之比：

$$N_c = \frac{q\mu}{\sigma} \tag{1-1}$$

式中，q 表示达西流动速度；μ 表示黏度；σ 表示两相流体之间的界面张力。

M 定义为被驱替相和驱替相黏度之比：

$$M = \frac{\mu_1}{\mu_2} \tag{1-2}$$

式中，μ_1 表示被驱替相黏度；μ_2 表示驱替相黏度。

Jerauld 和 Salter 应用规则立方网络模型和平均配位数为 6 的随机网络模型，研究了强水湿系统在低毛细管数条件下孔隙结构对相对渗透率曲线和毛细管曲线滞后现象的影响。他们发现孔喉比（孔隙半径及与其相连喉道半径平均值之比）是决定润湿滞后行为最重要的参数，同时他们还发现孔隙和喉道尺寸的空间相关性影响相对渗透率曲线的形状。

还有许多研究者应用准静态模型预测了规则网络模型或随机网络模型的绝对渗透率和相对渗透率，研究了相对渗透率曲线滞后现象，以及润湿性和非均质性对宏观渗流属性的影响，模拟了不同的驱替过程。在 Bryant 等建立起拓扑结构与真实岩心相近的孔隙网络模型之前，几乎所有的研究者采用的孔隙网络模型都是不能反映真实岩石孔隙空间拓扑结构的规则孔隙网络模型或随机孔隙网络模型。20 世纪 90 年代，Bryant 等通过过程模拟法建立了水湿球体堆积模型的孔隙网络模型，并成功预测了绝对渗透率和相对渗透率、毛细管压力及电导率。

挪威国家石油公司的 Oren 及其合作者基于地质意义上真实的孔隙网络准静态模型预测了各种砂岩的渗流属性。他们预测的水湿 Bentheimer 砂岩的注水和排水曲线与实验结果吻合得很好，基于重建 Fontainebleau 砂岩计算的渗透率和地层因素与发表的数据结果吻合得也很好。对于混合润湿的油藏岩石，他们计算的残余油饱和度和油相相对渗透率曲线与实验结果基本一致。

基于重建 Berea 砂岩数字岩心的孔隙网络模型，Valvatne 和 Blunt 应用准静态模型成功地预测了水湿和油湿情况下的渗流属性。但是对于混合润湿情况，计算的 Amott 指数与实验测量值不符，获得最大采收率时预测的初始含水饱和度比实验观测到的结果小。

Piri 和 Blunt 基于重建 Berea 砂岩的孔隙网络模型，成功地预测了两相流体和三相流体的相对渗透率，与 Oak 在稳态实验条件下测量的三相相对渗透率基本一致。

通过增加两个新的双重驱替过程，Suicmez 等扩展了 Piri 和 Blunt 的准静态三维孔隙网络模型。应用重建 Berea 砂岩的孔隙网络模型，计算了水驱气的相对渗透率曲线。他们的结果展示了不同润湿条件和饱和历史条件下水、气和油的相对渗透率的变化，也说明了基于孔隙级微观模型如何构建三相相对渗透率的经验公式。

2. 动态孔隙网络模型

准静态模型在许多情况下是不适用的，例如：界面张力非常低的两相驱替过程，像凝析气藏的开发和加有表面活性剂的驱替；含有聚合物和泡沫等高压力降的流体流动模拟；近井筒附近流动模拟等。所有这些情况，都必须同时考虑毛管力和黏性力对流体分布的影响。

Lenormand 应用常规的二维正方晶格的球形孔隙和均匀长度的圆柱形喉道构建了一种动态网络模型，用于研究驱替过程中毛细管数 N_c 和流度比 M 对驱替模式的影响。他们发现了活塞式驱替、孔隙体充填和被驱替相的俘获三个基本驱替过程的存在。他们的计算结果与实验结果具有良好的一致性。后来，Singh 和 Mohanty 应用三维动态网络模型也验证了这三个基本驱替过程的存在。

Blunt 和 King 应用 Voronoi 多面体法构建了具有不规则拓扑结构的三维孔隙网络模型。他们假定所有流体都存在于孔隙中，喉道中没有流体存在，但所有的压力降落在喉道上。他们计算的相对渗透率曲线是毛细管数 N_c 和流度比 M 的函数。但是，他们在计算过程中忽略了润湿层流动的贡献，也没有将计算结果与实验结果进行比较。

Mogensen 和 Stenby 使用具有圆形、矩形和三角形截面的三维孔隙网络模型，同时考虑孔隙和喉道都含有流体，研究了接触角、孔喉比、毛细管数和配位数对水驱后剩余油分布的影响。为了提高计算效率，在整个模拟过程中润湿层流速假定为常数，流体黏度也假定是相同的。尽管有这些假设，但由于需要多次求解每个孔喉单元的压力场，该模型的计算量还是很大的，因此他们使用的孔隙网络模型尺寸很小（仅有 15×15×15 个单元）。

Hughes 和 Blunt 使用微扰的动态网络模型，研究了接触角、毛细管数对相对渗透率、剩余非润湿相饱和度和流动模式的影响。由于在计算压力场时，假定整个网络中的润湿相流速固定，他们提出的方法计算效率较高，可以求解的模型尺寸相对较大。

Singh 和 Mohanty 应用动态网络模型探索性地模拟了湿润层的流动。首先，计算每个相界面位置处的毛细管压力降，然后根据计算的毛细管压力降按比例将润湿层的流体去除一部分。润湿层可以去除的总量被设定为一个定值，他们主要研究了润湿层对电导率的影响。

Pereir 将动态网络建模技术的适用范围扩大到了三相流动模拟，提出了以排水为主的三相流动的动态网络模型在强润湿条件下润湿层和中间流体层的流动。该模型是基于 Oren 等描述的孔隙级的驱替机理，并使用了简单孔隙和喉道形状的二维网络，所有的流体体积被分配到孔隙中，而所有的压力下降被分配到了喉道上。该模型正确预测了在玻璃微观模型实验中观察到的所有三相流的重要特征。

总之，由于采用动态网络模型模拟渗流属性的计算量较大，目前构建的孔隙模型的尺寸都较小，一般适用于渗流机理研究。

第四节 准噶尔盆地复杂储层岩心特征

准噶尔盆地位于我国新疆维吾尔自治区,是一个具有复合叠加特征的大型含油气盆地,是我国陆上七大含油气盆地之一,面积为 $13.09 \times 10^4 km^2$,是具有古老结晶基底和浅变质基底的中—新生代盆地。准噶尔盆地的轮廓类似一个三角形,盆地周围被山系环绕,东北方向为阿尔泰山和克拉美丽山,扎伊尔山和谢米斯台山位于盆地西部,盆地最南到达天山山脉和博格达山。多年来,准噶尔盆地受青藏高原的隆升作用影响,造成油气藏的转移和地质变迁。

现今的准噶尔盆地构造格局通常被划分为 8 个一级构造单元,分别是北天山山前坳陷、沙—奇隆起、昌吉坳陷、中央隆起带、玛湖—中央坳陷、西北缘冲断带、三个泉隆起、乌伦古断陷。其中,玛湖凹陷位于准噶尔盆地西北缘,是准噶尔盆地富烃凹陷之一。玛湖凹陷大致呈椭圆形,周边依次为乌夏断裂带以及克百断裂带、中拐凸起、达巴松凸起及夏盐凸起、石英滩凸起与英西凹陷;根据构造特征及地理位置,玛湖凹陷西环带由西向东通常被划分为玛西斜坡区、玛北斜坡区和玛东斜坡区三大斜坡区,是准噶尔盆地的富烃凹陷之一。本书所涉及研究的储层岩石大多取自玛湖凹陷区。

砂砾岩油藏为陆相油藏中具有特色的重要类型,在准噶尔盆地、泌阳凹陷、渤海湾盆地和二连盆地等地区均有发现。砂砾岩储集体主要发育在冲积扇、近岸水下扇、扇三角洲、浊积扇等相带内,其地质结构相对更为复杂,具有近源、快速堆积的特征。由于是多期次扇体堆积而成,纵向上沉积厚度变化大,岩性变化迅速,储层有很强的非均质性。这使得砂砾岩油藏成为目前开采难度较大的油藏类型之一。

砂砾岩油藏在我国所有油藏中所占比例不高,个数仅为 5% 左右,但在准噶尔盆地数量却很大,占准噶尔盆地的 45% 以上。其中,砂砾岩最为集中的是新疆准噶尔盆地西北缘的玛湖凹陷含油聚集带。该区域 30 多年来一直是我国西北部的主要石油生产基地,已成为世界上砂砾岩油藏的突出典型。玛湖凹陷砂砾岩储层属于多旋回的山前陆相盆地边缘沉积,为多物源、多水系、多变的山麓洪积扇沉积,形成了多类型、窄相带的复模态孔隙结构特征碎屑岩体系。

一、岩石学特征

砂砾岩为玛湖凹陷最主要的岩石类型。砂砾岩中以砾石为主,砾石成分多样,砾石成分以花岗岩为主。砂岩颗粒主要由岩屑和石英、长石组成。碎屑呈颗粒支撑,以孔隙胶结为主,颗粒分选差,以次棱角状为主。玛西斜坡区百口泉组砂砾岩中,石英平均含量为17.8%,长石平均含量为 15.7%,其余均为岩屑,岩屑体积分数均在 60% 以上;玛北斜坡区百口泉组砂砾岩中,石英平均含量为 13.2%,长石平均含量为 11.9%,岩屑体积分数均在 65% 以上。玛西斜坡区与玛北斜坡区砾石成分均以岩浆岩为主(平均含量大于 75%),沉积岩类和变质岩类砾石成分次之。岩浆岩砾石中,又以凝灰质组分含量最高,其余以花岗岩、安山岩、流纹岩、霏细岩等岩浆岩碎块为主。砾石间多以线接触为主,其次为点—线接触,偶见凹凸接触,分选较差,磨圆为次棱角—次圆状,岩石表现为低成分成熟度和较低的结构成熟度特征。部分砾石发育机械破碎裂缝,并伴随硅质、碳酸盐质脉体充入,某些此类脉体中还发现有机质再充填的现象。

玛西斜坡区和玛北斜坡区百口泉组砾石类型虽然都是以岩浆岩砾石为主，但不同井区是有差别的。研究发现，玛西斜坡区花岗岩屑含量高，玛北斜坡区安山岩与流纹岩等喷出岩岩屑含量高，不同岩屑类型可能会影响区域的刚性颗粒含量的差异，从而导致储层储集性能的差异。玛西斜坡区花岗岩碎屑含量高，使得储层刚性颗粒含量高，抗压实能力强，这与玛西斜坡区砂岩中刚性颗粒高于玛北斜坡区的结论吻合。

二、填隙物特征

与砂岩相比，砾岩的砾间填隙物较粗且更复杂，在砾石颗粒组成的骨架中，常常部分或全部被砂质颗粒充填，砾石与砂质颗粒组成的骨架中，又被杂基或化学沉淀物充填。填隙物分为杂基和胶结物。杂基是从母岩搬运来的物质，多以黏土矿物为主，也有细小的粉砂级灰泥，它们是同颗粒一起沉积的物质。胶结物是在成岩过程中以化学沉淀的方式形成的自生矿物，研究区的胶结物包括碳酸盐、沸石、硅质、黏土矿物等。玛湖凹陷百口泉组与乌尔禾组岩性虽然都以砂砾岩为主，但不同斜坡区、不同含油层段砾石间的填隙物类型、含量依然存在差异，砂砾岩中填隙物的类型、产状、分布情况也存在一定的规律性。

三、孔隙类型及物性特征

孔隙类型主要为原生粒间孔、粒内溶孔、粒间溶孔、泥质收缩孔、晶间孔和微裂缝等，其中原生粒间孔是原生孔隙即初始沉积过程中形成的孔隙，后者均为成岩过程中形成的次生孔隙，且不同斜坡区主要的孔隙类型及其组合表现不同。

玛湖凹陷百口泉组主要的储集空间类型是粒内溶孔、粒间溶孔、剩余粒间孔、泥质收缩孔、晶间孔和微裂缝。但不同斜坡区和不同层段的主要孔隙类型不尽相同。统计分析得出，玛西斜坡区整体的长石溶孔含量高于玛北斜坡区，玛北斜坡区的剩余粒间孔含量高于玛西斜坡区。百一段以剩余粒间孔、粒内溶孔和泥质收缩孔为主，百二段以粒内溶孔、剩余粒间孔和泥质收缩孔为主，百三段以粒内溶孔、粒间溶孔和剩余粒间孔为主。

玛湖凹陷不同区域内的砂砾岩的孔隙度、渗透率等物理性质也不同。统计玛西斜坡区多个岩心的孔隙度及渗透率测试数据，得到该区域孔隙度的平均值约为9%，范围为2%~30%；渗透率的平均值约为20mD，范围为0.01~130mD。统计玛北斜坡区多个岩心的孔隙度及渗透率测试数据，得到该区域孔隙度的平均值约为6%，范围为0.1%~30%；渗透率的平均值约为6mD，范围为0.01~600mD。统计玛东斜坡区多个岩心的孔隙度及渗透率测试数据，得到该区域孔隙度的平均值约为8%，范围为0.5%~20%；渗透率的平均值约为20mD，范围为0.01~1000mD。

第二章 数字岩心技术的原理

本章主要介绍数字岩心技术的基本原理，主要包括 CT 方法构建数字岩心的原理、MCMC 方法构建数字岩心的原理以及过程模拟方法构建数字岩心的原理。这些构建方法都是目前在数字岩心技术中最常用的，其中既有物理实验方法，也有数值重建方法。了解这些方法的原理可以帮助读者深入了解数字岩心基本流程和重要特点。同时，本章还介绍了对数字岩心进行可视化的相关技术。

第一节　CT 方法构建数字岩心的原理

一、X 射线 CT 的基本原理

当 X 射线穿透物体时，会发生光电效应、康普顿效应、电子对效应及瑞利散射等复杂的物理过程（图 2-1），由于反射、散射以及吸收等作用，使得射线强度发生衰减。一般来说，样品吸收 X 射线的多少，取决于样品中各组分的密度，所以可以通过测定物质对 X 射线的吸收系数来判定物质的组分（图 2-2）。

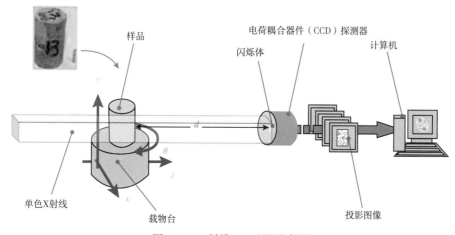

图 2-1　X 射线 CT 过程示意图

X 射线透过单组分的衰减程度可以通过 Beer 定律计算：

$$I = I_0 \exp(-\mu x) \tag{2-1}$$

式中，I_0 和 I 分别表示入射的和衰减后的 X 射线强度，Ci❶；μ 是材料的线性衰减系数，m^{-1}；

---

❶　1Ci = 37GBq。

x 是 X 射线透过材料途经路径的长度，m。

如果材料是由多种物质成分组成的，式（2-1）可以写为：

$$I = I_0 \exp\left[\sum_i (-\mu_i x_i) \right] \tag{2-2}$$

式中，μ_i 是第 i 种组分的线性衰减系数；x_i 是第 i 种组分在 X 射线途经路径的长度。

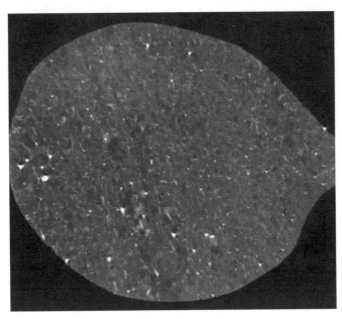

图 2-2　X 射线穿过砾岩的投影图像

二、CT 投影数据重建物体截面的数学方法

如何利用投影数据重建物体截面图像是 CT 成像的核心。设 $p(t, \theta)$ 最高空间频率为 B，滤波（卷积）反投影的公式可以写为：

$$f(x, y) = \int_0^\pi g(t, \theta) \mathrm{d}\theta \tag{2-3}$$

其中：

$$g(t, \theta) = \int_{-\infty}^{+\infty} P(\rho, \theta) * |\rho| * \exp(2\pi j \rho t) \mathrm{d}\rho \tag{2-4}$$

或

$$g(t, \theta) = p(t, \theta) * h(t) \tag{2-5}$$

式中，$f(x, y)$ 是被测物体某断面衰减系数的分布函数；x、y 分别为被测物体某扫描断面上任意一点的直角坐标，μm；$P(\rho, \theta)$、$p(t, \theta)$ 为 $f(x, y)$ 沿 θ 方向的投影函数（两种不同的表达方式）；t 为被测物体扫描断面上某点 (x, y) 在旋转坐标系中的横坐标；ρ 为该点到旋转中心的距离；$h(t)$ 为卷积函数，它可以通过滤波器 $|\rho|(|\rho| \leq B)$ 的傅里叶反变换求得；$g(t, \theta)$ 是函数 $P(\rho, \theta)$、$p(t, \theta)$ 的滤波投影和卷积投影。

通过式（2-3）和式（2-4）重建图像的方法称为滤波反投影方法，通过式（2-3）和式（2-5）重建图像的方法称为卷积反投影方法。

通过图像的投影，就可以通过滤波（卷积）反投影技术对问题反向求解得到被测物体某断面对 X 射线吸收系数的分布函数 $f(x, y)$，把分布函数 $f(x, y)$ 按照灰度图像的方式表示，就可以得到被测物体断面的图像（图 2-3）。图像中像素点灰度值的大小反映了岩石各组分密度的大小，像素点越亮，即灰度值越大，表示密度越大，像素点越暗表示密度越小。

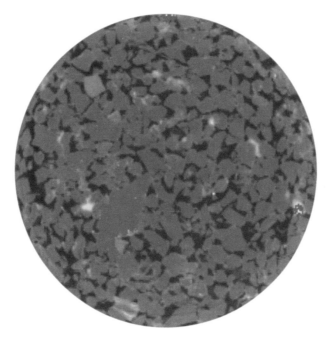

图 2-3　经过滤波（卷积）反投影技术得到岩心的三维灰度图像

三、CT 图像的处理

从图 2-3 中可以直接用肉眼识别出孔隙的位置（图像上比较暗的像素点），但孔隙与骨架的边缘比较模糊，需要对图像进一步处理，主要包括三步骤：图像数据刻度、三维数据滤波和图像分割。

1. 图像数据刻度

图像数据刻度是一种图像增强技术，通过调节图像亮度值的范围来增强图像的对比度。对断层扫描获得的灰度图像，利用灰度级来刻画吸收数据形成图像。

2. 三维数据滤波

滤波在图像处理中通过抑制高频数据来平滑图像，可以在频域，也可在空间域进行。通过原始图像与特殊的滤波函数卷积的方法进行滤波。滤波公式为：

$$g(i, j) = h(i, j) * f(i, j) \tag{2-6}$$

式中，$g(i, j)$ 表示滤波后的图像；$h(i, j)$ 为滤波函数；$f(i, j)$ 为原始图像。

常用的是中值滤波方法。中值滤波是将每一像素的值替换为其邻近像素值的中间值。根据滤波窗口的大小及形状，将窗口内的像素值按大小顺序排列，取中间的像素值作为替代值。中值滤波可以保护图像的细节，削减图像噪声。

3. 图像分割

为了量化孔隙尺度参数，例如孔隙度、比表面积、弯曲度、孔隙网络结构等，需要采用图像分割方法将图像分为两相。图像分割是根据图像亮度或灰度值将彩色图或灰度图转换为二值图像的图像处理过程（图2-4）。

图2-4 二值化后的图像

一般采用传统的阈值法实现图像的分割，其具有简单、直观且计算量小的优点。如果 $f(x, y)$ 是像素点 (x, y) 的灰度值，经阈值处理后的图像 $g(x, y)$ 定义为：

$$g(x, y) = \begin{cases} 1 & f(x, y) > T \\ 0 & f(x, y) \leqslant T \end{cases} \tag{2-7}$$

其中，T 为阈值，又称门限值，无量纲，阈值的合理选取是图像分割技术的关键。阈值可通过直方图阈值选取方法和判别分析法选取。

四、阈值对数字岩心建立的影响

CT法建立数字岩心的主要步骤有：一是对预处理的岩样进行CT实验，获得投影数据；二是基于投影数据选取合适的图像重建方法获得岩心灰度图像；三是分离灰度图像中的孔隙空间和岩石骨架，建立数字岩心。

在运用CT技术重构数字岩心的过程中，对CT图像进行预处理是一个不可缺少的环节。这个过程大致包括图像的预处理（平滑去噪等）和图像二值化。其中，最为重要的就是图像的二值化处理。图像二值化就是将需要处理的图像中的所有信息分成两相,进而将孔隙度等参数数字化。这是一种基于灰度或亮度而将原始图像 0/1 数值化的处理进程。在实现图像二值化的过程中,通常采用传统的阈值法,这种方法的优点是简单直观且计算量较小。

图像二值化很关键的一步就是挑选恰当的阈值,这个值选择得合理与否在区域分割中有着很重要的影响。如果挑选不恰当,将无法准确区分背景和目标图像。现阶段的二值化阈值选取主要分为整体阈值法、局部阈值法和动态阈值法 3 类。研究表明,整体阈值法对质量较好的图像较为有效,而局部阈值法则能适应比较复杂的情况,本书中处理的是高分辨率的 CT 图像,因此采用的是整体阈值法。

在利用 CT 技术重构数字岩心的过程中,图像二值化的阈值选取尤为重要,这直接决定了与真实岩心相比,重构数字岩心质量的好坏。图 2-5 为同一张 CT 图像经选取不同阈值而得到的黑白二值图。

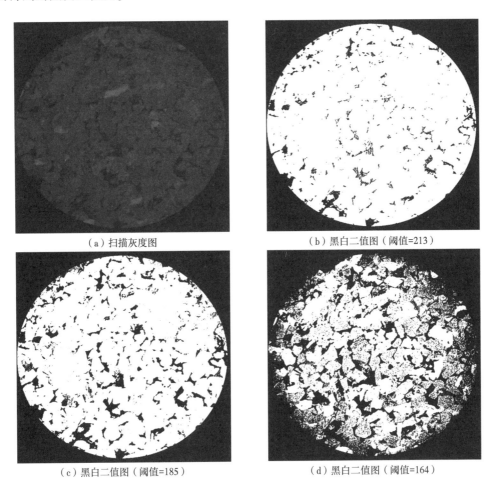

（a）扫描灰度图　　　　　　　　　　（b）黑白二值图（阈值=213）

（c）黑白二值图（阈值=185）　　　　　（d）黑白二值图（阈值=164）

图 2-5　CT 灰度图和选取不同阈值获得的黑白二值图

从图 2-5 可以看出,选取不同阈值处理 CT 图时,获得的用于构建数字岩心的黑白二值图是不一样的。当选取的阈值不恰当时,黑白二值图就不能正确反映出真实岩心的孔隙结构，甚至孔隙度和孔隙结构完全改变，如图 2-5（b）和图 2-5（d）所示。而当选取的阈值比较合理时，获得的黑白二值图就能比较准确地反映出岩石的孔隙结构特征，如图 2-5（c）所示。图 2-6 和表 2-1 给出了同一组 CT 图使用不同阈值构建出的数字岩心和微观孔隙结构参数计算结果。

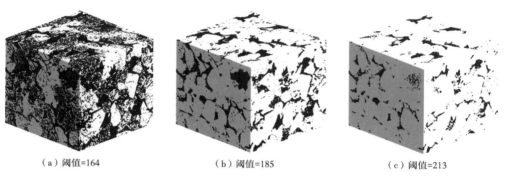

（a）阈值=164　　　　　　（b）阈值=185　　　　　　（c）阈值=213

图 2-6　不同阈值构建的数字岩心图

表 2-1　不同阈值构建数字岩心的计算参数结果

序号		1	2	3
岩心体素		300×300×300	300×300×300	300×300×300
分辨率，μm/pixel		3.40882	3.40882	3.40882
孔隙度，%		49.048	19.931	10.021
渗透率，mD		5207.40	597.31	9.96
孔隙半径，μm	最大值	50.3854	45.6907	25.9051
	最小值	0.3414	0.3413	0.3410
	平均值	4.6313	5.4234	5.3408
喉道半径，μm	最大值	33.5227	32.4601	18.0613
	最小值	0.3409	0.3409	0.3465
	平均值	2.4605	3.0474	3.1377
孔隙配位数	最大值	367	51	22
	最小值	0	0	0
	平均值	7.7455	3.7523	3.1422
孔喉半径比	最大值	16.6989	25.4134	22.6147
	最小值	0.1096	0.1034	0.1248
	平均值	2.1073	2.2742	2.3268
孔隙形状因子	最大值	0.0510	0.0491	0.0488
	最小值	0.0042	0.0056	0.0076
	平均值	0.0185	0.0222	0.0222
喉道形状因子	最大值	0.0500	0.0500	0.0500
	最小值	0.0025	0.0068	0.0071
	平均值	0.0250	0.0250	0.0251

续表

序号		1	2	3
孔隙长度，μm	最大值	335.1242	259.4441	141.1067
	最小值	3.4088	3.4088	3.4088
	平均值	19.6506	22.2548	18.5338
喉道长度，μm	最大值	209.2449	195.8213	132.8504
	最小值	2.8240	2.8240	3.4088
	平均值	25.8700	25.7588	24.0817
孔喉总长度，μm	最大值	576.5755	374.6396	287.3393
	最小值	0	0	0
	平均值	64.8710	69.6233	60.4927

从表 2-1 可以看出，不同阈值构建的数字岩心的各个微观参数具有明显的不同，因此正确选取合适的阈值构建数字岩心是很关键的一步。

第二节　MCMC 方法构建数字岩心的原理

MCMC 方法重建图像的主要思路是利用马尔可夫链思想获得转移概率，再利用转移概率进行赋值重建。首先，将二维图形看作一个矩阵，将岩心图像进行二值化，每个点只有 0 和 1 两种状态，小于阈值部分代表岩石骨架，大于阈值部分代表岩石孔隙，用公式表示为：

$$g(x) = \begin{cases} 1 & f(x, y) < 阈值 \\ 9 & f(x, y) \geq 阈值 \end{cases} \tag{2-8}$$

引入领域的思想，认为模型中任何点的状态只取决于相邻少数点的状态。具体地说，就是对于一个特定的点 s，用 Λ_{-s} 表示除 s 点外的所有点，则存在一个 s 点的领域 N_s，有

$$p(x_s | x(\Lambda_{-s})) \approx p(x_s | x(N_s)) \tag{2-9}$$

对于 2 点领域系统，定义影响的某点状态的领域为该点左边 1 个点；对于 5 点领域系统，定义影响的某点状态的领域为该点上面的 3 个点和左边的 1 个点；对于 6 点领域系统，定义影响的某点状态的领域为该点上面的 3 个点和左边的 2 个点，如图 2-7 所示，其

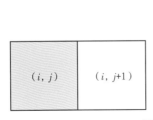

图 2-7　领域的定义

表达式分别为：

$$N_2(i, j) = \left[(i, j + 1) \right] \tag{2-10}$$

$$N_5(i, j) = \begin{bmatrix} (i - 1, j - 1) & (i - 1, j) \\ (i, j - 1) & (i - 1, j + 1) \end{bmatrix} \tag{2-11}$$

$$N_6(i, j) = \begin{bmatrix} (i - 1, j - 1) & (i - 1, j) & (i - 1, j + 1) \\ (i, j - 1) & (i, j) \end{bmatrix} \tag{2-12}$$

获得条件概率后，就可以利用其为像素赋值，进行图像的重建。重建的步骤为：

（1）利用孔隙度确定（1，1）点的状态，然后利用2点领域系统的条件概率，从左向右依次为（1，j）点赋值。

（2）利用步骤（1）中（1，1）点的状态，利用2点领域系统的条件概率，从上往下依次为（i，1）点赋值。

（3）利用步骤（2）中（1，1）、（1，2）和（2，1）点的状态，采用4点领域系统的条件概率，对（2，2）点赋值。同理，从上往下依次为（i，j）点赋值，其中$i>2$。

（4）采用6点领域系统，从第2行开始从左向右依次为（2，j）点赋值。到第2行结尾时，采用同样的方法对第3行（3，j）点赋值，依此类推，直至对最后一行赋值，图像重建结束。

（5）对比重构图像与原图的孔隙度，如果达到要求就终止计算，输出最终结果；如果不符合孔隙度要求，则调整条件概率的加权因子，再次开始重构过程，直到符合要求为止。

具体流程如图2-8所示，图2-9和图2-10分别给出了获取条件概率的二值化CT图和基于MCMC方法构建的数字岩心图。构建的数字岩心的孔隙度为10.018%，体素尺寸为400×400×400，体素分辨率为0.5μm/pixel。

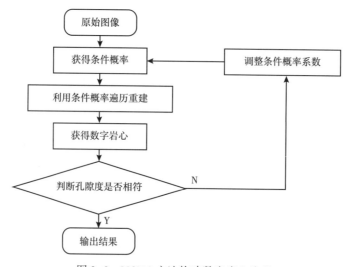

图2-8　MCMC方法构建数字岩心流程

图 2-9　用于获取条件概率的二值化 CT 图

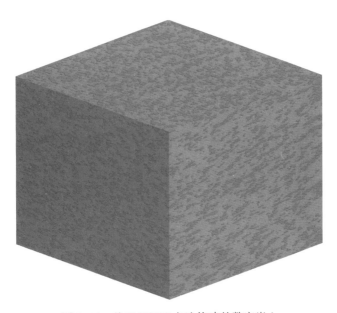

图 2-10　基于 MCMC 方法构建的数字岩心

第三节　过程模拟方法构建数字岩心的原理

从沉积岩的地质形成过程来看，沉积岩是在地壳表层条件下，将风化作用、生物作用和火山作用的产物，经过搬运作用、沉积作用及沉积后作用而形成的一类岩石。如果能够对岩石地质形成过程的主要阶段进行模拟，则得到的多孔介质就具有真实岩石的主要特征。过程模拟方法重建数字岩心的思路就是在此基础上提出的。过程模拟方法重建三维数字岩心是以粒度分布曲线、孔隙度、黏土矿物含量及矿物组成为约束条件，通过模拟岩石的形成过程（沉积、压实和成岩过程）来实现的。

为了保证重建数字岩心的真实性，过程模拟的粒度分布曲线必须从真实岩心测量得到。目前，主要通过两种手段获得岩石颗粒的粒度分布：一种手段是采用图像处理技术（开运算）对岩石二维铸体薄片或标准二维薄片的背散射电子成像（BSE）进行处理获得；另一种手段是通过实验方法直接测量岩石粒度组成，像筛析法、沉降法和光散射法。粒度分布曲线是过程模拟方法重建数字岩心的重要输入数据，图 2-11 和图 2-12 分别是通过实验测量方法获得的某砂岩岩心的粒度概率分布曲线和粒度累积概率分布曲线。

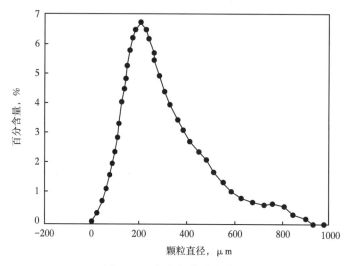

图 2-11　粒度概率分布曲线

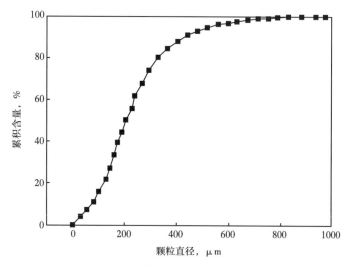

图 2-12　粒度累积概率分布曲线

一、沉积过程模拟

1. 沉积颗粒尺寸的确定

沉积过程模拟中颗粒尺寸是从粒度累积概率分布曲线上读取的。根据粒度累积概率分布曲线，在（0，100）之间随机生成符合均匀分布的一个随机数，作为粒度累积概率分布曲线纵轴粒度累积含量，然后从横轴找到对应的颗粒直径；重复这一过程直到获得指定数量的颗粒。对所有颗粒进行编号并从小到大排序，得到颗粒粒径曲线，如图2-13所示。

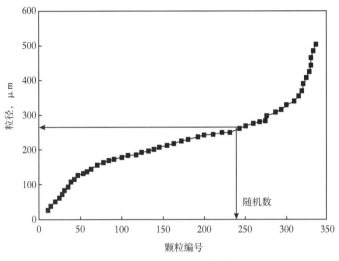

图2-13　颗粒粒径曲线

2. 沉积过程的模拟步骤

岩石的实际沉积过程非常复杂。沉积过程模拟基于以下假设：

（1）所有沉积颗粒都为球形。

（2）颗粒沿重力势能梯度最大的方向下落，不受侧向力的影响。

（3）颗粒到达稳定位置（稳定位置指颗粒受力达到平衡的静止状态）后不受后续下落颗粒的影响。

（4）下落颗粒与已沉积颗粒碰撞后不发生弹跳。

沉积过程模拟的主要步骤为：

（1）确定沉积盒的大小，也就是沉积区域平面的大小 DimX、DimY 和沉积层厚度 DimZ，使所有沉积颗粒在该范围内沉积。沉积区域大小是决定重建数字岩心大小的一个关键参数。

（2）从颗粒粒径曲线（图2-13）上随机选取一个半径值 r 作为下落颗粒的半径，从沉积盒顶部下落，初始球心坐标记为 $(x，y，z)$，其中 $(x，y)$ 在沉积平面范围内随机生成且符合均匀分布，z 为沉积盒的顶部。将当前下落颗粒的半径减为0，所有已经沉积的颗粒半径增加 r，同时将沉积盒的有效沉积区域减为（$r<x<DimX-r$，$r<y<DimY-r$，$r<z<DimZ-r$），如图2-14所示。经过这样处理后，该下落颗粒的运动就可以简化为其球心在已沉积颗粒表面上的运动，有利于算法的简化。

（3）从已沉积颗粒中搜索当前下落颗粒垂直下落碰到的最高落点颗粒，最高落点颗粒可以利用两点距离公式与两颗粒半径的关系确定。遍历已沉积颗粒，设其中一个颗粒的半径为 r_i，单位为 μm，球心坐标为 $(x_i，y_i，z_i)$，如果满足：

$$\sqrt{(x-x_i)^2+(y-y_i)^2} < r + r_i \tag{2-13}$$

23

且 z_i 是已沉积颗粒中满足该关系的 z 坐标的最大值，则该颗粒就是当前下落颗粒碰到的最高落点颗粒。如果没有找到符合式（2-13）的颗粒，则当前下落颗粒碰到底面，记下落颗粒 $z=r$。

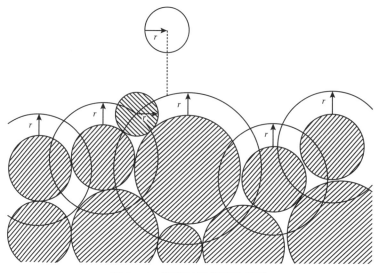

图 2-14 沉积过程模拟示意图

（4）如果存在最高落点颗粒（称为第一落点颗粒），记其球心坐标为 (x_1, y_1, z_1)，半径为 r_1。以第一落点颗粒球心为坐标原点建立球坐标系，当前下落颗粒在球坐标系中的 φ 和 θ 很容易计算得到。保持 θ 不变，当前下落颗粒沿第一落点颗粒表面转动，每次转过一个小的角度，通过下式计算当前下落颗粒在球坐标系中的位置：

$$
\begin{aligned}
x &= x_1 + (r + r_1)\sin\varphi\cos\theta \\
y &= y_1 + (r + r_1)\sin\varphi\sin\theta \\
z &= z_1 + (r + r_1)\cos\varphi
\end{aligned}
\tag{2-14}
$$

如果在 $\varphi \leqslant 90°$ 范围内当前下落颗粒碰到另一个已沉积颗粒（称为第二落点颗粒），则继续执行下述步骤，否则转到步骤（3）。

记第二落点颗粒球心坐标为 (x_2, y_2, z_2)，半径为 r_2。第二落点颗粒可以通过下式确定：

$$
\sqrt{(x - x_2)^2 + (y - y_2)^2 + (y - y_2)^2} = r + r_2
\tag{2-15}
$$

（5）以第一落点颗粒和第二落点颗粒球心连线为轴，当前下落颗粒再次旋转，并且转动角度不超过 $90°$，确定当前下落颗粒是否遇到其他沉积颗粒。当前下落颗粒、第一落点颗粒和第二落点颗粒的几何关系如图 2-15 所示。图 2-15 中 O_1 为第一落点颗粒的球心，O_2 为第二落点颗粒的球心，O 为两球公共面的球心，B 为接触面的最高点，而 A 为当前下落颗粒的位置。A 点绕直线 $O_1 O_2$ 沿两球公共面旋转 φ 角后的坐标可以应用几何变换技术确定，这里不再详述。

如果当前下落颗粒在旋转过程中遇到其他沉积颗粒，则称为第三落点颗粒，判断下落球的稳定性。如果稳定（图 2-16），则当前位置即为下落球的最终位置，计算此时下落球

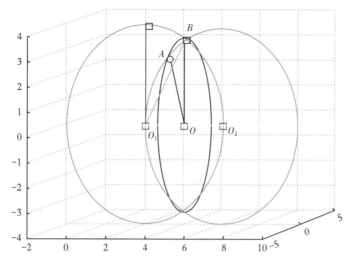

图 2-15　当前下落颗粒、第一落点颗粒和第二落点颗粒的几何关系示意图

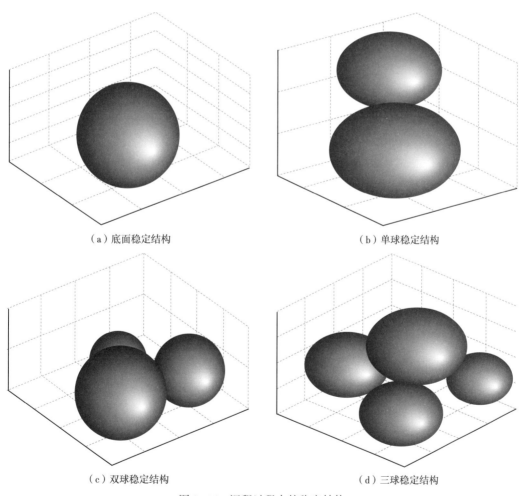

（a）底面稳定结构

（b）单球稳定结构

（c）双球稳定结构

（d）三球稳定结构

图 2-16　沉积过程中的稳定结构

的 z 坐标；如果不稳定 [图 2-17（a）]，需要根据情况再次旋转。图 2-17（b）为图 2-17（a）沉积颗粒球心在沉积平面上的投影，其中 T_1 为第一落点颗粒球心的投影；T_2 为第二落点颗粒球心的投影；T_3 为第三落点颗粒球心的投影；T 为当前下落颗粒球心的投影。如果当前下落颗粒球心位置落在区域 1，则返回（5），只是旋转轴改为第一落点颗粒和第三落点颗粒球心连线；如果落在区域 3，则返回（5），只是旋转轴改为第二落点颗粒和第三落点颗粒球心连线；如果落在区域 2，则返回（4），最高落点颗粒改为第三落点颗粒。

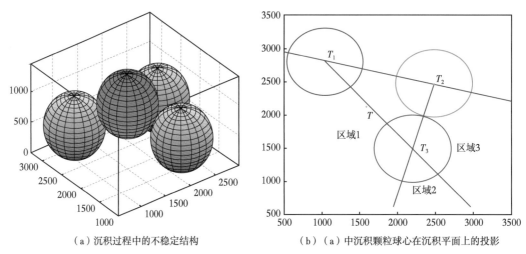

（a）沉积过程中的不稳定结构　　　　（b）（a）中沉积颗粒球心在沉积平面上的投影

图 2-17　沉积过程中的不稳定结构及其投影图

如果无法在沉积盒中找到稳定位置，则说明沉积颗粒已经超出沉积盒的顶部，即沉积盒已经沉满，结束沉积过程，否则继续沉积。

（6）将所有沉积球半径和沉积盒区域恢复原值；返回（2）。

二、压实过程模拟

压实过程模拟不改变颗粒半径和形状，只是改变所有颗粒的垂向坐标 z。为了表征不同的压实程度，引入压实因子 λ（无量纲），取值范围为 [0, 1]，压实前后颗粒位置关系如下：

$$z = z_0(1 - \lambda) \tag{2-16}$$

式中，z 和 z_0 分别为压实前后的垂向坐标。

显然，λ 越大，颗粒交叠越严重，系统孔隙度越低，如图 2-18 所示。

三、成岩过程模拟

成岩过程包含了若干阶段矿物的溶解和胶结物的生长，并且常常与压实过程同时进行。目前，仅可以模拟一些简单的成岩过程，如石英胶结物生长、溶蚀以及自生黏土的生长。石英胶结物的生长和溶蚀采用与 Schwartz 和 Kimminau 相似的算法进行模拟：

$$R(r) = R_0(r) + \min\left[\alpha l(r)^\gamma, l(r)\right] \tag{2-17}$$

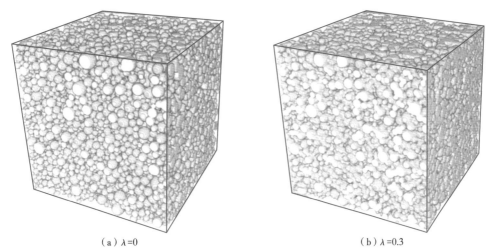

（a）λ=0   （b）λ=0.3

图 2-18 不同压实因子下的压实效果对比

（灰色表示岩石颗粒，孔隙空间透明）

式中，$R_0(r)$ 为沉积颗粒的最初半径，μm；$R(r)$ 为从颗粒中心沿 r 方向的新半径，μm；$l(r)$ 为沿沉积颗粒半径 r 方向由颗粒表面到其 Voronoi 多面晶胞表面的距离，μm；α 为常数，反映胶结物的发育状态，无量纲，当 α 为正数时，表示胶结物是生长的，当 α 为负数时，表示由溶蚀或超压形成溶蚀孔隙；γ 为常数，反映胶结物在孔隙或喉道中的发育方向，无量纲，$\gamma>0$ 表示石英胶结物沿大 $l(r)$ 的方向增长（如孔隙体），而 $\gamma<0$ 表示胶结物沿小 $l(r)$ 的方向增长（如喉道），$\gamma=0$ 表示石英胶结物在各个方向上均匀生长，即由中心向外对称生长，如图 2-19 所示。

黏土物质的生长和充填需要根据黏土的类型分别模拟：孔隙附着黏土（如绿泥石）沿碎屑岩颗粒表面向外辐射生长，可以通过黏土质点在颗粒或石英胶结物的表面随机沉积来实现；孔隙充填黏土（如视六边形高岭石）可通过在已含有黏土的孔隙体中采用黏土择优沉积的聚类算法实现。

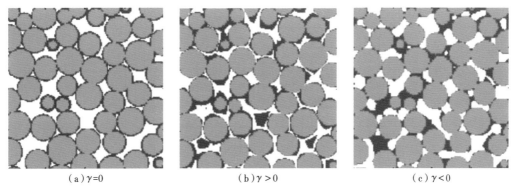

（a）γ=0   （b）γ>0   （c）γ<0

图 2-19 石英胶结物生长示意图

（绿色表示岩石颗粒，白色表示孔隙空间，褐色表示石英胶结物）

四、网格化

为了形成数字岩心，最后还需要将球体堆积模型离散化为一个大小为 $N_x \times N_y \times N_z$、间距为 a 的三维矩阵，a 为分辨率，是决定过程模拟方法重建数字岩心大小的另一个参数。离散后的介质由小立方网格构成，每个立方网格边长为 a，并且被赋予孔隙或骨架性质，一般用不同的整数值表示。在网格化过程中，为了消除沉积盒边界对重建数字岩心的影响，需要去掉部分边界数据。

第四节　数字岩心的可视化

数字岩心被重建后，需要在计算机中以比较形象具体的形式展示出来。这是能够合理利用数字岩心技术的重要步骤。本节将详细讨论数字岩心的可视化技术。目前，三维数字岩心的可视化技术大致可以分为基于表面的体视方法和基于体素的体视方法两类。本节将首先介绍这两种方法，然后讨论其绘图原理。

一、体绘制

体绘制是一种不生成中间几何图元而直接将三维图像数据场的细节同时展现出来的技术。三维空间中离散的采样点只有灰度值，没有颜色属性。体绘制首先将数据分为不同类别的对象，不同对象赋予不同的颜色和不透明度，然后根据空间中视点和体数据的相对位置确定最终的成像效果，体数据结构如图 2-20 所示。体绘制的功能就是考虑每个体元对光线的反射、透射和发射作用，计算出每个体元对显示图像的影响。体元所在面与入射光的夹角决定光线的反射；体元的不透明度决定光线的透射；物质度决定光线的发射，物质度越大，发射光越强。体绘制分为投射、消隐、渲染和合成 4 个步骤。体绘制最大的优点是可以展现物体内部结构，描述非常定形的物体，而面绘制在这方面比较弱，但直接采用体绘制计算量很大，当视点改变时，需要重新进行大量的计算。

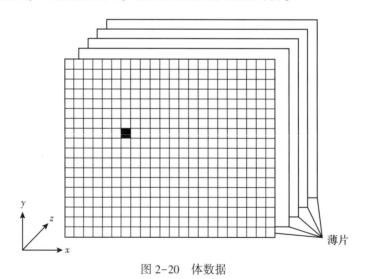

图 2-20　体数据

国际上主流的体绘制算法有光线投射法（Ray Casting）、错切—变形法、频域体绘制算法和抛雪球算法，其中光线投射法最为重要和通用。VTK 软件库中提供了常用的体绘制算法，体绘制效果如图 2-21 所示。

图 2-21 体绘制效果

光线投射法是扫描图像序列获取高质量图像的体绘制代表算法。其基本思想是从图像的每一个像素，沿设定的视线方向发射一条光线，光线穿透整个图像序列，沿这条光线进行等间距采样，采样点处的颜色和不透明度用它的 8 个邻域的颜色和不透明度做三线性插值计算得出，再依据由后到前或由前到后的顺序将每个采样点的颜色和不透明度值累加，最后获得渲染图像中该像素处的颜色。该方法能很好地反映物质边界的变化，在图像显示上可将具有不同属性、形状特征的目标分别表现出来，并显示相互之间的层次关系。光线投射法的主要步骤如下：

（1）设计传递函数，将三维数据场中点的数据值映射为对应的颜色和不透明度值。

（2）沿着当前的视点方向朝画面中的每一像素投射出一条光线，如图 2-22 所示，该

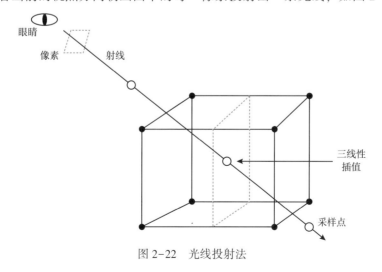

图 2-22 光线投射法

29

光线穿透数据场并沿着光线进行均匀采样，选取适当的光照模型计算出各采样点处的光亮度值。

（3）沿投射光线方向对同一条光线上的各采样点光亮度值进行累计，生成像素的显示光亮度值。

二、面绘制

面绘制是一种抽取三维数据场中的等值面，生成中间几何图元，然后加以绘制显示的技术。面绘制可以产生较为清晰的等值面图像，而且可以利用图形硬件加速图形的生成和转换。在众多构造等值面的方法中，Lorensen 在 1987 年提出的移动立方体（Marching Cubes，MC）算法最有代表性。该算法主要针对三维规则数据，如核磁共振图像、计算机 X 断层扫描图像等，实现方便、计算精确，是三维显示中最流行的算法之一。面绘制效果如图 2-23 所示。

图 2-23　面绘制效果

MC 算法是生成三维数据场等值面的经典算法，也是抽取体元内等值面技术的代表。MC 算法的基本思想是把二维断层序列图像组织成三维矩阵，每个像素就是一个顶点，8 个顶点组成一个立方体，即体元，依次逐个扫描体元，根据选定的阈值确定顶点属于等值面内还是等值面外，分类出与等值面相交的非空体元。非空体元是八个顶点中至少有一个大于等于阈值，且至少有一个小于阈值的体元。找到符合条件的体元后，在其内部构造等值面，插值计算出等值面与体元棱边的交点。根据体元中每个顶点与等值面的相对位置，将等值面与体元棱边的交点按一定方式连接形成三角面片，拟合该体元内的等值面。扫描完所有体元后，使用常用的图形软件包或硬件提供的面绘制功能绘制出等值面，就形成了等值面的三维图像。

（1）体素模型。体素一般有两种定义：一种与二维图像中像素定义相类似，直接把体数据中的采样点作为体素；另一种是把 8 个相邻的采样点包含的区域定义为体素。

三维图像数据中的一个体元（voxel）可以用图 2-24 表示。体元的 8 个顶点上是相邻两层图像像素的灰度值。

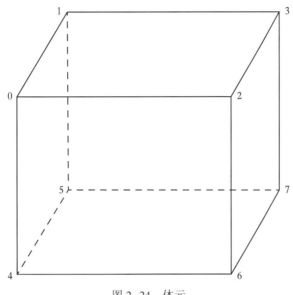

图 2-24　体元

（2）等值面（Iso-Surface）。在面重建算法中以重建等值面这一类算法最为经典。进行表面重建的目的就是用分割提取出的区域构建出对应目标的三维几何模型。等值面的构造就是从体数据中恢复物体三维几何模型的常用方法之一。如果把体数据看成是某个空间区域内关于某种物理属性的采样集合，非采样点上的值用邻近采样点插值来估计，则该空间区域内所有具有某一个相同值的点的集合将定义一个或多个曲面，称为等值面。由于不同的物质具有不同的物理属性，因此可以选定适当的值来定义等值面，该等值面表示不同物质的交界。也就是说，一个用适当值定义的等值面可以代表某种物质的表面。

等值面是空间中所有具有某个相同值的点的集合，它可以表示成：

$$\{(x,\ y,\ z),\ f(x,\ y,\ z)=c\} \tag{2-18}$$

式中，c 为常数，无量纲。

并不是每个体素内都有等值面，当体素内角点都大于 c 或都小于 c 时，其内部不存在等值面。只有那些既包含大于 c 的角点，又包含小于 c 的角点的体素中才含有等值面，称这样的体素为边界体素。等值面在一个边界体素内的部分称为该体素的等值面片，等值面是一个三次曲面，它与边界体素面的交线是一条双曲线且这条双曲线仅由该面上四个角点决定。这些等值面片之间具有等值拓扑一致性，即它们可以构成连续的无孔的无悬浮面的曲面（除非在体数据的边界处）。因为对于任何两个边界共面的体素，如果等值面与它们的公共面有交线，则该交线就是两个边界体素中等值面片与公共面的交线，也就是说，这两个等值面片完全吻合，所以可以认为等值面是由许多个等值面片组成的连续曲面。

由于等值面是三次代数曲面，构造等值面的计算复杂，也不便于显示，而多边形的显示则非常方便，因此等值面的三角面片拟合是常用的手段。MC 算法便是在边界体素中生成三角面片，以三角面片拟合成等值面。

MC 算法假设体元棱边上的数据连续线性变化，如果阈值在一条棱边两个顶点值之间，则该棱边肯定与等值面相交。按照三角面片的剖分方式计算出所在棱边上的交点，用这些交点构造出的三角面片拟合该体元内的等值面。可见，该算法的基础是确定各体元中等值面的分布情况。算法流程如下：

（1）读入原始三维图像数据，扫描相邻两层图像，逐个构造体元。

（2）将体元每个顶点的值与给定的阈值做比较，确定该体元的状态标识，找出包含等值面的非空体元。

（3）线性插值计算出体元各棱边与等值面的交点位置。

（4）中心差分计算出体元各顶点处的法向量，再线性插值计算出三角面片各顶点处的法向量。

（5）绘制出所有三角面片就显示出整个等值面图像。

三、三维绘图原理

绘图流程的目的是选取一个三维空间中的场景描述，将其映射到观察表面（即监视器屏幕）上的二维场景。

对于多边形网格模型的情况，可以把绘图中涉及的各种过程简单地描述为几何变换和算法运算。几何过程涉及对多边形定点的操作，即把定点从一个坐标空间变换到另一个坐标空间，或者删除不能从视点看到的那些多边形。绘制过程涉及明暗处理和纹理映射，并且比几何操作代价更高，大多数几何操作设计矩阵乘法。

图 2-25 是一个绘图流程的连续过程，从该图中可以看出，这是一个贯穿各种三维空间的过程，即把物体从一个空间变换到另一个空间。最后一个空间称为屏幕空间，在这个空间中进行绘制操作，这个空间也是三维的。

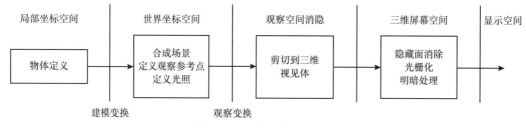

图 2-25　一个三维绘图流程

绘图流程中最终的三维空间称为三维屏幕空间。在这个空间中，进行实际的视见体的裁剪，以及执行其他的绘制算法。使用三维屏幕空间是因为它简化了裁剪和隐藏面消除的操作，隐藏面消除的操作是通过对投影到相同像素上的不同物体的深度值来实现的。另外，这个空间中的物体最终都要经过一个向二维观察平面坐标变换的过程。

由于在计算机图形学中的观察表面被认为是平的，因此只考虑称为平面几何投影的那类情况。平面几何投影的两个基本方式有透视投影和平面投影。

透视投影是计算机图形学中一种更为普遍的选择。在透视投影中，并不保存相关的尺寸，远距离的线以近距离的相同长度的线段的形式显示，如图 2-26 所示，这种效果使人们能够在二维照片中或在三维真实空间的格式化中感觉到深度。透视投影以一个称为投影中心的点为特征。三维空间中的点向观察平面的投影是取从每一点到投影中心连线的交点，这些连线称为投影线。

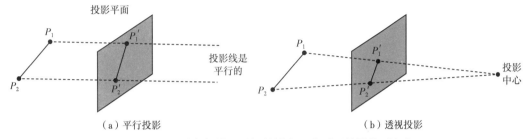

（a）平行投影　　　　　　　　　　　　　（b）透视投影

图 2-26　用平行投影和透视投影向一个平面投影的两个点

在图 2-27 中显示了透视投影是如何导出的。点 $P(x, y, z)$ 是观察坐标系中一个三维空间点。该点被投影到垂直于 z_v 轴一个观察平面上，点的位置距坐标系的原点距离为 d。P' 是该点在观察平面上的投影。它在观察平面坐标系中有一个二维的坐标 (x_s, y_s)，观察平面坐标系的原点位于 z 轴与观察平面的交点处。

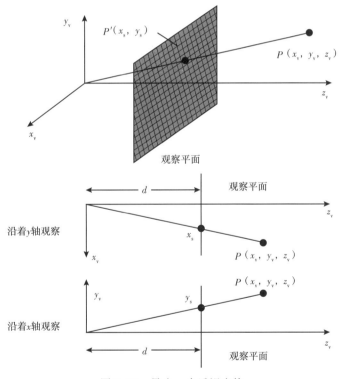

图 2-27　导出一个透视变换

由相似三角形得到：

$$\frac{x_s}{d} = \frac{x_v}{z_v}, \quad \frac{y_s}{d} = \frac{y_v}{z_v} \tag{2-19}$$

为了将这一非线性变换表示成一个 4×4 的矩阵形式，将其分成两部分来考虑，即一个现行部分和一个非线性部分。若采用齐次坐标，有：

$$
\begin{aligned}
X &= x_v \\
Y &= y_v \\
Z &= z_v \\
w &= z_v/d
\end{aligned}
\tag{2-20}
$$

可以写：

$$
\begin{bmatrix} X \\ Y \\ Z \\ w \end{bmatrix} = T_{pers} \begin{bmatrix} x_v \\ y_v \\ z_v \\ 1 \end{bmatrix}
\tag{2-21}
$$

其中：

$$
T_{pers} = \begin{bmatrix} 1 & 0 & 0 & 0 \\ 0 & 1 & 0 & 0 \\ 0 & 0 & 1 & 0 \\ 0 & 0 & 1/d & 0 \end{bmatrix}
\tag{2-22}
$$

接着进行透视分割，有：

$$
\begin{aligned}
x_s &= X/w \\
y_s &= Y/w \\
z_s &= Z/w
\end{aligned}
\tag{2-23}
$$

在平行投影中，如果观察平面与投影方向垂直，则这投影是正投影，有：

$$
x_s = x_v,\ y_s = y_v,\ z_v = 0
\tag{2-24}
$$

表示为矩阵形式：

$$
T_{ort} = \begin{bmatrix} 1 & 0 & 0 & 0 \\ 0 & 1 & 0 & 0 \\ 0 & 0 & 0 & 0 \\ 0 & 0 & 0 & 1 \end{bmatrix}
\tag{2-25}
$$

为了满足多方位、任意角度的观测目标结构的需要，研究并实现了任意角度切片（图 2-28、图 2-29）提取的方法，其中切片可以进行移动、缩放、旋转等交互式操作。

由平面的点发式方程可知，只要给定平面上的一个点 $p(x_0,\ y_0,\ z_0)$ 以及该平面的法向量 $n = (a_1,\ a_2,\ a_3)$，则平面可由点法式方程唯一确定：

$$
a_1(x - x_0) + a_2(y - y_0) + a_3(z - z_0) = 0
\tag{2-26}
$$

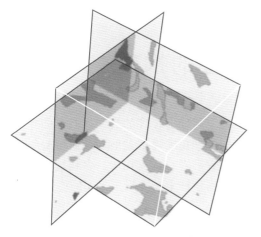
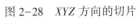
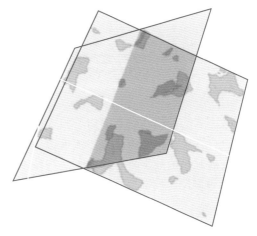

图 2-28　*XYZ* 方向的切片　　　　　　图 2-29　任意方向的切片

第三章　数字岩心的构建

数字岩心的构建是数字岩心技术的基础。只有建立起准确合理的数字岩心才能在其基础上进行孔隙结构分析以及渗流模拟。本章首先介绍几种在准噶尔盆地复杂储层岩心的研究中发展起来的数字岩心构建方法与技术，包括两相数字岩心构建技术、多相数字岩心构建技术与多尺度数字岩心构建技术。然后，给出这些构建技术在准噶尔盆地的应用实例。

第一节　数字岩心构建方法

一、两相数字岩心的构建方法

两相数字岩心构建技术是一种比较常规的数字岩心构建技术，这里的两相是指孔隙相与岩石相。孔隙相代表了岩心中的孔隙空间，岩石相代表岩心中的岩石。通常 CT 方法得到的图像经过滤波、阈值分割等图像处理后会成为二值化图像，其中的一个数值代表孔隙，另外一个数值就代表岩石。

但准噶尔盆地复杂储层岩石的典型岩心主要是砂砾岩与致密岩，这两种岩石的结构都与常规岩心不同，其岩心结构复杂，孔隙尺度的跨度较大，从纳米级到微米级。在实际构建这些岩石的数字岩心的过程中，只用 CT 方法与 MCMC 方法时，都会遇到其各自的局限。比如，当岩心需要更高精度的 CT 时，一般的 CT 仪器并不能满足要求。而只是用 MCMC 方法构建数字岩心时具有随机性，与真实岩心的孔喉结构具有一定的差距。因此，在构建同时反映微米级孔隙和亚微级孔隙的数字岩心时，可以将两种方法结合起来。

首先，基于低分辨率的 CT 图像，构建出反映真实岩心孔隙结构的大孔隙数字岩心（图 3-1），其孔隙度为 16.458%，体素尺寸为 100×100×100，体素分辨率为 2.0μm/pixel，几何尺寸为 200μm×200μm×200μm。

然后，基于岩石高分辨率的二维薄片信息，通过 MCMC 方法构建出与大孔隙数字岩心具有相同几何尺寸（200μm×200μm×200μm）的微孔隙数字岩心（图 3-2），其孔隙度为 10.018%，体素尺寸为 400×400×400，体素分辨率为 0.5μm/pixel。

大孔隙数字岩心可用来描述岩石中大孔隙的几何拓扑结构和空间分布特征，微孔隙数字岩心可用来描述岩石中微孔隙的几何拓扑结构和空间分布特征。为了同时描述岩石中大孔隙和微孔隙特征，对大孔隙数字岩心和微孔隙数字岩心进行叠加，进而构建出双孔隙数字岩心。

基于几何尺寸相同的大孔隙数字岩心和微孔隙数字岩心，通过叠加法构建双孔隙数字岩心，叠加法是建立在叠加原理基础上的一种分析方法，具体步骤如下：

首先，将大孔隙数字岩心中每一个体素分割为 $s×s×s$ 个相同的小体素，并保证分割后的各体素值同原始体素值相等。这样分割后的大孔隙数字岩心和微孔隙数字岩心的几何边长和体素边长都完全相同。

图 3-1 基于低分辨率 CT 构建的大孔隙数字岩心

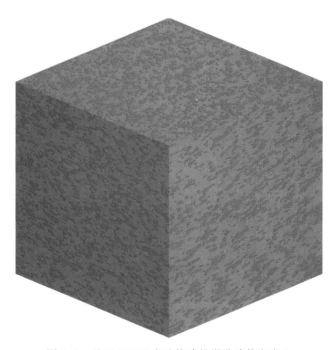

图 3-2 基于 MCMC 方法构建的微孔隙数字岩心

　　然后，按照叠加算法，将大孔隙数字岩心的孔隙系统和微孔隙数字岩心的孔隙系统进行叠加，进而构建出双孔隙数字岩心。双孔隙数字岩心的孔隙系统空间 I_S：

$$I_S = I_A \cup I_B \tag{3-1}$$

式中，I_A 表示大孔隙数字岩心的孔隙系统；I_B 表示微孔隙数字岩心的孔隙系统。

鉴于岩心的数据体是通过 0 和 1 的二进制数据来进行表征的，因此对大孔隙数字岩心和微孔隙数字岩心数据体进行如下操作，进而得到基于不同分辨率数字岩心进行叠加的双孔隙数字岩心。

$$\begin{cases} 0 + 0 = 0 \\ 0 + 1 = 0 \\ 1 + 0 = 0 \\ 1 + 1 = 1 \end{cases} \tag{3-2}$$

式中，0 表示岩石孔隙；1 表示岩石骨架。

基于岩石的大孔隙数字岩心（图 3-3）和微孔隙数字岩心，通过叠加法可构建出同时描述大孔隙和微孔隙特征的双孔隙数字岩心（图 3-4），其孔隙度为 22.0134%，体素尺寸为 400×400×400，体素分辨率为 0.5μm/pixel。

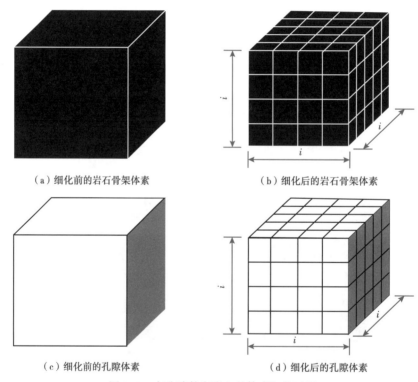

（a）细化前的岩石骨架体素　　　　　　（b）细化后的岩石骨架体素

（c）细化前的孔隙体素　　　　　　（d）细化后的孔隙体素

图 3-3　大孔隙数字岩心的体素细化过程

二、多相数字岩心的构建方法

基于 CT 图像和 MCMC 方法相结合的方式构建的数字岩心已经能够比较准确地反映致密油储层岩石的孔隙结构。但由于使用这两种方法结合构建数字岩心时，其各自之间没有太多的相关性，因此构建的数字岩心多个尺度的孔隙结构的连通性与实际岩心仍存在一定

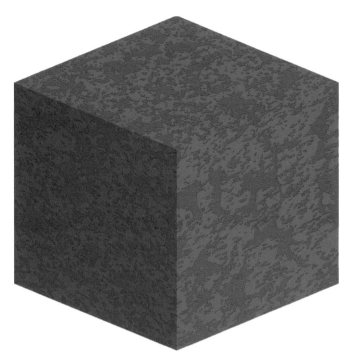

图 3-4 基于叠加法构建的双孔隙数字岩心

的差异。与此同时，CT 图像的扫描精度往往受限于分辨率，无法识别分辨率以下的孔隙。因此，同一 CT 图像往往无法反映分辨率以下的孔隙。

为了解决这一问题，许多学者进行了相关的研究。Soulaine 等提出了一种将扫描图像分成三种介质进行渗透率计算的方式，即孔隙表示纯连通，岩石表示绝对不通，介于岩石和孔隙之间的混合介质具有一定的连通性。但这种方式只能计算出岩石渗透率结构，无法反映岩石内部各个尺度孔隙结构，也无法研究流体在更精细孔隙中的流动过程。

Q. Lin 等基于 CT 图像提出了一种多阈值处理方法，将岩石分为岩石组分、孔隙组分以及岩石和孔隙共存的混合相组分，并结合实验数据分析了混合相里面小于 CT 图像分辨率的微孔隙结构。借助这两者的思路，本节介绍一种新的岩心构建方法，这种方法基于岩心扫描图像构建孔隙相、岩石相以及岩石和孔隙共存的混合相的三相数字岩心，并将三相数字岩心中的混合相量化为孔隙相和岩石相部分。

基于多阈值算法以及岩心扫描实验和压汞实验，构建三相数字岩心的具体实现方法如下：

（1）对岩石样品进行 CT 或 SEM 扫描，获取岩石样品图像。

（2）开展岩石平行样品的压汞实验，获取岩样的压汞曲线（图 3-5）和孔喉分布曲线（图 3-6）。

（3）基于 Ostu 多阈值算法，计算出分割岩心图像的两个阈值 t_1 和 t_2。假设岩心图像灰度值小于 t_1 为孔隙相，小于 t_2、大于 t_1 为混合相，大于 t_2 为岩石相。

（4）基于孔喉分布曲线，计算出数字岩心大于 CT 图像分辨率的孔隙度 P_1 和小于分辨率的孔隙度 P_2。

（5）基于孔隙度 P_1 修正阈值 t_1，使生成的孔隙相孔隙度 P_{mac} 与压汞曲线中大于 CT 图像分辨率的孔隙度 P_1 接近。

这样通过修正后的阈值 t_1 和 t_2，可以得到岩心中的孔隙相孔隙度 P_{mac}、混合相体积百分数 P_{mix} 以及岩石相的百分数 P_r。

假如混合相中小于分辨率的微孔隙相孔隙度为 P_{mic}，则 P_2 满足下列关系式：

$$P_2 \approx P_{mix} \times P_{mic} \tag{3-3}$$

这样，三相数字岩心的总孔隙度 P 应为：

$$P = P_{mac} + P_{mix} \times P_{mic} \tag{3-4}$$

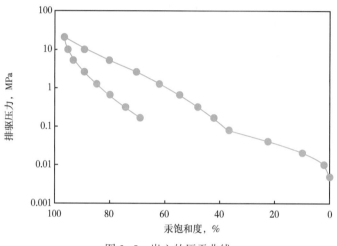

图 3-5　岩心的压汞曲线

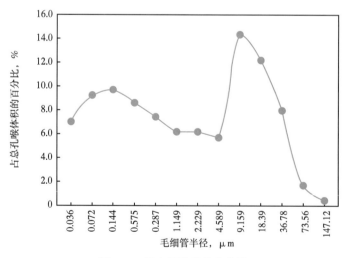

图 3-6　岩心的孔喉分布曲线

图 3-7 为采用多阈值 Ostu 算法并结合实验修正后得到的三相数字岩心。这样，就构建出了一种代表两种尺度孔隙的数字岩心，即蓝色代表大孔隙区域，绿色代表微孔隙区域。

图 3-7 三相数字岩心

（蓝色代表孔隙相，红色代表岩石相，绿色代表小于低分辨率的微孔隙和岩石的混合相）

三、多尺度数字岩心的构建方法

为实现不同尺度孔隙的量化分析，需要将三相数字岩心混合相再分割为更高精度岩石相、孔隙相和混合相，再确定出第二大尺度孔隙的微观结构，如此不断分割，直到所需要的最小尺度，从而实现可量化分析微观孔隙结构的多尺度数字岩心。据此构建多尺度数字岩心的具体方法如下：

（1）基于低分辨率的 CT 图像，构建出低分辨率的三相数字岩心（图 3-8）。例如，三相数字岩心的体素尺寸为 $100 \times 100 \times 100$，体素分辨率为 $2.0 \mu m/pixel$，几何尺寸为 $200 \mu m \times 200 \mu m \times 200 \mu m$。

（2）基于岩石高分辨率的 CT 或 SEM 扫描图像，构建出与（1）中数字岩心具有相同几何尺寸（例如，$200 \mu m \times 200 \mu m \times 200 \mu m$）的高分辨率三相数字岩心（图 3-9）或两相数字岩心（图 3-10）。例如，高分辨率三相或两相数字岩心的体素尺寸为 $500 \times 500 \times 500$，体素分辨率为 $0.4 \mu m/pixel$，几何尺寸为 $200 \mu m \times 200 \mu m \times 200 \mu m$。

（3）基于（1）和（2）构建的几何尺寸相同的数字岩心，通过叠加算法将三相岩心的混合相进行再量化，将其量化为更高精度的岩石相、孔隙相和混合相，这种方法是建立在叠加原理基础上的一种分析方法，具体如下：

①将低分辨率数字岩心中每一个体素分割为 $i \times i \times i$ 个相同的小体素，并保证分割后的各体素值同原始体素值相等（图 3-11）。这样分割后的低分辨率数字岩心和高分辨率数字岩心的几何边长和体素边长都完全相同。

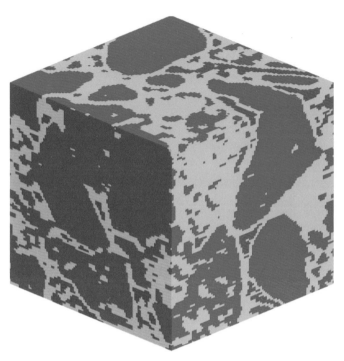

图 3-8　基于低分辨率 CT 构建的三相数字岩心
（蓝色代表孔隙相，红色代表岩石相，绿色代表微孔隙和岩石共存的混合相）

图 3-9　基于高分辨率 CT 或 SEM 图像构建的三相数字岩心
（蓝色代表孔隙相，红色代表岩石相，绿色代表微孔隙和岩石共存的混合相）

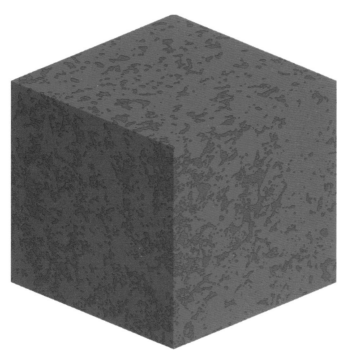

图 3-10　基于高分辨率 CT 或 SEM 图像构建的两相数字岩心

（蓝色代表孔隙相，红色代表岩石相，绿色代表微孔隙和岩石共存的混合相）

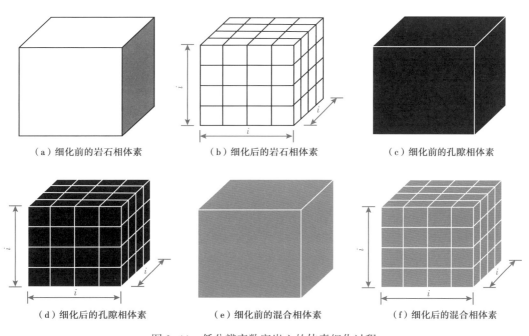

（a）细化前的岩石相体素　　　　　（b）细化后的岩石相体素　　　　　（c）细化前的孔隙相体素

（d）细化后的孔隙相体素　　　　　（e）细化前的混合相体素　　　　　（f）细化后的混合相体素

图 3-11　低分辨率数字岩心的体素细化过程

②在三相或两相数字岩心中，用 0、1 和 2 来分别表征岩石相、孔隙相和混合相，低分辨率数字岩心和高分辨率数字岩心叠加时，数据体的叠加算法为：

$$\begin{cases} 0(低分辨率数字岩心) \to 不变 \\ 1(低分辨率数字岩心) \to 不变 \\ 2(低分辨率数字岩心) + 2(高分辨率数字岩心) = 2 \\ 2(低分辨率数字岩心) + 0(高分辨率数字岩心) = 0 \\ 2(低分辨率数字岩心) + 1(高分辨率数字岩心) = 1 \end{cases} \tag{3-5}$$

在量化低分辨率三相数字岩心混合相、构建新的高分辨率数字岩心的过程中，根据具体的需要，高分辨率的数字岩心可能为三相数字岩心，也可能为两相数字岩心。若高分辨率数字岩心为三相数字岩心，新的高分辨率数字岩心构建过程如图 3-12 所示；若高分辨率数字岩心为两相数字岩心，新的高分辨率数字岩心构建过程如图 3-13 所示。

低分辨率三相数字岩心　　　　　高分辨率三相数字岩心　　　　　新的高分辨率三相数字岩心

图 3-12　低分辨率三相数字岩心和高分辨率三相数字岩心叠加构建新的
高分辨率三相数字岩心的过程及结果

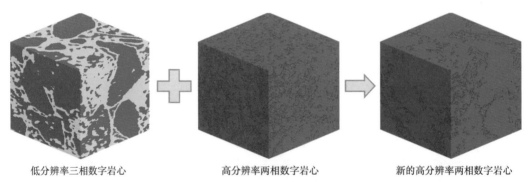

低分辨率三相数字岩心　　　　　高分辨率两相数字岩心　　　　　新的高分辨率两相数字岩心

图 3-13　低分辨率三相数字岩心和高分辨率两相数字岩心叠加构建新的
高分辨率两相数字岩心的过程及结果

第二节　数字岩心构建实例

本节以准噶尔盆地两个区块的复杂储层岩石为对象，给出单尺度两相数字岩心和多尺度多相数字岩心构建实例，通过实例说明两种数字岩心构建流程。其中，单尺度两相数字岩心来自新疆油田八区 530 井区，多尺度多相数字岩心来自新疆油田玛 18 井区。

一、单尺度两相数字岩心构建实例

1. 典型岩心的选取与实验测量分析

1）典型岩心的选取

新疆油田八区 530 井区油藏埋深 1500~1850m，沉积厚度 130~280m，平均砂层厚度 110m。油藏自下而上发育 5 个砂组，主力层为 J_1b_1、J_1b_4 和 J_1b_5 层。J_1b_{4+5} 进一步划分为 4 个小层、10 个单层。J_1b_{4+5} 油藏主要发育砂砾质辫状河沉积，储层岩性以砂砾岩、粗—中砂岩、细砂岩为主。根据八区 530 井区的现场试验及室内测试得到的地质及岩石物性相关资料，结合项目研究的需要，从 T88836 井在储层深度 1596.98~1718.84m 范围内，选取 25 块典型岩心样品。选取的岩心样品覆盖层系 J_1b_{4+5}——J_1b_{41}、J_1b_{42}、J_1b_{51} 和 J_1b_{52} 4 个层系；样品的岩性有砂砾岩、含砾粗—中—细砂岩、中—细砂岩。选取的典型岩心样品的相关参数见表 3-1。

表 3-1 选取的 25 块八区 530 井区典型岩心的基本信息

序号	样品编号	样品深度，m	层位	岩石定名
1	2015-XY01	1596.98	$J_1b_{41}-1$	中砂岩
2	2015-XY02	1597.58	$J_1b_{41}-1$	中—细砂岩
3	2015-XY03	1599.22	$J_1b_{41}-1$	含砾中—细砂岩
4	2015-XY04	1601.22	$J_1b_{41}-1$	含砾中—细砂岩
5	2015-XY05	1603.35	$J_1b_{41}-2$	含砾中砂岩
6	2015-XY06	1606.76	$J_1b_{41}-2$	细砂岩
7	2015-XY07	1607.52	$J_1b_{41}-2$	含砾粗砂岩
8	2015-XY08	1612.07	$J_1b_{42}-1$	细砂岩
9	2015-XY09	1616.95	$J_1b_{42}-1$	含砾粗砂岩
10	2015-XY10	1618.00	$J_1b_{42}-2$	细砂岩
11	2015-XY11	1619.14	$J_1b_{42}-2$	中—细砂岩
12	2015-XY12	1622.05	$J_1b_{42}-2$	中—细砂岩
13	2015-XY13	1623.76	$J_1b_{42}-2$	细砂岩
14	2015-XY14	1626.52	$J_1b_{42}-2$	中砂岩
15	2015-XY15	1646.87	$J_1b_{51}-1$	含砾中砂岩
16	2015-XY16	1649.43	$J_1b_{51}-1$	含砾中—细砂岩
17	2015-XY17	1650.51	$J_1b_{51}-1$	细砂岩
18	2015-XY18	1652.92	$J_1b_{51}-1$	中砂岩
19	2015-XY19	1656.16	$J_1b_{51}-2$	含砾中—细砂岩
20	2015-XY20	1655.32	$J_1b_{51}-2$	中—细砂岩
21	2015-XY21	1658.97	$J_1b_{51}-2$	含砾中砂岩
22	2015-XY22	1665.86	$J_1b_{51}-2$	含砾中—细砂岩
23	2015-XY23	1710.16	$J_1b_{52}-2$	细砂岩
24	2015-XY24	1715.72	$J_1b_{52}-3$	含砾砂岩
25	2015-XY25	1718.84	$J_1b_{52}-3$	砂质小砾岩

2）基于孔渗参数测量的八区 530 井区典型岩心孔渗特征分析

采用 PHI-220 孔隙度仪测量岩石孔隙度，2000-I 型岩心气体渗透率仪测量岩石渗透率，八区 530 井区 25 块选样岩心的孔渗参数测量结果见表 3-2。

表 3-2　八区 530 井区 25 块选样岩心基本参数

序号	样品编号	样品深度 m	层位	岩石定名	有效孔隙度 %	水平渗透率 mD
1	2015-XY01	1596.98	$J_1b_{41}-1$	中砂岩	22.7	666
2	2015-XY02	1597.58	$J_1b_{41}-1$	中—细砂岩	22.0	257
3	2015-XY03	1599.22	$J_1b_{41}-1$	含砾中—细砂岩	20.6	352
4	2015-XY04	1601.22	$J_1b_{41}-1$	含砾中—细砂岩	17.8	54.2
5	2015-XY05	1603.35	$J_1b_{41}-2$	含砾中砂岩	21.4	529
6	2015-XY06	1606.76	$J_1b_{41}-2$	细砂岩	20.0	52.5
7	2015-XY07	1607.52	$J_1b_{41}-2$	含砾粗砂岩	14.9	10.4
8	2015-XY08	1612.07	$J_1b_{42}-1$	细砂岩	15.7	2.26
9	2015-XY09	1616.95	$J_1b_{42}-1$	含砾粗砂岩	20.6	343
10	2015-XY10	1618.00	$J_1b_{42}-2$	细砂岩	19.2	14.4
11	2015-XY11	1619.14	$J_1b_{42}-2$	中—细砂岩	19.5	36.9
12	2015-XY12	1622.05	$J_1b_{42}-2$	中—细砂岩	21.1	168
13	2015-XY13	1623.76	$J_1b_{42}-2$	细砂岩	16.3	1.51
14	2015-XY14	1626.52	$J_1b_{42}-2$	中砂岩	19.6	32.1
15	2015-XY15	1646.87	$J_1b_{51}-1$	含砾中砂岩	21.4	154
16	2015-XY16	1649.43	$J_1b_{51}-1$	含砾中—细砂岩	19.3	22.3
17	2015-XY17	1650.51	$J_1b_{51}-1$	细砂岩	18.0	3.81
18	2015-XY18	1652.92	$J_1b_{51}-1$	中砂岩	21.2	144
19	2015-XY19	1656.16	$J_1b_{51}-1$	含砾中—细砂岩	16.7	50.6
20	2015-XY20	1655.32	$J_1b_{51}-1$	中—细砂岩	20.8	158
21	2015-XY21	1658.97	$J_1b_{51}-1$	含砾中砂岩	22.1	398
22	2015-XY22	1665.86	$J_1b_{51}-1$	含砾中—细砂岩	19.5	6.77
23	2015-XY23	1710.16	$J_1b_{52}-2$	细砂岩	14.6	0.225
24	2015-XY24	1715.72	$J_1b_{52}-3$	含砾砂岩	13.3	1.60
25	2015-XY25	1718.84	$J_1b_{52}-3$	砂质小砾岩	6.70	0.0510

根据表 3-2，做出孔隙度与渗透率的整体分布统计（表 3-3）以及孔隙度与渗透率之间的关系曲线（图 3-14）。

结合表 3-2 和表 3-3 可以看出，25 块实验岩心的孔隙度为 6.7%～22.7%，渗透率为 0.051～666mD。孔隙度主要集中在 18%～22% 之间，占总体的 56%；渗透率分布比较分散，在 1～50mD 范围内的有 10 个，占总体的 40%，在 50～200mD 范围内的有 7 个，占总体的 28%。

表 3-3　八区 530 井区 25 块典型岩心的孔渗分布统计

孔隙度 %	样品 个数	占总数百分比 %	渗透率 mD	样品 个数	占总数百分比 %
6~8	1	4.00	0~1	2	8.00
8~10	0	0	1~10	5	20.00
10~12	0	0	10~50	5	20.00
12~14	1	4.00	50~100	3	12.00
14~16	3	12.00	100~200	4	16.00
16~18	3	12.00	200~300	1	4.00
18~20	6	24.00	300~400	3	12.00
20~22	8	32.00	400~600	1	4.00
22~24	3	12.00	600~800	1	4.00

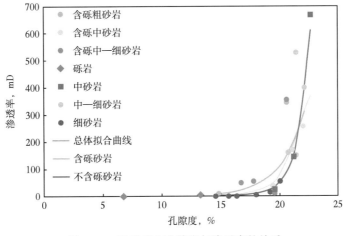

图 3-14　选样岩心孔隙度与渗透率的关系

分析图 3-14 可知，八区 530 井区选样岩心的孔隙度和渗透率呈正相关性，拟合函数为指数函数关系，拟合公式为：

$$K = 2e^{0.628\phi} \times 10^{-4} \qquad (R^2 = 0.802) \qquad (3-6)$$

相关系数为 0.802，公式拟合结果较好，能够比较真实地反映八区 530 井区岩石的孔渗关系。当孔隙度小于 20% 时，渗透率随孔隙度的变化比较缓慢；当孔隙度超过 20% 时，渗透率随孔隙度的变化逐渐增大。

从图 3-14 中也可以看出，各种不同岩性的岩心的渗透率随孔隙度的变化是不同的。含砾粗砂岩的孔隙度从 14.9% 变化到 20.6%，渗透率的变化范围为 10.4~343mD，渗透率随孔隙度变化幅度大；含砾中砂岩的孔隙度变化范围为 21.4%~22.1%，渗透率的变化范围为 154~529mD，渗透率随孔隙度变化幅度较大；含砾中细砂岩的孔隙度变化范围为 16.7%~20.6%，渗透率的变化范围为 6.77~352mD，渗透率随孔隙度变化幅度大；细砂岩孔隙度变化范围为 14.6%~20.0%，渗透率的变化范围为 0.225~52.5mD，渗透率随孔隙度变化幅度较小；中—细砂岩孔隙度变化范围为 19.5%~22.0%，渗透率的变化范围为 36.9~257mD，渗透率随孔隙度变化幅度较大；中砂岩孔隙度变化范围为 19.6%~21.2%，渗透率的变化范围为 32.1~666mD，渗透率随孔隙度变化幅度较大。总体而言，含砾砂岩的渗透率明显高于不含砾砂岩。

2. 数字岩心与选样岩心的孔渗参数对比分析

基于八区 530 井区储层的选样岩心，采用 CT 方法和 MCMC 方法相结合的方法，建立了 22 个数字岩心。基于最大球算法、孔隙网络模型和逾渗理论计算了数字岩心的孔渗参数以及微观孔隙结构参数（孔隙半径、形状因子、孔喉比、配位数大小等）。数字岩心的孔渗参数和微观孔隙结构参数测量结果分别见表 3-4 和表 3-5。

表 3-4　八区 530 井区数字岩心的孔渗参数

序号	数字岩心	压汞岩心	岩性	体素	分辨率 μm/pixel	孔隙度 %	渗透率 mD
1	2015-SZ01	2015-YG04	含砾中—细砂岩	980×680×680	2.72	17.91	55.28
2	2015-SZ02	2015-YG16	含砾中—细砂岩	980×680×680	1.85	14.38	18.16
3	2015-SZ03	2015-YG05	含砾中砂岩	980×680×680	3.41	21.70	524.68
4	2015-SZ04	2015-YG15	含砾中砂岩	980×680×680	3.41	19.35	175.76
5	2015-SZ05	2015-YG22	含砾中—细砂岩	980×680×680	0.40	11.53	10.62
6	2015-SZ06	2015-YG03	含砾中—细砂岩	980×680×680	3.41	20.83	413.95
7	2015-SZ07	2015-YG20	中—细砂岩	980×680×680	2.95	19.56	140.07
8	2015-SZ08	2015-YG18	中砂岩	980×680×680	3.41	18.99	118.31
9	2015-SZ09	2015-YG12	中—细砂岩	980×680×680	3.41	20.60	247.28
10	2015-SZ10	2015-YG11	中—细砂岩	980×680×680	1.50	13.66	23.71
11	2015-SZ11	2015-YG19	含砾中—细砂岩	980×680×680	1.50	15.68	33.16
12	2015-SZ12	2015-YG21	含砾中砂岩	980×680×680	3.05	22.02	424.20
13	2015-SZ13	2015-YG07	含砾粗砂岩	980×680×680	3.41	8.13	12.98
14	2015-SZ14	2015-YG10	细砂岩	980×680×680	1.25	15.40	8.18
15	2015-SZ15	2015-YG17	细砂岩	980×680×680	0.45	11.95	3.77
16	2015-SZ16	2015-YG09	含砾粗砂岩	980×680×680	3.41	20.67	348.21
17	2015-SZ17	2015-YG14	中砂岩	980×680×680	1.85	11.08	19.01
18	2015-SZ18	2015-YG02	中—细砂岩	980×680×680	2.75	20.65	303.09
19	2015-SZ19	2015-YG06	细砂岩	980×680×680	1.35	16.68	34.76
20	2015-SZ20	2015-YG23	细砂岩	980×680×680	0.45	10.74	0.31
21	2015-SZ21	2015-YG13	细砂岩	980×680×680	1.15	11.63	1.14
22	2015-SZ22	2015-YG25	砂质小砾岩	980×680×680	3.41	8.03	0

表 3-5　八区 530 井区数字岩心的微观孔隙结构参数统计

序号		1	2	3	4	5	6
岩心		2015-SZ01	2015-SZ02	2015-SZ03	2015-SZ04	2015-SZ05	2015-SZ06
孔隙数目		132675	134817	7943	135241	76873	10331
喉道数目		197053	176722	12883	212365	87074	16212
孔隙半径 μm	最大值	49.71	21.98	70.49	49.92	18.49	70.34
	最小值	0.34	0.19	0.34	0.34	0.16	0.34
	平均值	6.09	2.82	17.60	6.18	2.90	15.19
喉道 μm	最大值	37.33	14.45	53.46	36.44	12.96	59.25
	最小值	0.34	0.19	0.34	0.34	0.16	0.34
	平均值	3.22	1.57	8.73	3.27	1.56	7.80
孔隙配位数	最大值	78	59	28	69	40	24
	最小值	0	0	0	0	0	0
	平均值	2.96	2.60	3.20	3.13	2.25	3.10
孔喉比	最大值	37.52	31.81	55.71	33.52	48.15	80.96
	最小值	0.10	0.09	0.10	0.10	0.11	0.13
	平均值	2.69	2.45	2.84	2.68	2.68	2.81
孔隙形状因子	最大值	0.0560	0.0575	0.0618	0.0758	0.0517	0.0556
	最小值	0.0057	0.0053	0.0070	0.0052	0.0069	0.0069
	平均值	0.0237	0.0232	0.0217	0.0235	0.0241	0.0221
喉道形状因子	最大值	0.0500	0.0500	0.0500	0.0500	0.0500	0.0500
	最小值	0.0002	0.0028	0.0058	0.0002	0.0012	0.0067
	平均值	0.0250	0.0250	0.0251	0.0250	0.0250	0.0250
孔隙长度 μm	最大值	246.14	118.27	295.82	247.85	111.24	304.24
	最小值	3.41	1.85	3.41	3.41	1.55	3.41
	平均值	21.09	10.36	55.96	21.37	9.79	50.30
喉道长度 μm	最大值	177.13	111.21	278.22	191.93	85.17	258.96
	最小值	2.82	1.53	3.41	2.82	1.28	3.41
	平均值	24.52	12.38	52.47	24.80	11.06	47.50
孔喉总长度 μm	最大值	413.06	226.43	633.07	418.09	177.25	594.03
	最小值	0	0	0	0	0	0
	平均值	66.54	32.97	163.34	67.38	30.49	147.15
孔隙体积 μm³	最大值	3621326	311478	12494200	3802981	285305	9004417
	最小值	356	44	911	317	30	792
	平均值	21738	2658	362308	23094	2220	264927
喉道体积 μm³	最大值	338869	27460	1562760	285197	27646	1127122
	最小值	39.61	6.33	39.61	39.61	3.72	39.61
	平均值	1576	275	26819	1550	260	20309
孔隙半径特征值，μm		7.66	6.92	4.00	24.02	6.95	4.28
喉道半径特征值，μm		3.59	6.50	1.79	13.62	6.36	2.08

序号		7	8	9	10	11	12
岩心		2015-SZ07	2015-SZ08	2015-SZ09	2015-SZ10	2015-SZ11	2015-SZ12
孔隙数目		22156	29233	25193	85302	93679	8647
喉道数目		35993	39538	41227	105344	124124	14225
孔隙半径 μm	最大值	61.57	68.26	71.28	19.00	20.52	65.43
	最小值	0.30	0.34	0.34	0.15	0.15	0.31
	平均值	9.21	8.65	10.04	2.81	2.80	15.15
喉道半径 μm	最大值	61.26	42.69	70.32	15.27	17.22	53.06
	最小值	0.30	0.34	0.34	0.15	0.15	0.31
	平均值	4.79	4.90	5.27	1.52	1.53	7.60
孔隙配位数	最大值	38	32	41	44	51	28
	最小值	0	0	0	0	0	0
	平均值	3.23	2.68	3.25	2.45	2.63	3.25
孔喉比	最大值	47.56	27.18	32.88	37.63	37.90	55.76
	最小值	0.12	0.11	0.12	0.10	0.09	0.11
	平均值	2.68	2.65	2.65	2.65	2.64	2.85
孔隙形状因子	最大值	0.0537	0.0532	0.0523	0.0541	0.0620	0.0530
	最小值	0.0069	0.0068	0.0069	0.0059	0.0056	0.0069
	平均值	0.0229	0.0237	0.0229	0.0238	0.0236	0.0216
喉道形状因子	最大值	0.0500	0.0500	0.0500	0.0500	0.0500	0.0500
	最小值	0.0050	0.0035	0.0035	0.0031	0.0029	0.0057
	平均值	0.0250	0.0250	0.0250	0.0250	0.0250	0.0250
孔隙长度 μm	最大值	299.98	302.04	347.04	80.44	89.26	272.33
	最小值	2.95	3.41	3.41	1.50	1.50	3.05
	平均值	32.40	33.47	36.04	9.79	10.02	49.08
喉道长度 μm	最大值	252.35	241.68	276.40	74.75	82.75	230.96
	最小值	2.95	3.41	3.41	1.24	1.24	3.05
	平均值	31.96	33.48	35.90	11.00	11.24	46.15
孔喉总长度 μm	最大值	547.12	514.51	632.30	173.29	180.73	552.40
	最小值	0	0	0	0	0	0
	平均值	96.34	99.91	107.55	30.43	31.15	143.36
孔隙体积 μm³	最大值	5335156	6818977	8695652	202986	375881	9134964
	最小值	334	436	515	27	27	369
	平均值	74004	82762	102556	2154	2258	243454
喉道体积 μm³	最大值	559632	836379	685423	19538	30095	1155050
	最小值	25.67	39.61	39.61	3.38	3.38	28.37
	平均值	5766	7671	7870	226	214	17851
孔隙半径特征值，μm		17.15	17.15	13.92	19.85	4.15	4.22
喉道半径特征值，μm		7.92	7.92	9.34	9.09	2.04	2.92

序号		13	14	15	16	17	18
岩心		2015-SZ13	2015-SZ14	2015-SZ15	2015-SZ16	2015-SZ17	2015-SZ18
孔隙数目		30528	92416	78194	10346	75009	10622
喉道数目		34205	121380	90414	16226	83533	18326
孔隙半径 μm	最大值	53.08	15.95	18.86	68.81	21.41	52.58
	最小值	0.34	0.13	0.16	0.36	0.19	0.32
	平均值	7.06	2.34	2.90	15.17	3.45	12.78
喉道半径 μm	最大值	31.62	12.89	13.81	53.12	14.78	54.56
	最小值	0.34	0.13	0.16	0.34	0.19	0.28
	平均值	3.87	1.27	1.56	7.80	1.85	6.20
孔隙配位数	最大值	25	52	35	24	36	29
	最小值	0	0	0	0	0	0
	平均值	2.22	2.61	2.29	3.10	2.21	3.42
孔喉比	最大值	27.03	28.99	43.83	37.83	37.68	53.31
	最小值	0.10	0.10	0.10	0.13	0.11	0.13
	平均值	2.62	2.63	2.68	2.82	2.69	2.81
孔隙形状因子	最大值	0.0533	0.0517	0.0552	0.0557	0.0537	0.0597
	最小值	0.0081	0.0056	0.0064	0.0066	0.0063	0.0067
	平均值	0.0242	0.0236	0.0240	0.0221	0.0241	0.0219
喉道形状因子	最大值	0.0500	0.0500	0.0500	0.0500	0.0500	0.0500
	最小值	0.0057	0.0029	0.0036	0.0003	0.0023	0.0082
	平均值	0.0250	0.0250	0.0250	0.0251	0.0250	0.0249
孔隙长度 μm	最大值	247.69	88.34	110.18	305.90	110.59	355.20
	最小值	3.41	1.25	1.55	3.41	1.85	2.75
	平均值	26.29	8.34	9.87	49.91	11.60	40.20
喉道长度 μm	最大值	164.50	70.97	91.16	288.38	132.89	185.61
	最小值	3.41	1.04	1.28	3.41	1.53	2.75
	平均值	27.60	9.35	11.11	47.13	13.13	38.13
孔喉总长度 μm	最大值	449.68	145.47	176.83	628.71	202.42	489.61
	最小值	0	0	0	0	0	0
	平均值	79.82	25.91	30.70	146.00	36.15	117.94
孔隙体积 μm³	最大值	5110688	175541	339752	9087084	459024	4877262
	最小值	317	16	34	753	51	354
	平均值	41917	1299	2266	262037	3719	134457
喉道体积 μm³	最大值	347940	14857	17011	883358	30620	489039
	最小值	39.61	1.95	3.72	39.61	6.33	20.80
	平均值	5134	125	257	20165	440	9454
孔隙半径特征值, μm		9.57	3.49	4.36	26.88	5.23	17.95
喉道半径特征值, μm		6.60	2.36	3.06	13.54	2.56	11.13

序号		19	20	21	22
岩心		2015-SZ19	2015-SZ20	2015-SZ21	2015-SZ22
孔隙数目		98420	73898	76847	36320
喉道数目		134976	80987	87416	35796
孔隙半径 μm	最大值	18.56	5.28	13.92	56.49
	最小值	0.14	0.05	0.12	0.34
	平均值	2.51	0.84	2.15	7.28
喉道半径 μm	最大值	14.77	3.75	10.72	37.18
	最小值	0.14	0.05	0.12	0.34
	平均值	1.37	0.45	1.15	4.07
孔隙配位数	最大值	59	29	35	32
	最小值	0	0	0	0
	平均值	2.72	2.17	2.26	1.95
孔喉比	最大值	35.13	32.11	36.01	36.07
	最小值	0.11	0.10	0.07	0.11
	平均值	2.61	2.70	2.69	2.86
孔隙形状因子	最大值	0.0595	0.0530	0.0521	0.0507
	最小值	0.0053	0.0067	0.0064	0.0064
	平均值	0.0235	0.0242	0.0241	0.0248
喉道形状因子	最大值	0.0500	0.0500	0.0500	0.0500
	最小值	0.0015	0.0023	0.0012	0.0057
	平均值	0.0251	0.0250	0.0250	0.0250
孔隙长度 μm	最大值	80.86	25.97	69.06	234.05
	最小值	1.35	0.45	1.15	3.41
	平均值	9.11	2.79	7.28	24.73
喉道长度 μm	最大值	86.48	26.49	65.04	246.88
	最小值	1.12	0.37	0.95	3.41
	平均值	10.23	3.16	8.21	26.73
孔喉总长度 μm	最大值	164.20	48.12	130.79	381.90
	最小值	0	0	0	0
	平均值	28.34	8.70	22.65	75.79
孔隙体积 μm³	最大值	302877	4171	166315	5794962
	最小值	20	1	12	356.50
	平均值	1669	53	915	35651
喉道体积 μm³	最大值	23068	356	14269	399394
	最小值	2.46	0.09	1.52	39.61
	平均值	151	6	106	3946
孔隙半径特征值，μm		3.82	1.22	3.22	9.46
喉道半径特征值，μm		1.78	0.60	2.24	6.79

　　根据表 3-2 和表 3-4，得到选样岩心和数字岩心的孔渗关系对比图（图 3-15）。从图 3-15 中可以看出，数字岩心的孔渗关系和选样岩心的实验测量孔渗关系趋势一致，拟合曲线接近，说明构建的数字岩心比较合理。

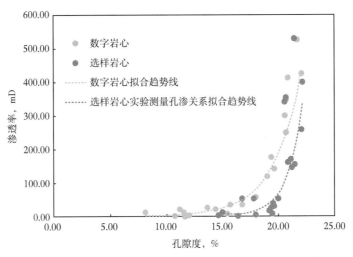

图 3-15　八区 530 井区选样岩心和数字岩心的孔渗关系对比

3. 典型数字岩心的岩心图和微观参数分布图

　　选取 5 个八区 530 井区典型数字岩心，给出相应的岩心图和微观参数分布图，并进行简单的分析。

　　1）2015-SZ01 数字岩心（含砾中—细砂岩）

　　2015-SZ01 数字岩心对应选样岩心 2015-XY04，其岩性为含砾中—细砂岩，给出其岩心图和微观参数概率分布图（图 3-16、图 3-17）。

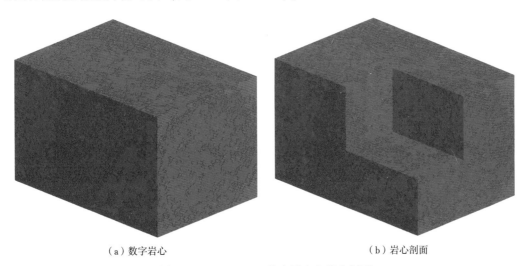

（a）数字岩心　　　　　　　　　　　　　（b）岩心剖面

图 3-16　2015-SZ01 数字岩心和岩心剖面

　　从图 3-17 可以看出，2015-SZ01 数字岩心的孔隙半径分布范围主要为 0~30μm，峰位为 4~6μm，峰值约为 0.22；喉道半径分布范围主要为 0~15μm，峰位在 3μm 左右，峰

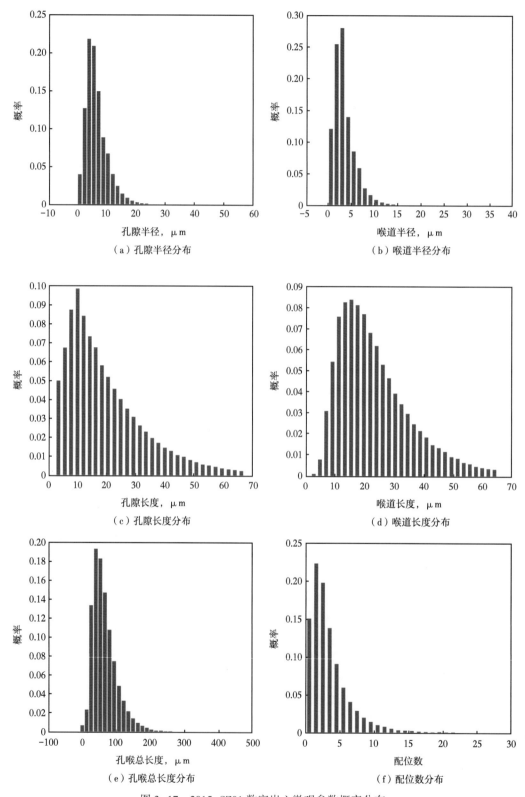

（a）孔隙半径分布

（b）喉道半径分布

（c）孔隙长度分布

（d）喉道长度分布

（e）孔喉总长度分布

（f）配位数分布

图 3-17　2015-SZ01 数字岩心微观参数概率分布

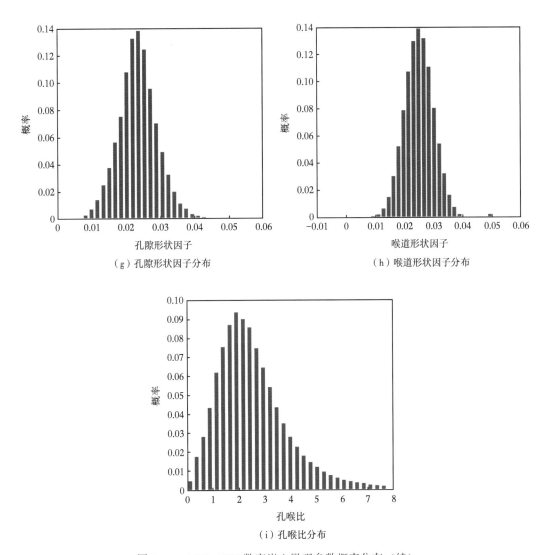

（g）孔隙形状因子分布　　　　　　　（h）喉道形状因子分布

（i）孔喉比分布

图 3-17　2015-SZ01 数字岩心微观参数概率分布（续）

值约为 0.27；孔隙长度分布范围主要为 0~70μm，峰位在 10μm 左右，峰值约为 0.1；喉道长度分布范围主要为 0~65μm，峰位在 15μm 左右，峰值约为 0.08；孔喉总长度分布范围主要为 0~300μm，峰位为 50~60μm，峰值约为 0.19；配位数分布范围主要为 0~25，峰位在 2 左右，峰值约为 0.23；孔隙形状因子分布范围主要为 0~0.05，峰位在 0.025 左右，峰值约为 0.13；喉道形状因子分布范围主要为 0~0.05，集中在 0.025 左右，峰值约为 0.13；孔喉比分布范围主要为 0~8，峰位在 2 左右，峰值约为 0.09。

2）2015-SZ03 数字岩心（含砾中砂岩）

2015-SZ03 数字岩心对应选样岩心 2015-XY05，其岩性为含砾中砂岩，给出其岩心图和微观参数概率分布图（图 3-18、图 3-19）。

从图 3-19 可以看出，2015-SZ03 数字岩心的孔隙半径分布范围主要为 0~70μm，峰位在 9μm 左右，峰值约为 0.09；喉道半径分布范围主要为 0~50μm，峰位在 2μm 左右，

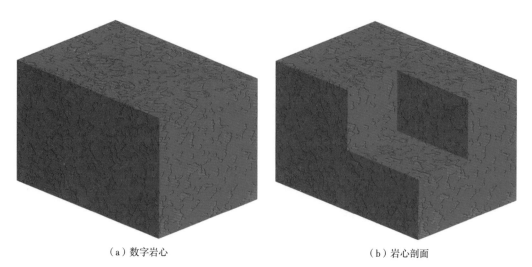

（a）数字岩心   （b）岩心剖面

图 3-18   2015-SZ03 数字岩心和岩心剖面

峰值约为 0.14；孔隙长度分布范围主要为 0～160μm，峰位在 22μm 左右，峰值约为 0.075；喉道长度分布范围主要为 0～130μm，峰位在 40μm 左右，峰值约为 0.08；孔喉总长度分布范围主要为 0～600μm，峰位在 150μm 左右，峰值约为 0.115；配位数分布范围主要为 0～25，峰位在 3 左右，峰值约为 0.21；孔隙形状因子分布范围主要为 0～0.05，集中在 0.025 左右，峰值约为 0.13；喉道形状因子分布范围主要为 0～0.05，集中在 0.025 左右，峰值约为 0.13；孔喉比分布范围主要为 0～8，峰位在 2 左右，峰值约为 0.12。

3）2015-SZ09 数字岩心（中—细砂岩）

2015-SZ09 数字岩心对应选样岩心 2015-XY04，其岩性为中—细砂岩，给出其岩心图和微观参数概率分布图（图 3-20、图 3-21）。

从图 3-21 可以看出，2015-SZ09 数字岩心的孔隙半径分布范围主要为 0～50μm，峰位在 5μm 左右，峰值约为 0.095；喉道半径分布范围主要为 0～30μm，峰位在 3μm 左右，峰值约为 0.25；孔隙长度分布范围主要为 0～130μm，峰位在 20μm 左右，峰值约为 0.08；喉道长度分布范围主要为 0～100μm，峰位在 30μm 左右，峰值约为 0.075；孔喉总长度分布范围主要为 0～400μm，峰位在 100μm 左右，峰值约为 0.135；配位数分布范围主要为 0～15，峰位在 3 左右，峰值约为 0.2；孔隙形状因子分布范围主要为 0～0.05，集中在 0.02 左右，峰值约为 0.13；喉道形状因子分布范围主要为 0～0.05，集中在 0.025 左右，峰值约为 0.12；孔喉比分布范围主要为 0～7，峰位在 2 左右，峰值约为 0.1。

4）2015-SZ14 数字岩心（细砂岩）

2015-SZ14 数字岩心对应选样岩心 2015-XY10，其岩性为细砂岩，给出其岩心图和微观参数概率分布图（图 3-22、图 3-23）。

从图 3-23 可以看出，2015-SZ14 数字岩心的孔隙半径分布范围主要为 0～10μm，峰位在 3μm 左右，峰值约为 0.19；喉道半径分布范围主要为 0～6μm，峰位在 1.5μm 左右，峰值约为 0.25；孔隙长度分布范围主要为 0～27μm，峰位在 3μm 左右，峰值约为 0.105；喉道长度分布范围主要为 0～25μm，峰位在 7μm 左右，峰值约为 0.08；孔喉总长度分布范围主要为 0～100μm，峰位在 20μm 左右，峰值约为 0.16；配位数分布范围主要为

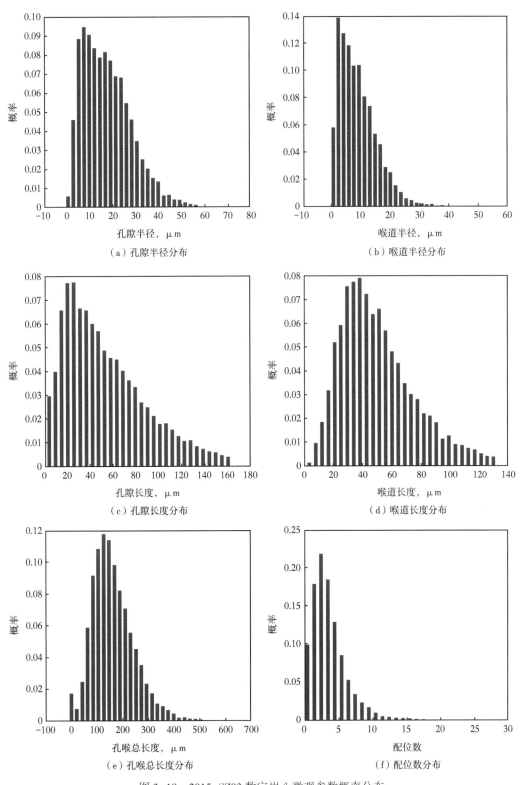

图 3-19　2015-SZ03 数字岩心微观参数概率分布

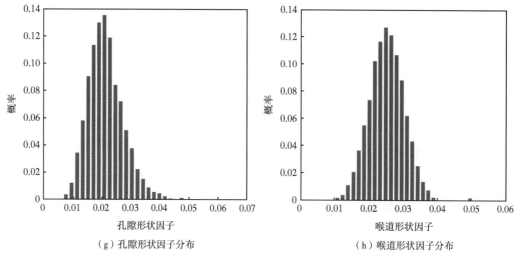

（g）孔隙形状因子分布 　　　　　　　（h）喉道形状因子分布

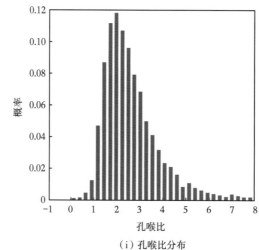

（i）孔喉比分布

图 3-19　2015-SZ03 数字岩心微观参数概率分布（续）

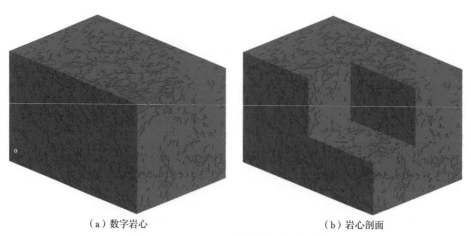

（a）数字岩心 　　　　　　　　　　（b）岩心剖面

图 3-20　2015-SZ09 数字岩心和岩心剖面

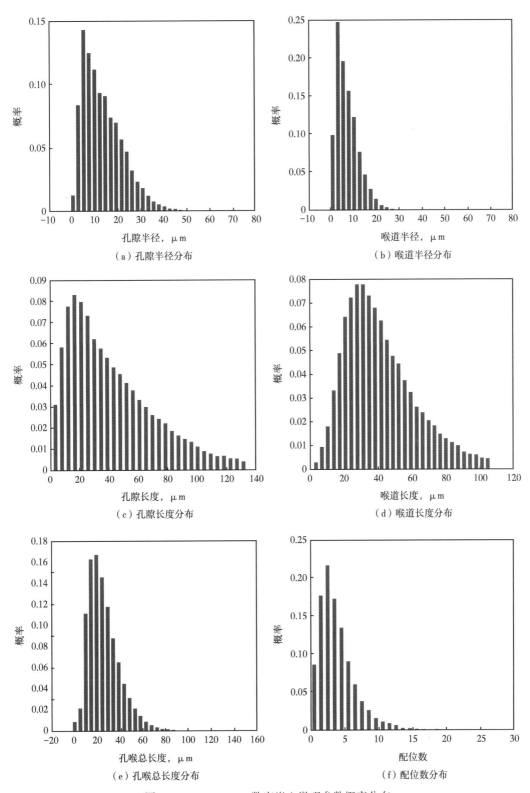

图 3-21 2015-SZ09 数字岩心微观参数概率分布

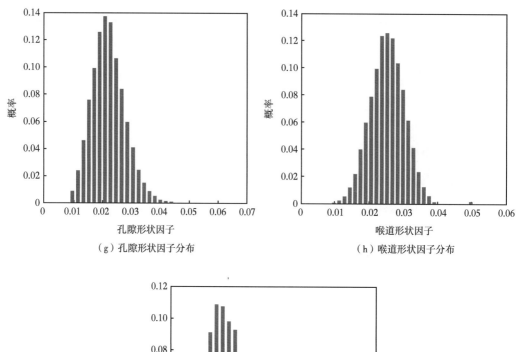

（g）孔隙形状因子分布

（h）喉道形状因子分布

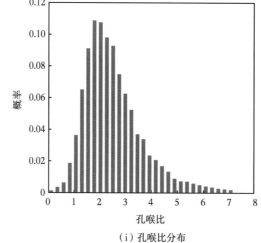

（i）孔喉比分布

图 3-21 2015-SZ09 数字岩心微观参数概率分布（续）

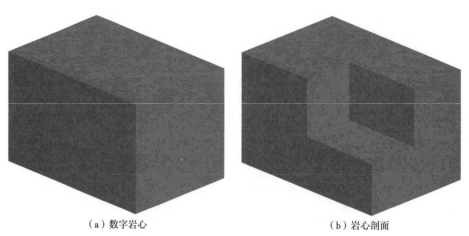

（a）数字岩心

（b）岩心剖面

图 3-22 2015-SZ14 数字岩心和岩心剖面

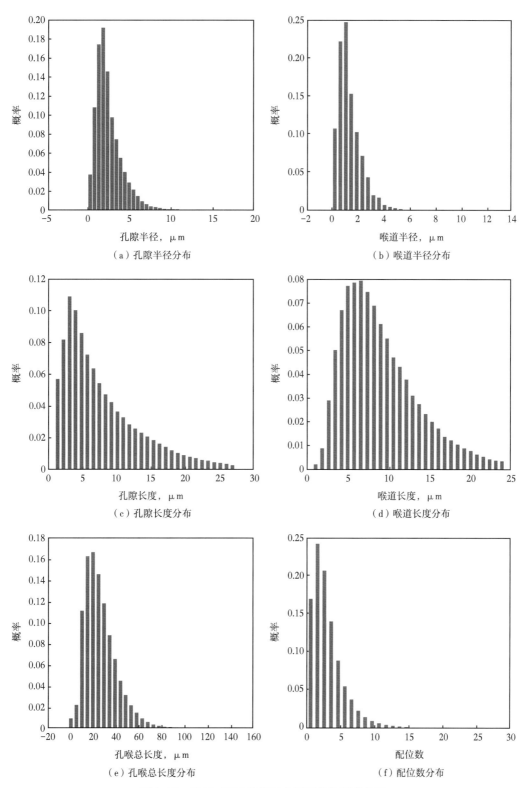

（a）孔隙半径分布

（b）喉道半径分布

（c）孔隙长度分布

（d）喉道长度分布

（e）孔喉总长度分布

（f）配位数分布

图3-23 2015-SZ14数字岩心微观参数概率分布

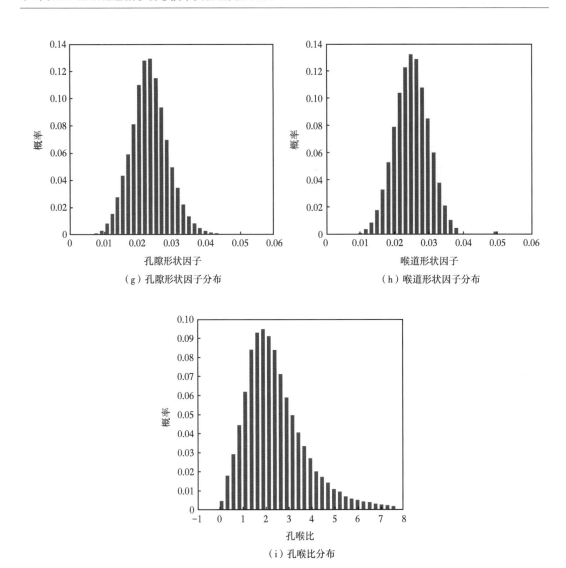

（g）孔隙形状因子分布　　　　　　　　（h）喉道形状因子分布

（i）孔喉比分布

图 3-23　2015-SZ14 数字岩心微观参数概率分布（续）

0~20，峰位在 2 左右，峰值约为 0.24；孔隙形状因子分布范围主要为 0~0.05，集中在 0.02 左右，峰值约为 0.13；喉道形状因子分布范围主要为 0~0.05，集中在 0.025 左右，峰值约为 0.12；孔喉比分布范围主要为 0~8，峰位在 2 左右，峰值约为 0.093。

　　5）2015-SZ22 数字岩心（小砾岩）

　　2015-SZ22 数字岩心对应选样岩心 2015-XY25，其岩性为小砾岩，给出其岩心图和微观参数概率分布图（图 3-24、图 3-25）。

　　从图 3-25 可以看出，2015-SZ22 数字岩心的孔隙半径分布范围主要为 0~30μm，峰位在 5μm 左右，峰值约为 0.23；喉道半径分布范围主要为 0~20μm，峰位在 3μm 左右，峰值约为 0.24；孔隙长度分布范围主要为 0~90μm，峰位在 10μm 左右，峰值约为 0.1；喉道长度分布范围主要为 0~80μm，峰位在 17μm 左右，峰值约为 0.09；孔喉总长度分布范围主要为 0~350μm，峰位在 50μm 左右，峰值约为 0.15；配位数分布范围主要为 0~15，峰位在 2 左右，峰值约为 0.28；孔隙形状因子分布范围主要为 0~0.05，峰位在 0.025 左右，峰值约为 0.13；喉道形状因子分布范围主要为 0~0.05，集中在 0.025 左右，峰值约为 0.13；孔喉比分布范围主要为 0~10，峰位在 2 左右，峰值约为 0.12。

同时，从图 3-24 可以看出，此岩心具有一个明显的岩石夹层，因此其渗透率和微观参数的关系应该不具有很好的相关性。

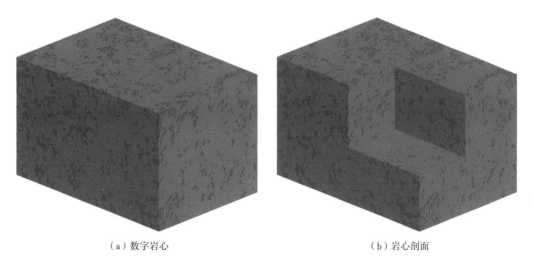

（a）数字岩心　　　　　　　　　　　（b）岩心剖面

图 3-24　2015-SZ22 数字岩心和岩心剖面

4. 小结

采用高分辨率 3D X 射线显微镜/CT 仪器对选样岩心进行 CT，并以 CT 图像为基础，结合 MCMC 方法，建立了反映八区 530 井区储层岩石的典型数字岩心，然后基于最大球算法、孔隙网络模型和逾渗理论计算了数字岩心的孔渗参数以及微观孔隙结构参数（孔隙半径、形状因子、孔喉比、配位数大小等）。将数字岩心的孔渗关系与选样岩心的孔渗关系对比可以得到，CT 方法与 MCMC 方法二者相结合的方法构建的数字岩心，能够反映真实岩心的孔隙度和渗透率。

二、多尺度多相数字岩心构建实例

1. 构建多尺度数字岩心的基本流程

1）岩心样品的多尺度 CT 和 SEM 扫描

由于不同砂砾岩孔隙特征的岩心需要的扫描尺度不一样，因此在实际扫描过程中，结合压汞数据，对不同岩心选取合适分辨率的 CT 和 SEM 扫描，如图 3-26 至图 3-30 所示。

2）基于不同分辨率的岩心扫描图像构建多相数字岩心

根据 1）的扫描结果，基于压汞实验数据分析和图像处理算法，构建不同分辨率的三相或两相数字岩心，岩心实际尺寸相同。

为了便于说明，对于同一块岩心，在构建其不同分辨率的三相或两相数字岩心的过程中，将最低分辨率（第 1 级分辨率）的三相数字岩心定义为 N1 级尺度岩心，其岩心中确定的孔隙相为 P1 级尺度孔隙，将高一级分辨率（第 2 级分辨率）的三相或两相数字岩心定义为 N2 级尺度岩心，其中确定的孔隙相为 P2 级尺度孔隙，以此类推，第 m 级分辨率的三相或两相数字岩心定义为 Nm 级尺度岩心，其中确定的孔隙相为 Pm 级孔隙。

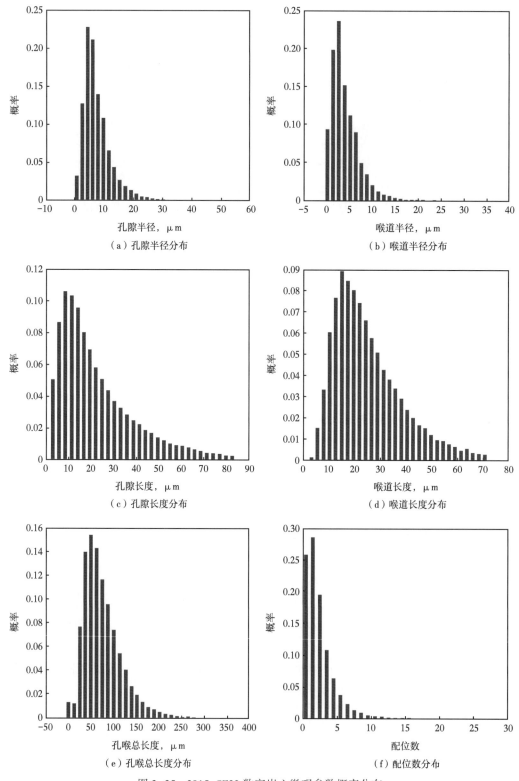

（a）孔隙半径分布

（b）喉道半径分布

（c）孔隙长度分布

（d）喉道长度分布

（e）孔喉总长度分布

（f）配位数分布

图 3-25　2015-SZ22 数字岩心微观参数概率分布

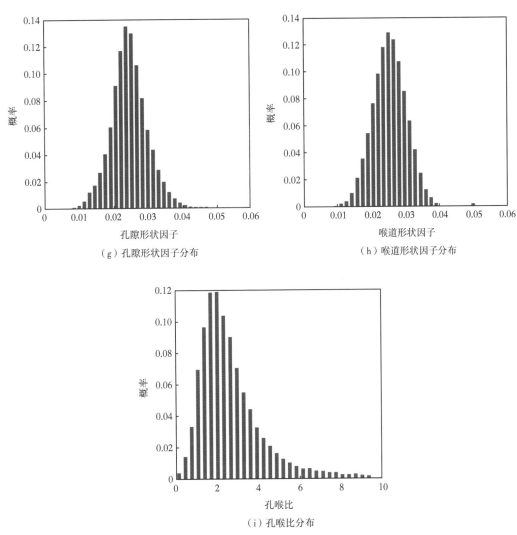

（g）孔隙形状因子分布　　　　　（h）喉道形状因子分布

（i）孔喉比分布

图 3-25　2015-SZ22 数字岩心微观参数概率分布（续）

图 3-26　20μm/pixel CT 图像

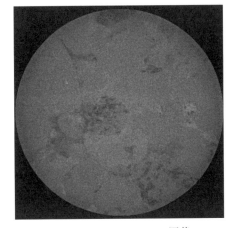

图 3-27　4μm/pixel CT 图像

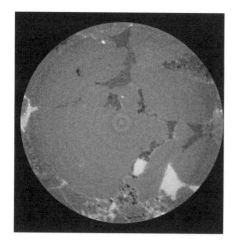

图 3-28 2μm/pixel CT 图像

图 3-29 0.4μm/pixel SEM 图像

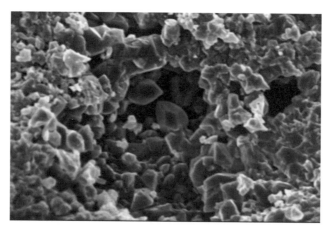

图 3-30 0.2μm/pixel SEM 图像

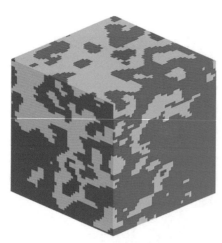

图 3-31 N1 级尺度三相数字岩心

以压汞岩心 2017-MI09 的平行岩样为例，其 CT 和 SEM 扫描分辨率为 2μm/pixel、0.4μm/pixel 和 0.2μm/pixel，构建的各个多相数字岩心实际尺寸均为 500μm×500μm×500μm，具体岩心如图 3-31 至图 3-33 所示。

3）基于多相数字岩心叠加生成多尺度数字岩心

将 2）中构建的 3 个尺度的多相数字岩心按本章第一节中的叠加算法逐级进行混合相再量化分析，具体过程如图 3-34 所示。

为了便于说明，将每次混合相再量化分析构建的数字岩心定义为其前面所有分辨率等级相加的等级岩心，其孔隙相为前面所有分辨率

图 3-32　N2 级尺度三相数字岩心　　　　　　图 3-33　N3 级尺度两相数字岩心

N1级尺度三相数字岩心　　　　　　N2级尺度三相数字岩心　　　　　　N1+N2级尺度三相数字岩心

N1+N2+N3级尺度两
相数字岩心

N3级尺度两相数字
岩心

图 3-34　多尺度数字岩心生成具体过程

等级相加的等级孔隙相，而混合相中再量化出的孔隙相定义为最高级分辨率孔隙相。例
如，N1 级尺度岩心中孔隙相等级为 P1 级；N1 级岩心中的混合相通过 N2 级岩心进行再量
化分析，从混合相中新量化出的孔隙相为 P2 级孔隙，生成的新岩心为 N1+N2 级尺度岩
心，其孔隙相等级为 P1+P2 级；N1+N2 级尺度岩心中的混合相再通过 N3 级尺度岩心进行
量化分析，从混合相中又新量化出的孔隙相为 P3 级孔隙，再生成的新岩心为 N1+N2+N3
级尺度岩心，其孔隙相为 P1+P2+P3 级孔隙。以此类推，生成最高分辨率的多尺度数字
岩心。

通过上述三步，生成的多尺度两相数字岩心 2017-MC09 如图 3-35 所示。各个多相数字岩心和不同尺度等级数字岩心所确定出的孔隙相数据见表 3-6。多尺度数字岩心及不同量级分辨率岩心的孔隙相孔喉半径体积分布及孔喉半径累积体积分布分别如图 3-36 和图 3-37 所示。

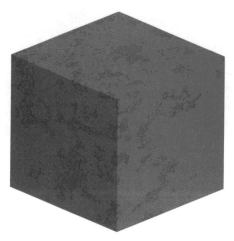

图 3-35　多尺度数字岩心 2017-MC09

表 3-6　多尺度数字岩心及其构建过程中各岩心参数

孔隙相等级	岩心实际大小 μm×μm×μm	确定的孔隙相孔隙度 %
P1	500×500×500	3.102
P2	500×500×500	4.206
P3	500×500×500	2.790
P1+P2	500×500×500	7.308
P1+P2+P3	500×500×500	10.098

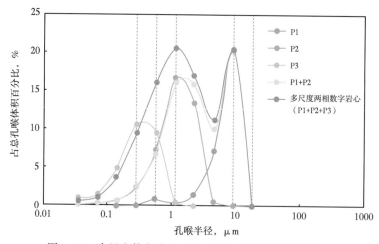

图 3-36　多尺度数字岩心 2017-MC09 孔喉半径体积分布

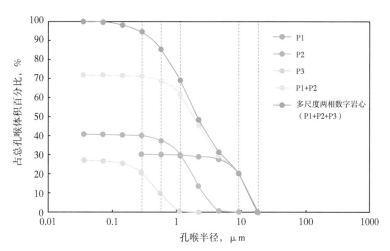

图 3-37　多尺度数字岩心 2017-MC09 孔喉半径累积体积分布

同样，以压汞岩心 2017-MC14 的平行岩样为例，CT 或 SEM 扫描分辨率分别为20μm/pixel、4μm/pixel、2μm/pixel、0.4μm/pixel 和 0.2μm/pixel。采用上述方法构建得到了多尺度两相数字岩心 2017-MC14（图 3-38），构建过程中不同岩心的相关参数见表 3-7。

图 3-38　多尺度数字岩心 2017-MC14

表 3-7　多尺度数字岩心及其构建过程中各岩心参数

孔隙相等级	岩心实际大小 μm×μm×μm	孔隙度 %
P1	1000×1000×1000	1.143
P2	1000×1000×1000	2.328
P3	1000×1000×1000	3.027
P4	1000×1000×1000	2.520
P5	1000×1000×1000	2.499

孔隙相等级	岩心实际大小 μm×μm×μm	孔隙度 %
P1+P2	1000×1000×1000	3.471
P1+P2+P3	1000×1000×1000	6.498
P1+P2+P3+P4	1000×1000×1000	9.018
P1+P2+P3+P4+P5	1000×1000×1000	11.517

多尺度数字岩心及不同分辨率量级岩心的孔隙相孔喉半径体积分布及孔喉半径累积体积分布分别如图 3-39 和图 3-40 所示。

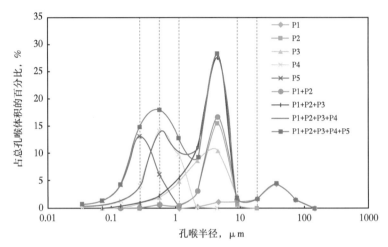

图 3-39　多尺度数字岩心 2017-MC14 孔喉半径体积分布

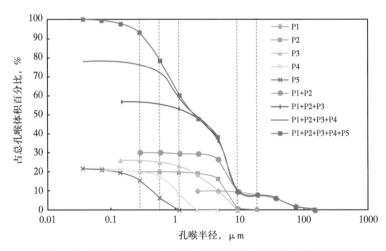

图 3-40　多尺度数字岩心 2017-MC14 孔喉半径累积体积分布

从图 3-36 和图 3-37 以及图 3-39 和图 3-40 可以看出，每当构建的数字岩心进行一次混合相再量化时，构建的多尺度数字岩心能够表征的孔喉尺度范围就增大一次，并且上一级岩心的大孔隙的表征基本上不变，说明了构建方法的合理性。

2. 砂砾岩多尺度数字岩心与压汞参数的对比分析

为了验证砂砾岩多尺度数字岩心构建的合理性，图 3-41 到图 3-44 分别显示了多尺度数字岩心 2017-MC09、2017-MC14 孔喉半径累积体积分布以及孔喉半径体积分布与压汞数据的对比，构建的多尺度数字岩心孔喉半径分布范围为 0.01～100μm，分布范围与压汞实验数据相当，孔喉半径累积体积分布趋势与压汞实验的类似；孔喉半径体积分布呈明显的多峰分布，与压汞实验结果相似。因此表明了构建的多尺度数字岩心的合理性，验证了基于多阈值和叠加方法构建多尺度数字岩心方法的正确性。

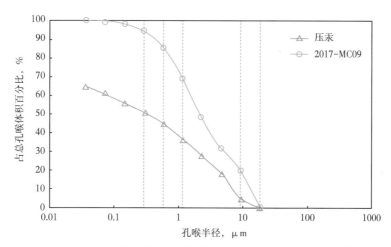

图 3-41　2017-MC09 岩心孔喉半径累积体积分布和对应压汞岩心累积曲线

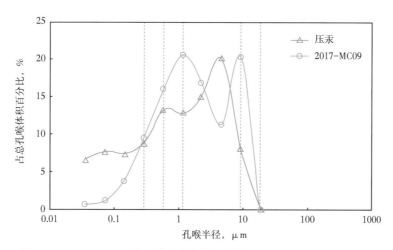

图 3-42　2017-MC09 岩心孔喉半径体积分布和对应压汞岩心分布曲线

表 3-8 列出了所构建的玛 18 井区 14 个多尺度岩心和平行样品压汞实验岩心的参数对比。从表 3-8 中可知，多尺度数字岩心的孔隙度、平均孔喉半径与相应压汞实验的接近，说明构建的砂砾岩多尺度数字岩心能够比较真实地反映实际岩心样品的孔喉特征。从表 3-8 中还可以看出，所有岩心的孔隙度均在 10% 左右，孔隙度差异较小；但平均孔喉半径差异较大，分布在 0.07～1.51μm 内，说明岩心内部孔隙结构差异较大。

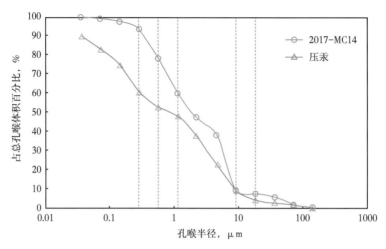

图 3-43 2017-MC14 岩心孔喉半径累积体积分布和对应压汞岩心累积曲线

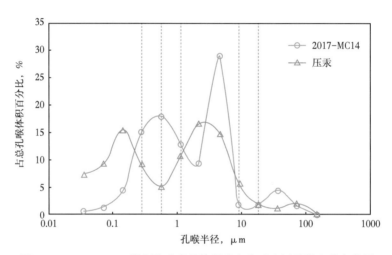

图 3-44 2017-MC14 岩心孔喉半径体积分布和对应压汞岩心分布曲线

表 3-8 压汞和多尺度数字岩心参数对比

序号	数字岩心			压汞岩心		
	岩心编号	孔隙度 %	平均孔喉半径 μm	岩心编号	孔隙度 %	平均毛细管半径 μm
1	2017-MC01	10.22	0.58	2017-MI01	10.60	0.59
2	2017-MC02	10.61	1.46	2017-MI02	9.90	1.38
3	2017-MC03	10.34	1.16	2017-MI03	10.30	0.61
4	2017-MC04	8.74	0.91	2017-MI04	7.90	0.61
5	2017-MC05	9.21	0.73	2017-MI05	9.20	0.42
6	2017-MC06	10.94	0.39	2017-MI06	11.30	0.31
7	2017-MC07	9.52	0.24	2017-MI07	9.10	0.28
8	2017-MC08	10.86	1.20	2017-MI08	11.00	1.18

续表

序号	数字岩心			压汞岩心		
	岩心编号	孔隙度 %	平均孔喉半径 μm	岩心编号	孔隙度 %	平均毛细管半径 μm
9	2017-MC09	10.10	2.28	2017-MI09	10.10	2.83
10	2017-MC10	7.47	1.37	2017-MI10	7.10	0.72
11	2017-MC11	11.94	2.61	2017-MI11	12.00	2.68
12	2017-MC12	10.09	2.37	2017-MI12	10.50	2.32
13	2017-MC13	10.73	1.80	2017-MI13	10.90	2.74
14	2017-MC14	11.52	5.82	2017-MI14	11.70	4.15

3. 典型砂砾岩的数字岩心

通过多尺度数字岩心的构建方法建立了 14 个多尺度数字岩心，如图 3-45 所示，可以看出这些岩心的多尺度特性明显，既有比较大的孔隙，也有比较小的孔隙，孔隙尺度可以跨越多个量级。

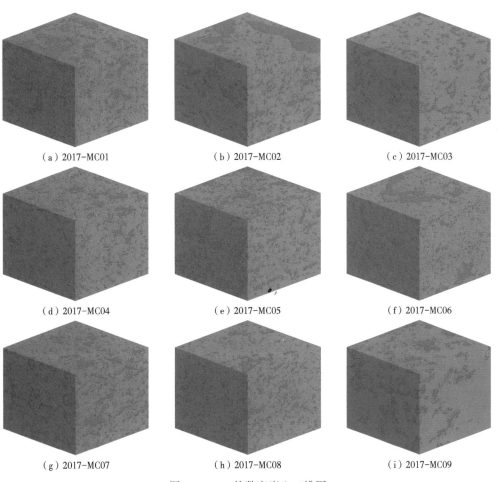

（a）2017-MC01　　　　　（b）2017-MC02　　　　　（c）2017-MC03

（d）2017-MC04　　　　　（e）2017-MC05　　　　　（f）2017-MC06

（g）2017-MC07　　　　　（h）2017-MC08　　　　　（i）2017-MC09

图 3-45　14 块数字岩心三维图

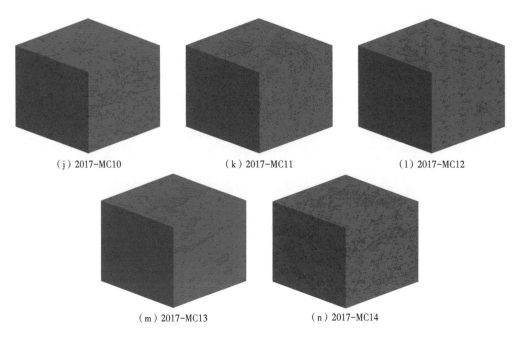

（j）2017-MC10　　　　　　　（k）2017-MC11　　　　　　　（l）2017-MC12

（m）2017-MC13　　　　　　　（n）2017-MC14

图 3-45　14 块数字岩心三维图（续）

第四章　基于数字岩心的微观孔隙结构分析

数字岩心技术的一个重要应用就是对岩心进行定量的微观孔隙结构分析。本章将详细讨论基于数字岩心对岩石孔隙进行微观孔隙结构分析的过程。为了能够对岩心进行微观孔隙结构分析，首先要以数字岩心为基础建立能够准确反映孔隙空间特征的孔隙网络模型，然后在孔隙网络模型的基础上对多种孔隙结构参数进行定量分析。

第一节　孔隙网络模型

孔隙网络模型是利用数字岩心进行微观孔隙结构分析的基础，目前有多种方法构建孔隙网络模型。本节选取了近年来发展比较快、应用比较广的最大球算法来介绍孔隙网络模型的构建方法及主要结构参数的意义。

一、模型建立

在数字岩心中，分别用 0 和 1 或类似的整数来分别表示孔隙体素和骨架体素，因此采用最大球算法构建网络模型的具体步骤如下。

1. 构建最大球

在数字岩心中，每一个孔隙体素都对应一个最大球，采用两步算法确定最大球。第一步，采用扩张算法搜索孔隙体素的 26 个方向上（图 4-1）距离最近的岩石骨架或边界，算法终止；第二步，使用收缩算法检测该范围内的每一个体素，进而确定最大球及其半径。表 4-1 给出了算法向各个方向扩张时的循环变量。

表 4-1　三类方向的循环变量

类型	循 环 变 量
面向	$(i++, j, k)$, $(i--, j, k)$, $(i, j++, k)$, $(i, j--, k)$, $(i, j, k++)$, $(i, j, k--)$
棱向	$(i++, j++, k)$, $(i++, j--, k)$, $(i--, j++, k)$, $(i--, j--, k)$, $(i++, j, k++)$, $(i++, j, k--)$, $(i--, j, k++)$, $(i--, j, k--)$, $(i, j++, k++)$, $(i, j++, k--)$, $(i, j--, k++)$, $(i, j--, k--)$
角向	$(i++, j++, k++)$, $(i++, j++, k--)$, $(i++, j--, k++)$, $(i++, j--, k--)$, $(i--, j++, k++)$, $(i--, j++, k--)$, $(i--, j--, k++)$, $(i--, j--, k--)$

2. 删除冗余球

在构建最大球模型时，有些最大球完全包含在另外的最大球中，这些最大球应被当作冗余球去除。假设有最大球 A 和 B，其球心和半径下限分别为 C_A、C_B、R_{dA}、R_{dB}，且如果满足如下条件：

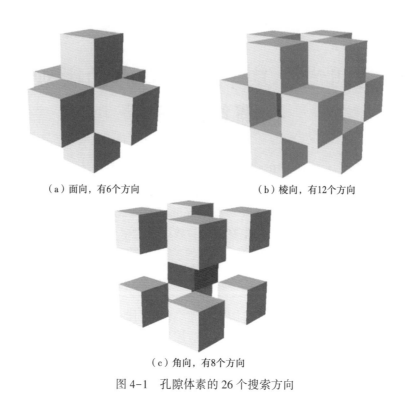

（a）面向，有6个方向　　　　　　　（b）棱向，有12个方向

（c）角向，有8个方向

图 4-1　孔隙体素的 26 个搜索方向

$$L(C_{\mathrm{A}},\ C_{\mathrm{B}}) \leq \left| R_{\mathrm{dA}} - R_{\mathrm{dB}} \right| \tag{4-1}$$

则最大球 B 是冗余球。

删除冗余球后的内切球集合就是最大球集合，同时也把孔隙空间的体素表示转换为最大球集合表示，每个孔隙体素属于一个或多个最大球。最大球集合可以没有冗余信息地表示整个数字岩心的孔隙空间。

3. 孔隙和喉道的识别

去除冗余球之后，剩下的最大球集合就囊括了所有的孔隙体素，并且每个孔隙体素一定有唯一对应的最大球。之后就需要基于成簇算法将最大球集合划分为孔隙和喉道，具体如下：

（1）将最大球按照半径上限 R_{u} 从大到小排序，且半径相同的最大球分为同一组。假设第一组中最大球的个数为 M，并假设所有最大球分组的初始层级为无穷大。采用分级算法，能够避免处理半径相同的最大球时所产生的歧义。通过这种方式，可以通过半径和层级来共同区分每个最大球。

（2）按照从大到小的顺序，从半径最大的最大球分组中的元素 A 开始，定义为孔隙，并作为该最大球簇的祖先，其层级为 1。所有与 A 相交，且半径上限小于等于 A 的最大球被 A 吸纳，其层级为 2，则形成了 A 的单簇。

（3）对第一组中剩余的 $M-1$ 个元素按照层级从大到小排序，然后从剩余的第一个最大球 B 开始，按照（1）和（2）继续形成新的单簇。如果球 B 在此之前没有被标记（即初始层级为无穷大），则最大球 B 及其单簇构成了另一个孔隙；但如果 B 已经被标记（即层级不是无穷大），则 B 就作为中间节点并帮助其祖先继续链接新的最大球。如果 B 在形成单簇的过程中包含了另一个单簇，则公共的最大球表示喉道。喉道一旦确定，就形成了两个连接的单簇结构。

（4）对第一组其余的元素按照（1）（2）（3）的方式进行处理。如果第一组的最大球全部处理完，就接着对下一组的最大球按照相同的方式进行处理。

（5）对所有的最大球分组进行同样的处理，直至达到预先设定的最小半径。这个设定值之下的孔隙体素只会是喉道，而不是孔隙。将图 4-2（a）所示的孔隙体素集合设定为最小孔隙，半径为 $R_u = \sqrt{2}$ 个体素，图 4-2（b）所示的 1 个体素为最小喉道。

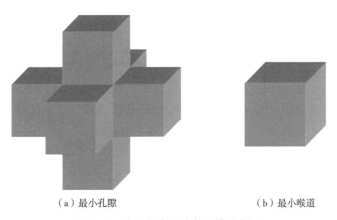

（a）最小孔隙　　　　　　　　　　　　（b）最小喉道

图 4-2　最小孔隙和最小喉道示意图

4. 孔隙和喉道空间的划分

经过成簇算法处理后，形成树状结构的主干构成了孔隙空间的骨骼，可以反映孔隙空间的拓扑结构，相当于孔隙居中轴线法得到的孔隙居中轴线，其他的最大球作为血肉，用来表征每一个孔隙或喉道的剖面形状及体积。成簇算法能够识别最大球中孔隙和喉道部分，之后以 0.7 倍规则来具体划分孔隙空间和喉道空间。采用的方法是将每一个树状结构主干的根节点（也就是孔隙）与顶节点（也就是喉道）之间的最大球用 0.7 倍规则赋予孔隙或喉道属性。比较孔喉簇链，设定界限值为祖先半径的 0.7 倍，将半径小于 0.7 倍祖先半径的最大球划分为喉道，将半径大于 0.7 倍祖先半径的最大球划分为孔隙。

采用 0.7 倍规则划分完孔隙空间和喉道空间之后，存在喉道长度偏小而孔隙长度偏大的问题，因此需要进行修正。如图 4-3 所示，喉道长度 l_t 定义为总喉道长度 l_{ij} 减去两个孔隙的长度 l_i 和 l_j。而孔隙 i 和孔隙 j 的球心之间的距离为总喉道长度 l_{ij}。

$$l_t = l_{ij} - l_i - l_j \tag{4-2}$$

孔隙长度 l_i 和 l_j 的定义为：

$$l_i = l_i^t \left(1 - 0.6 \frac{r_t}{r_i}\right) \tag{4-3}$$

$$l_j = l_j^t \left(1 - 0.6 \frac{r_t}{r_j}\right) \tag{4-4}$$

式中，r_i、r_j 和 r_t 分别为孔隙 i、孔隙 j 和喉道的半径；l_i^t 和 l_j^t 分别为孔隙 i、孔隙 j 和喉道

球心的距离。

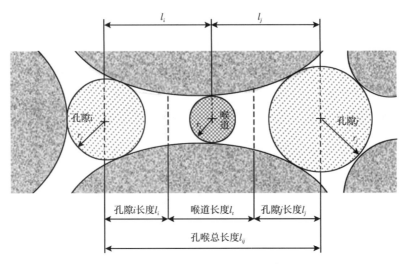

图 4-3　孔隙和喉道长度提取示意图

运用上述方法对数字岩心的孔隙空间进行划分，便能够从三维数字岩心中提取对应的孔隙网络模型［图 4-4（b）］，进而可实现对孔喉半径、孔喉体积、配位数、孔喉比、形状因子等孔隙结构微观参数的提取和计算，得到储层岩石的孔喉表征参数。

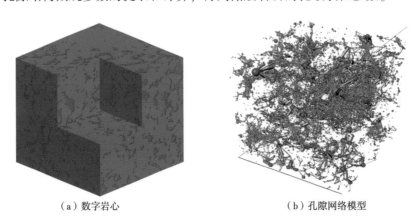

（a）数字岩心　　　　　　　　　　　（b）孔隙网络模型

图 4-4　数字岩心与对应的孔隙网络模型

二、孔隙结构参数

1. 孔隙度

为了衡量多孔介质孔隙的发育程度和储存流体的能力，引入了孔隙度的概念。孔隙度是多孔介质理论最重要的概念之一，也是建立多孔介质理论的基础。孔隙度定义为多孔介质中的孔隙体积（V_p）与多孔介质外观体积（V_b）的比值，用符号 ϕ 表示：

$$\phi = \frac{V_p}{V_b} \tag{4-5}$$

多孔介质存在有效孔隙度和绝对孔隙度。有效孔隙度定义为多孔介质中相互连通的孔隙体积与多孔介质外观体积的比值。绝对孔隙度定义为多孔介质中所有孔隙（包括死孔隙）的体积与多孔介质外观体积的比值。

孔隙度反映了多孔介质的孔隙发育程度。由式（4-5）可以看出，ϕ 的取值范围为 0~1。当 $\phi \to 0$ 时，多孔介质变成了一般的纯固体物质；当 $\phi \to 1$ 时，多孔介质变成了孔隙中的流体物质。因此，孔隙度把固体物质、多孔介质和流体物质联系了起来。

2. 表面积

原始的三维目标在经过离散化处理之后，其表面由连续变为离散，因此要精确计算出目标表面积的难度很大，对于不规则形体更是如此。

通过 Marching Cubes 算法对目标进行表面重建之后，目标表面由一系列三角形构成，可以通过计算这些三角形的面积，最终累积求得整个目标的表面积。Marching Cubes 选取 2×2×2 领域的 8 个点作为模型元，8 个顶点共 256 种情况。故可以通过式（4-6）估算三维目标表面积：

$$S = \sum_{i=1}^{256} A_i N_i \qquad (4-6)$$

式中，A_i 表示模型元的面积权值；N_i 表示相应模型元的出现次数。

3. 体积

孔隙体积直接决定了油气储藏量的大小。对整个三维图像进行逐点扫描，对同一连通目标进行标记，然后记录不同标记的体素点数目，即可得到不同标记表示的各孔腔的体积。

4. 孔隙半径

经过成簇算法处理后的数字岩心孔隙空间标记出了局部最大的孔隙空间，用该处孔隙的最大球表示。从理论上来说，孔隙半径应该是孔隙最大球的半径，不过由于对每个最大球定义了两个半径；即半径上限 R_u 和半径下限 R_d，因此需要对孔隙半径确定一个合适的值。根据 Dong 的方法，从 R_d 到 R_u 范围内随机生成一个值作为孔隙半径，最小的孔隙半径定义为数字岩心分辨率的 1/10。

5. 孔隙长度

孔隙长度的计算公式为式（4-3）和式（4-4）。经过孔隙空间分割后，孔隙空间被划分成孔隙部分和喉道部分，统计每一个孔隙部分的体素数还可以得到相应孔隙的孔隙体积。

6. 配位数

配位数是孔隙的一个重要性质。该参数是指一个孔隙所连接喉道的数目。一般来说，配位数位于零到十几之间。配位数为零，说明该孔隙为死孔隙。配位数越大，说明孔隙的连通性越高。

7. 喉道半径

喉道半径的计算方法与孔隙半径类似，也是在 (R_d, R_u) 范围内随机生成一个值作为喉道半径。

8. 喉道长度

经过孔隙空间分割处理后，喉道成为两个孔隙之间的连通部分，而且是孤立的，因此喉道长度的计算变得简单，喉道长度可通过式（4-2）计算，只是孔隙长度不再需要修正。同样，统计每一个喉道部分的体素也可以得到相应喉道的体积。

9. 孔喉比

孔喉比指孔隙与其所连通喉道的半径之比。一般来说，根据最大球方法分割出的孔隙的半径要大于喉道半径。

10. 形状因子

孔隙和喉道的形状对多相流流动模拟具有非常重要的影响。如果孔隙和喉道截面为圆形柱状毛细管，由于缺少边角结构，同一个孔隙或喉道中两相不能并存，只能进行单相流模拟，而不能进行多相流模拟。由于实际储层岩石的孔隙和喉道形状非常复杂且极不规则，为了采用规则的几何形状表示复杂的孔隙或喉道形状，需要对真实岩心的孔隙和喉道进行定量表征，为此引入形状因子。形状因子 G 的定义为：

$$G = \frac{VL}{A_s^2} \qquad (4-7)$$

式中，V 表示孔隙体积，μm^3；L 表示孔隙长度，μm；A_s 表示孔隙部分的表面积，μm^2，可以通过统计孔隙部分表面的体素数得到。

式（4-7）也可写成：

$$G = \frac{A}{P^2} \qquad (4-8)$$

式中，A 为孔隙的横截面积，μm^2；P 为横截面的周长，μm。

在构建孔隙网络模型的过程中，利用形状因子与真实孔隙或喉道形状因子相等的规则几何体来表示孔隙或喉道。规则几何体的截面一般选用正方形、圆形和三角形，如图 4-5 所示。虽然从外观上看，规则几何体与真实岩心复杂且不规则的孔隙和喉道的形状相差甚远，但是它们却具有了真实岩心孔隙空间的重要几何特征。此外，由于截面为三角形和正方形的规则几何体具有边角结构，使得两相或多相流体可以在孔隙网络模型的同一个孔隙单元或喉道单元中流动，如润湿相可以在边角流动，而非润湿相在规则几何体的中心流动，这与真实岩心两相或多相流动实验观测到的流动情形更加贴近。因此，基于形状因子守恒，采用带有边角结构的规则几何体对真实岩心孔隙和喉道形状进行简化是合理的。

应用式（4-7）或式（4-8）计算得到正方形和圆形的形状因子都为常数，分别为 1/16 和 1/4π。与此不同的是，三角形由于三个内角的变化，计算得到的形状因子也在变

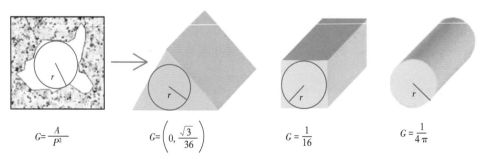

图 4-5　孔隙网络模型中用来表示孔隙和喉道形状的规则几何体

化，变化范围为（0，$\sqrt{3}/36$）。其中，$\sqrt{3}/36$ 对应等边三角形，形状因子越小，表示三角形越扁平。已知形状因子，可以确定规则几何体的截面形状，即形状因子分布在（0，0.0481］时选用三角形截面，分布在（0.0481，0.071］时选用正方形截面，分布在（0.071，0.0796］时选用圆形截面。

第二节　表征单元体

由于岩石物理性质受岩石尺寸的影响，因此在利用数字岩心技术研究岩石物理属性时，要对重建的三维数字岩心进行 REV（Representative Elementary Volume）分析，主要目的是选取合适尺寸的数字岩心，使得岩石物理性质不再受岩石尺寸的影响。

从岩石物理数值模拟的角度考虑，数字岩心的尺寸越大（即包含像素点的数目），其包含岩石的微观结构信息越多，岩石物理数值模拟结果就越有代表性。但从计算机运算效率来说，数字岩心的尺寸越小越好，尺寸越小计算速度越快。因此，通过对数字岩心进行 REV 分析，选择一个大小合适的数字岩心对后续孔隙网络模型的提取和渗透率的计算显得尤为重要。

采用岩心孔隙度和自相关函数（即两点概率函数）为约束条件对岩心进行 REV 分析。自相关函数是在图像中任取两点，这两点处于同一相（骨架或孔隙）的概率。对于由骨架和孔隙两相构成的系统，相函数可以表示为：

$$f(r)=\begin{cases}1, & r \in \text{pore space} \\ 0, & r \notin \text{pore space}\end{cases} \tag{4-9}$$

式中，r 表示图像中的任意一点。

孔隙度 ϕ 和图像中孔隙相的自相关函数 $A(h)$ 可以通过相函数的统计平均来定义。

$$\phi = <f(r)> \tag{4-10}$$

$$A(h) = <f(r)f(r+h)> \tag{4-11}$$

式中，$<>$ 表示统计平均；h 为图像中任意两点的距离，单位为体素数；r 表示图像中的任意一点，图像的自相关函数有两个重要的性质：

$$A(h=0) = \phi \tag{4-12}$$

$$A(h \geq a) = \phi^2 \tag{4-13}$$

其中，a 表示自相关函数曲线达到稳定值 ϕ^2 时所对应的距离，称为自相关长度，单位为体素。

图 4-6 是利用 X 射线 CT 获得的样品的数字岩心，其中蓝色表示岩石骨架，红色表示孔隙，孔隙度为 0.19，分辨率为 3.40882μm/pixel。首先，计算样品的自相关函数，确定自相关长度 a，计算结果如图 4-7 所示。从图 4-7 可以发现，该样品在三个主轴方向的自相关函数差别很小，因此该样品可以近似认为是各向同性的；当两点距离为 20 个体素点时，自相关函数开始稳定，所以自相关长度 a 为 20 个体素点。自相关长度确定以后，对样品进行 REV 分析。

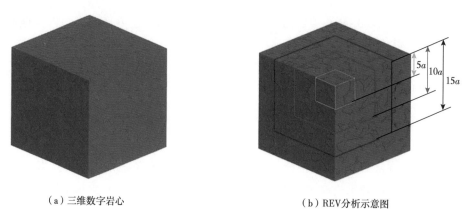

（a）三维数字岩心　　　　　　　　　　　　（b）REV分析示意图

图 4-6　X 射线 CT 获取的样品的三维数字岩心及 REV 分析示意图

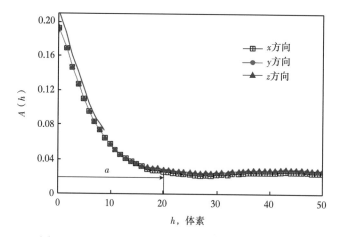

图 4-7　三维图像在 x，y，z 各个方向的自相关函数

在数字岩心中任意选取一个像素点，以该像素点为中心建立边长为 L（其中 L 为自相关长度 a 的倍数）的立方体，如图 4-6（b）所示，然后计算立方体的孔隙度，可以得到三维数字岩心孔隙度与立方体边长的关系曲线，如图 4-8 所示。图 4-8 中的三条曲线分别

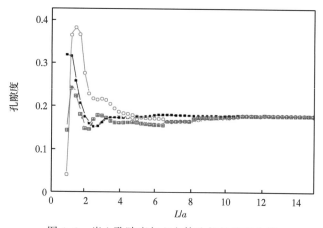

图 4-8　岩心孔隙度与立方体边长的关系曲线

为选择三个不同的像素点作为立方体中心计算的结果。从图 4-8 可以看出，当 L/a 比较小时，即立方体边长比较小，岩心孔隙度的波动比较大，然而当 $L/a \geqslant 10$ 时，孔隙度的值收敛于一个常数，这个常数也与实验所测得的孔隙度相符。图 4-9 是立方体边长分别为 $L=5a$、$L=10a$、$L=15a$ 和 $L=20a$ 的自相关函数。从图 4-9 中也可以看出，自相关函数的变化趋势与孔隙度非常相似，当立方体边长 $L \geqslant 10a$ 时，不同尺寸立方体的自相关函数趋于一致。通过以上分析，可以得出该样品的最小 REV 长度为 $10a$，即该样品三维数字岩心的代表体积元大小至少应为 200×200×200 个体素。

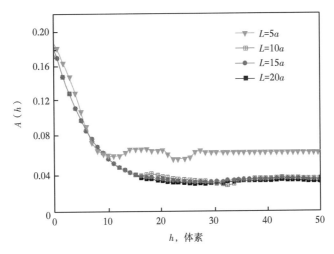

图 4-9　不同边长立方体的自相关函数

第三节　准噶尔盆地复杂储层典型岩心的微观孔隙结构分析

利用孔隙网络模型，对准噶尔盆地复杂储层典型岩心的微观孔隙结构进行分析，得到了不同区域、不同类型的典型岩心的孔隙结构特点。本节主要利用单尺度数字岩心分析八区 530 井区及百 21 井区典型砂砾岩的孔隙结构，并利用多尺度数字岩心分析吉木萨尔井区典型致密岩的孔隙结构。

一、典型单尺度砂砾岩岩心的微观孔隙结构分析

1. 八区 530 井区典型砾岩油藏岩石孔隙结构特征的数字岩心分析

1）典型岩心孔渗特征的数字岩心分析

根据所建立的反映八区 530 井区储层岩石特征的典型数字岩心，基于最大球算法、孔隙网络模型和逾渗理论计算了数字岩心的孔渗参数以及微观孔隙结构参数（孔隙半径、形状因子、孔喉比、配位数大小等）。需要说明的是，基于 CT 建立的 2014-SZ20 岩心在观察岩心结构时，发现其具有一层明显的岩石夹层，因此在进行具体分析时，不将 2014-SZ20 岩心和其他岩心放在一起进行比对。数字岩心的孔隙度与渗透率的分布统计见表 4-2，数字岩心微观孔隙结构参数测量结果统计的平均值见表 4-3。

表 4-2 八区 530 井区 22 块数字岩心的孔隙度与渗透率分布统计

孔隙度 %	样品 个数	占总数百分比 %	渗透率 mD	样品 个数	占总数百分比 %
6~8	0	0	0~1	2	9.09
8~10	2	9.09	1~10	3	13.64
10~12	5	22.73	10~50	7	31.82
12~14	1	4.55	50~100	1	4.55
14~16	3	13.64	100~200	3	13.64
16~18	2	9.09	200~300	2	9.09
18~20	3	13.64	300~400	1	4.55
20~22	5	22.73	400~500	2	9.09
22~24	1	4.55	500~600	1	4.55

表 4-3 八区 530 井区 22 块数字岩心微观孔隙结构参数平均值统计

序号	岩心	孔隙度 %	渗透率 mD	孔隙数目	喉道数目	孔隙半径 μm	喉道半径 μm	配位数	孔喉比	孔隙形状因子	喉道形状因子	孔隙长度 μm	喉道长度 μm	孔喉总长度 μm
1	2014-SZ01	17.91	55.28	132675	197053	6.09	3.22	2.96	2.69	0.0237	0.0250	21.09	24.52	66.54
2	2014-SZ02	14.38	18.16	134817	176722	2.82	1.57	2.60	2.45	0.0232	0.0250	10.36	12.38	32.97
3	2014-SZ03	21.70	524.68	7943	12883	17.60	8.73	3.20	2.84	0.0217	0.0251	55.96	52.47	163.34
4	2014-SZ04	19.35	175.76	135241	212365	6.18	3.27	3.13	2.68	0.0235	0.0250	21.37	24.80	67.38
5	2014-SZ05	11.53	10.62	76873	87074	2.90	1.56	2.25	2.68	0.0241	0.0250	9.79	11.06	30.49
6	2014-SZ06	20.83	413.95	10331	16212	15.19	7.80	3.10	2.81	0.0221	0.0250	50.30	47.50	147.15
7	2014-SZ07	19.56	140.07	22156	35993	9.21	4.79	3.23	2.68	0.0229	0.0250	32.40	31.96	96.34
8	2014-SZ08	18.99	118.31	29233	39538	8.65	4.90	2.68	2.65	0.0237	0.0250	33.47	33.48	99.91
9	2014-SZ09	20.60	247.28	25193	41227	10.04	5.27	3.25	2.65	0.0229	0.0250	36.04	35.90	107.55
10	2014-SZ10	13.66	23.71	85302	105344	2.81	1.52	2.45	2.65	0.0238	0.0250	9.79	11.00	30.43
11	2014-SZ11	15.68	33.16	93679	124124	2.80	1.53	2.63	2.64	0.0236	0.0250	10.02	11.24	31.15
12	2014-SZ12	22.02	424.20	8647	14225	15.15	7.60	3.25	2.85	0.0216	0.0250	49.08	46.15	143.36
13	2014-SZ13	8.13	12.98	30528	34205	7.06	3.87	2.22	2.62	0.0242	0.0250	26.29	27.60	79.82
14	2014-SZ14	15.40	8.18	92416	121380	2.34	1.27	2.61	2.63	0.0236	0.0250	8.34	9.35	25.91
15	2014-SZ15	11.95	3.77	78194	90414	2.90	1.56	2.29	2.68	0.0240	0.0250	9.87	11.11	30.70
16	2014-SZ16	20.67	348.21	10346	16226	15.17	7.80	3.10	2.82	0.0221	0.0251	49.91	47.13	146.00
17	2014-SZ17	11.08	19.01	75009	83533	3.45	1.85	2.21	2.69	0.0241	0.0250	11.60	13.13	36.15
18	2014-SZ18	20.58	303.08	10622	18326	12.78	6.20	3.42	2.81	0.0219	0.0249	40.20	38.13	117.94
19	2014-SZ19	16.68	34.76	98420	134976	2.51	1.37	2.72	2.61	0.0235	0.0251	9.11	10.23	28.34
20	2014-SZ20	10.74	0.31	73898	80987	0.84	0.45	2.17	2.70	0.0242	0.0250	2.79	3.16	8.70
21	2014-SZ21	11.63	1.14	76847	87416	2.15	1.15	2.26	2.69	0.0241	0.0250	7.28	8.21	22.65
22	2014-SZ22	8.03	0	36320	35796	7.28	4.07	1.95	2.86	0.0248	0.025	24.73	26.73	75.79

22块数字岩心的孔隙度与渗透率的关系如图4-10所示，结合表4-2可以看出，岩心的孔隙度范围为8.03%~22.02%，渗透率范围为0.31~524.68mD。其中，孔隙度主要集中在两部分，一部分在8%~12%之间，占总体的31.82%，另一部分在14%~22%之间，占总体的59.09%；渗透率主要集中在1~300mD之间，占总体的72.73%。

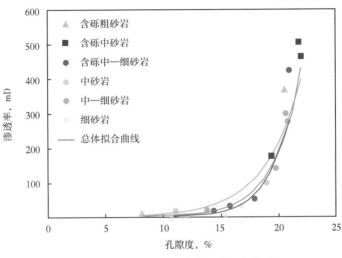

图4-10 数字岩心孔隙度与渗透率关系

分析图4-10可知，八区530井区岩心的孔隙度和渗透率呈正相关性，拟合函数为指数函数关系，拟合公式为：

$$K = 0.0434e^{0.419\phi} \qquad (R^2 = 0.763) \qquad (4-14)$$

式中，K为渗透率，mD。

式（4-14）拟合结果较好，能够比较真实地反映真实岩心的孔隙度与渗透率的关系。当孔隙度小于18%时，渗透率随孔隙度的变化比较缓慢，当孔隙度超过18%时，渗透率随孔隙度的变化逐渐增大。与实验测量数据的变化趋势一致，说明构建的数字岩心结果较好。

从图4-10中可以看出，对于每种不同的岩性，其渗透率随孔隙度的变化是不同的。含砾粗砂岩孔隙度的变化范围为8.13%~20.67%，渗透率的变化范围为12.98~348.21mD，孔隙度的变化幅度也较大，渗透率的变化幅度也较大，渗透率随孔隙度变化幅度较大；含砾中砂岩孔隙度的变化范围为19.35%~22.02%，渗透率的变化范围为175.76~524.68mD，孔隙度的变化幅度较小，渗透率的变化幅度较大，渗透率随孔隙度变化幅度较大；含砾中细砂岩孔隙度的变化范围为11.53%~20.83%，渗透率的变化范围为10.62~413.95mD，孔隙度的变化幅度较大，渗透率的变化幅度也较大，渗透率随孔隙度变化幅度也较大；细砂岩的孔隙度变化范围为10.74%~15.40%，渗透率的变化范围为0.31~34.76mD，孔隙度的变化幅度较小，渗透率的变化幅度也较小，渗透率随孔隙度变化幅度较小；中砂岩孔隙度的变化范围为11.08%~18.99%，渗透率的变化范围为19.01~118.31mD，孔隙度的变化幅度较大，渗透率的变化幅度也较大，渗透率随孔隙度变化幅度较大；中—细砂岩孔隙度的变化范围为13.66%~20.58%，渗透率的变化范围为23.71~299.23mD，渗透率随孔隙度变化幅度较大。

　　总体而言，所有岩心中，含砾和不含砾的中—细砂岩和中砂岩的渗透率随孔隙度的变化幅度较大，同时含砾砂岩的渗透率明显整体高于不含砾砂岩。从渗透率随孔隙度的变化趋势来看，储层岩石是否含有砾石，会对渗透率产生影响。当孔隙度在20%以下时，储层岩石含有砾石会在一定程度上增大渗透率；而当孔隙度大于20%时，储层岩石含有砾石反而会降低渗透率。含砾砂岩拟合曲线的相关性弱于不含砾砂岩拟合曲线的相关性，说明储层岩石中含有砾石会使岩石的渗透率有比较大的震荡。而在这种影响下，有的岩心渗透率较高，有的岩心渗透率较低，因而造成含砾砂岩渗透率分布比不含砾砂岩分布更为分散。

　　2）典型岩心孔隙结构特征的数字岩心分析

　　（1）孔隙半径分布特征。

　　基于最大球算法，测量并统计了数字岩心的孔隙半径分布。所有岩心的孔隙半径分布大致呈正态分布（图4-11），峰位为0~30μm，峰值为0.05~0.45。渗透率低的岩心，孔隙半径分布峰位低，峰值高，分布宽度略窄，渗透率高的岩心，分布特征则相反，峰位高，峰值低，分布范围较宽。相同渗透率条件下的孔隙半径分布曲线基本一致（图4-12、

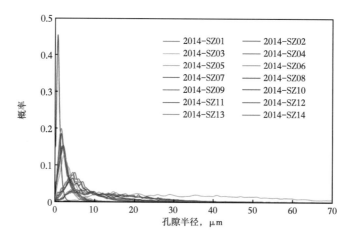

图4-11　数字岩心孔隙半径分布

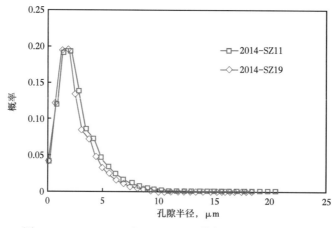

图4-12　2014-SZ11和2014-SZ19数字岩心孔隙半径分布

图 4-13），说明孔隙空间的半径分布与渗透率具有很好的相关性，也可以说明八区 530 井区储层岩石的孔隙分布对渗透率具有很重要的影响。

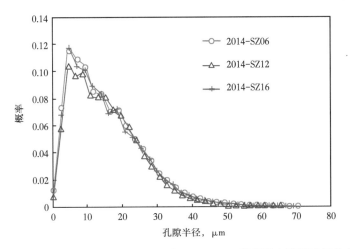

图 4-13　2014-SZ06、2014-SZ12 和 2014-SZ16 数字岩心孔隙半径分布

求取所有岩心孔隙半径的算术平均值，得到平均孔隙半径与孔隙度和渗透率的关系曲线，如图 4-14 和图 4-15 所示。平均孔隙半径与孔隙度的关系为：

$$\phi = 3.864 \ln R_p + 9.909 \qquad (R^2 = 0.592) \qquad (4-15)$$

平均孔隙半径与渗透率的关系为：

$$K = 40.886 R_p - 107.04 \qquad (R^2 = 0.944) \qquad (4-16)$$

式中，R_p 为平均孔隙半径，μm。

平均孔隙半径与孔隙度和渗透率的拟合关系均较好。结合孔隙半径分布分析，说明八区 530 井区储层岩石的孔隙半径对渗透率的影响比较大。

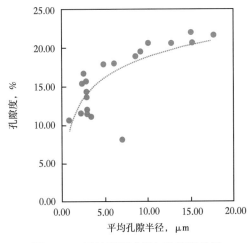

图 4-14　平均孔隙半径与孔隙度关系

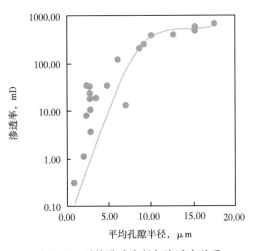

图 4-15　平均孔隙半径与渗透率关系

（2）喉道半径分布特征。

基于最大球算法，测量并统计了数字岩心的孔隙半径分布，峰位为 0~10μm，峰值为 0.03~0.4。渗透率不同，喉道半径的分布形态不同，并且呈现一定的规律性（图 4-16），渗透率高的样品，喉道半径分布较宽；渗透率低的样品，喉道半径分布变窄，且峰值集中于较小喉道处。不同渗透率的岩心，喉道半径分布差距比较明显。当渗透率接近时，不同岩性岩心的喉道半径分布也不同（图 4-17、图 4-18），岩性越粗糙，分布范围越宽，峰位越大，峰值越低；当岩性差距越大时，其喉道半径的分布差距越明显。

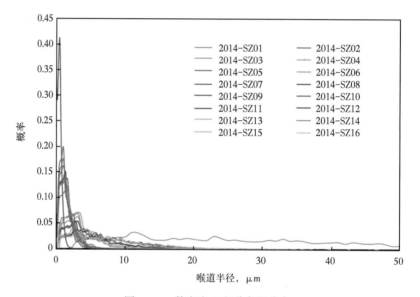

图 4-16　数字岩心喉道半径分布

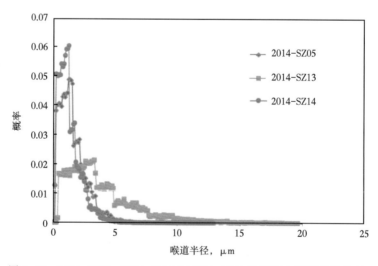

图 4-17　2014-SZ05、2014-SZ13 和 2014-SZ14 数字岩心喉道半径分布

求取所有岩心喉道半径的算术平均值，得到平均喉道半径与孔隙度和渗透率的关系曲线，如图 4-19 和图 4-20 所示。

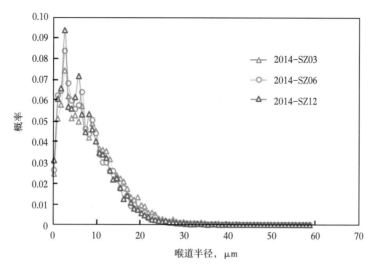

图 4-18　2014-SZ03、2014-SZ06 和 2014-SZ12 数字岩心喉道半径分布

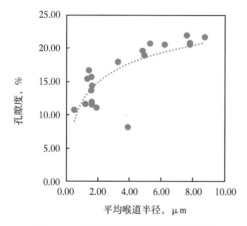

图 4-19　平均喉道半径与孔隙度关系

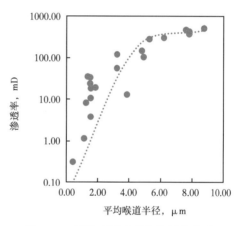

图 4-20　平均喉道半径与渗透率关系

平均喉道半径与孔隙度的关系为：

$$\phi = 4.006\ln R_\mathrm{t} + 12.2 \qquad (R^2 = 0.591) \qquad (4-17)$$

平均喉道半径与渗透率的关系为：

$$K = 61.903R_\mathrm{t} - 88.383 \qquad (R^2 = 0.902) \qquad (4-18)$$

式中，R_t 为平均喉道半径，μm。

平均喉道半径与孔隙度和渗透率的拟合关系均较好。结合喉道半径分布分析，说明八区 530 井区储层岩石的喉道半径对渗透率的影响比较大。

（3）孔喉比分布特征。

基于数字岩心和最大球孔隙网络模型的孔喉比分布如图 4-21 所示，分布峰位为 1~3，峰值为 10%~14%，总体上差距较小，没有太明显的规律。渗透率大的岩心分布范围相对较窄，峰值略高；渗透率小的岩心分布范围相对较宽，峰值略低，并且相同渗透率下的孔喉比分布基本一致（图4-22、图4-23）。

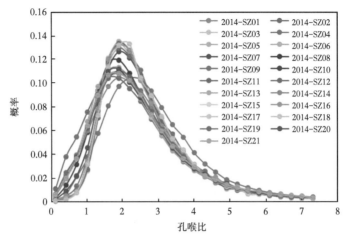

图4-21　数字岩心孔喉比分布

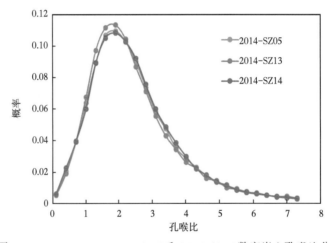

图4-22　2014-SZ05、2014-SZ13和2014-SZ14数字岩心孔喉比分布

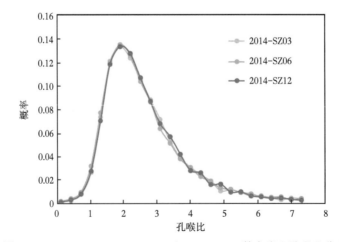

图4-23　2014-SZ03、2014-SZ06和2014-SZ12数字岩心孔喉比分布

　　求取所有岩心孔喉比的算术平均值，得到平均孔喉比与孔隙度和渗透率的关系曲线，如图 4-24 和图 4-25 所示，发现平均孔喉比同孔隙度和渗透率并没有太好的相关性。结合孔喉比分布分析，说明八区 530 井区储层岩石的孔喉比对渗透率的影响比较小。

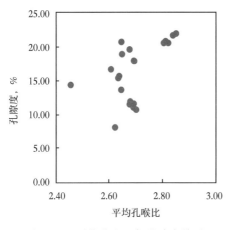

图 4-24　平均孔喉比与孔隙度关系

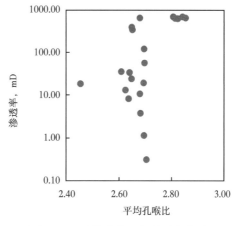

图 4-25　平均孔喉比与渗透率关系

（4）配位数分布特征。

　　配位数是指单个孔隙所连通的喉道数，用来表示孔隙与喉道的相互配置关系。测量的数字岩心配位数总体上分布较窄，峰位为 0~4，峰值为 0.2~0.27，差距较小，但分布特征比较明显，如图 4-26 所示。渗透率大的岩心，配位数分布较宽，峰位较大，峰值较小；渗透率小的岩心，分布较窄，峰位较小，峰值较大。渗透率相近的岩心配位数分布相似（图 4-27、图 4-28）。

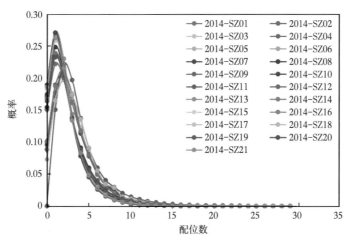

图 4-26　数字岩心配位数分布

　　求取所有岩心配位数的算术平均值，得到平均配位数与孔隙度和渗透率的关系曲线，如图 4-29 和图 4-30 所示。

　　平均配位数与孔隙度的关系为：

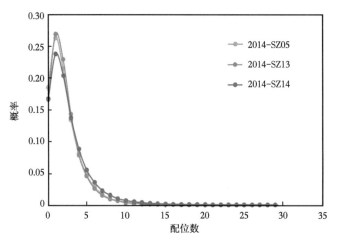

图 4-27　2014-SZ05、2014-SZ13 和 2014-SZ14 数字岩心配位数分布

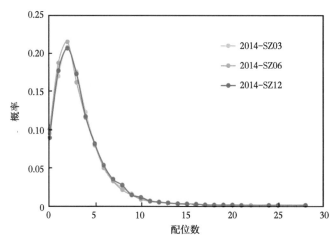

图 4-28　2014-SZ03、2014-SZ06 和 2014-SZ12 数字岩心配位数分布

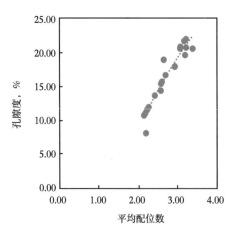

图 4-29　平均配位数与孔隙度关系

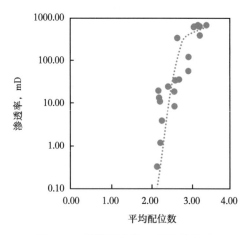

图 4-30　平均配位数与渗透率关系

$$\phi = 26.66\ln C + 12.2 \qquad (R^2 = 0.924) \qquad (4-19)$$

平均配位数与渗透率的关系为：

$$K = 61.903C - 88.383 \qquad (R^2 = 0.728) \qquad (4-20)$$

平均配位数与孔隙度和渗透率的拟合关系均较好。结合配位数分布分析，说明八区530井区储层岩石的配位数对渗透率的影响比较大。

（5）孔隙长度分布特征。

基于数字岩心和孔隙网络模型，计算了岩心的孔隙长度分布（图4-31），发现其具有明显的规律。分布峰位为 $0\sim40\mu m$，峰值为 $0.03\sim0.4$。渗透率低的岩心，孔隙长度分布峰位低，峰值高，且集中于较小长度处；渗透率高的岩心，峰位高，峰值低。而相同渗透率下，岩性不同、含砾与否对岩心孔隙长度的分布也会造成一定的影响（图4-32、图4-33），岩性越粗糙，分布范围越宽，峰位越大，峰值越低；当岩性差距越大时，其分布差距越明显。

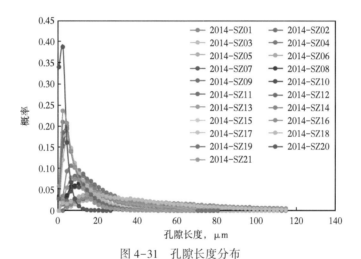

图 4-31　孔隙长度分布

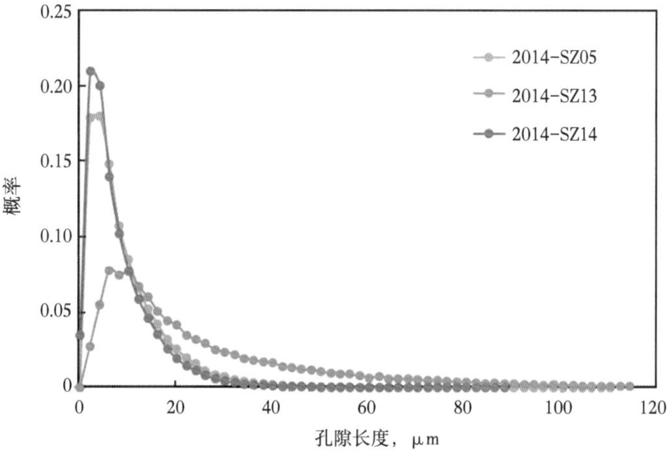

图 4-32　2014-SZ05、2014-SZ13 和 2014-SZ14 数字岩心孔隙长度分布

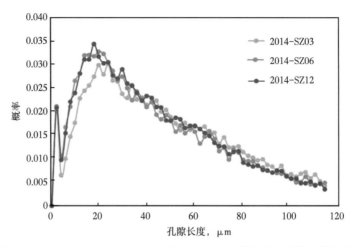

图4-33　2014-SZ03、2014-SZ06和2014-SZ12数字岩心孔隙长度分布

求取所有岩心孔隙长度的算术平均值，得到平均孔隙长度与孔隙度和渗透率的关系曲线，如图4-34和图4-35所示。

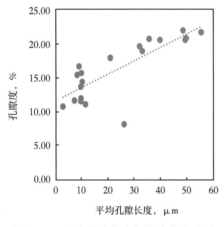

图4-34　平均孔隙长度与孔隙度关系图

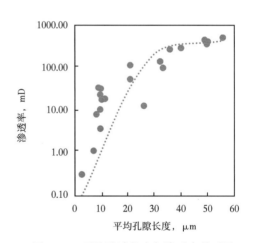

图4-35　平均孔隙长度与渗透率关系图

平均孔隙长度与孔隙度的关系为：

$$\phi = 0.196L_p + 11.563 \qquad (R^2 = 0.630) \qquad (4-21)$$

平均孔隙长度与渗透率的关系为：

$$K = 9.5591L_p - 89.517 \qquad (R^2 = 0.885) \qquad (4-22)$$

式中，L_p为平均孔隙长度半径，μm。

平均孔隙长度与孔隙度和渗透率的拟合关系均较好。结合孔隙长度分布分析，说明八区530井区储层岩石的孔隙长度和渗透率有比较好的相关性。

（6）喉道长度分布特征。

同样，基于数字岩心和孔隙网络模型，对岩心的喉道长度分布也进行了统计，其具体分布如图 4-36 所示，峰位为 $0 \sim 25\mu m$，峰值为 $0.05 \sim 0.45$。其分布规律同孔隙长度的分布规律类似，渗透率低的岩心，孔隙长度分布峰位低，峰值高，且集中于较小长度处；渗透率高的岩心，峰位高，峰值低。而相同渗透率下，岩性不同、含砾与否对岩心孔隙长度的分布也会造成一定的影响（图 4-37、图 4-38），岩性越粗糙，分布范围越宽，峰位越大，峰值越低；当岩性差距越大时，其分布差距越明显。

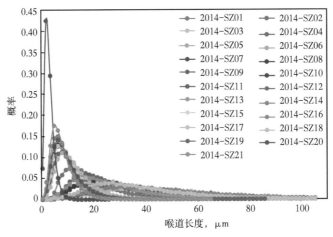

图 4-36　数字岩心喉道长度分布

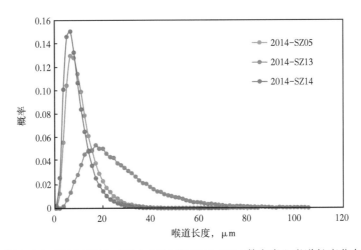

图 4-37　2014-SZ05、2014-SZ13 和 2014-SZ14 数字岩心喉道长度分布

求取所有岩心喉道长度的算术平均值，得到平均喉道长度平均值和孔隙度以及渗透率的关系曲线，如图 4-39 和图 4-40 所示。

平均喉道长度与孔隙度的关系为：

$$\phi = 0.216L_t + 11.023 \qquad (R^2 = 0.632) \qquad (4-23)$$

平均喉道长度与渗透率的关系为：

$$K = 10.342L_t - 111.01 \qquad (R^2 = 0.885) \qquad (4-24)$$

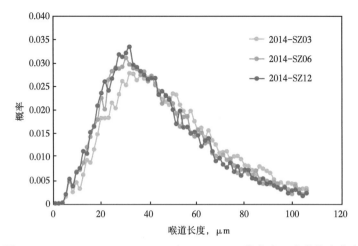

图 4-38 2014-SZ03、2014-SZ06 和 2014-SZ12 数字岩心喉道长度分布

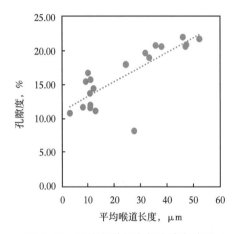

图 4-39 平均喉道长度与孔隙度关系

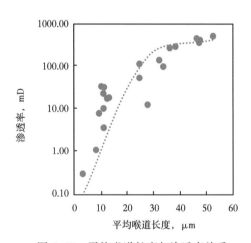

图 4-40 平均喉道长度与渗透率关系

式中，L_t 为平均喉道长度，μm。

平均喉道长度与孔隙度和渗透率的拟合关系均较好。结合喉道长度分布分析，说明八区 530 井区储层岩石的喉道长度和渗透率有比较好的相关性。

（7）孔喉总长度分布特征。

孔喉总长度表示孔隙和与之相连的喉道长度之和，其具体分布如图 4-41 所示，峰位为 0~100μm，峰值为 0.05~0.55。其分布规律是：渗透率低的岩心，孔喉总长度分布峰位低，峰值高，且集中于较小长度处；渗透率高的岩心，峰位高，峰值低。而相同渗透率下，岩性不同、含砾与否对岩心孔喉总长度的分布也会造成一定的影响（图 4-42、图 4-43），岩性越粗糙，分布范围越宽，峰位越大，峰值越低；当岩性差距越大时，其分布差距越明显。

求取所有岩心孔喉总长度的算术平均值，得到平均孔喉总长度与孔隙度和渗透率的关系曲线，如图 4-44 和图 4-45 所示。

平均孔喉总长度与孔隙度的关系为：

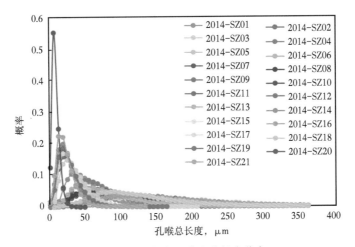

图 4-41　数字岩心孔喉总长度分布

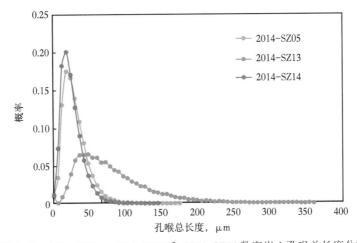

图 4-42　2014-SZ05、2014-SZ13 和 2014-SZ14 数字岩心孔喉总长度分布

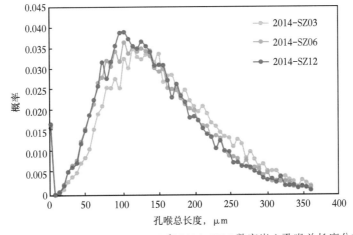

图 4-43　2014-SZ03、2014-SZ06 和 2014-SZ12 数字岩心孔喉总长度分布

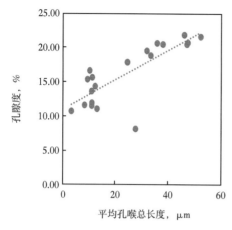

图4-44 平均孔喉总长度与孔隙度关系

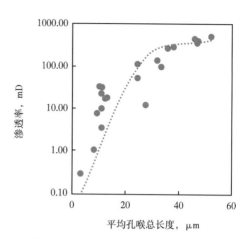

图4-45 平均孔喉总长度与渗透率关系

$$\phi = 0.068L + 11.441 \qquad (R^2 = 0.621) \qquad (4-25)$$

平均孔喉总长度与渗透率的关系为：

$$K = 3.717L - 89.6 \qquad (R^2 = 0.878) \qquad (4-26)$$

式中，L 为平均孔喉总长度，μm。

平均孔喉总长度与孔隙度和渗透率的拟合关系均较好。结合孔喉总长度分布分析，说明八区530井区储层岩石的孔喉总长度和渗透率有比较好的相关性。

（8）形状因子分布特征。

孔隙和喉道的形状对多相流流动模拟具有非常重要的影响。如果孔隙和喉道截面为圆形柱状毛细管，由于缺少边角结构，同一个孔隙或喉道中两相不能并存，只能进行单相流模拟，而不能进行多相流模拟。由于实际储层岩石的孔隙和喉道形状非常复杂且极不规则，为了采用规则的几何形状表示复杂的孔隙或喉道形状，需要对真实岩心的孔隙和喉道进行定量表征，为此引入形状因子。

孔喉的形状可以用形状因子 G 进行表征，G 越小，表示孔隙和喉道的形状越不规则，角隅越明显。基于数字岩心和最大球孔隙网络模型分别统计了孔隙和喉道的形状因子，其中孔隙形状因子的分布如图4-46所示，喉道形状因子的分布如图4-47所示。观察可以发现，孔隙形状因子的分布峰位为0.015~0.03，峰值为0.15~0.23；喉道形状因子的分布峰位集中在0.25附近，峰值集中在0.12附近。

渗透率低的岩心，孔隙形状因子分布峰位高，峰值也高，分布较窄；渗透率高的岩心，峰位低，峰值低，分布较宽。而相同渗透率下，孔隙形状因子的分布基本一致（图4-48、图4-49）。

求取每个孔隙形状因子的平均值，得到平均孔隙形状因子与孔隙度和渗透率的关系曲线，如图4-50和图4-51所示。

平均孔隙形状因子与孔隙度的关系为：

$$\phi = -4144.5G_{\mathrm{p}} + 112.73 \qquad (R^2 = 0.741) \qquad (4-27)$$

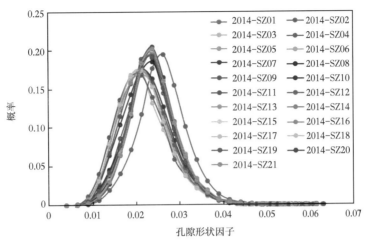

图 4-46　数字岩心孔隙形状因子分布

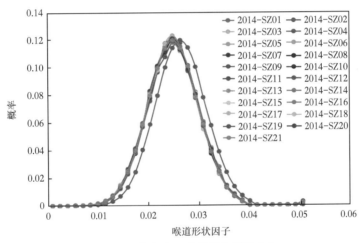

图 4-47　数字岩心喉道形状因子分布

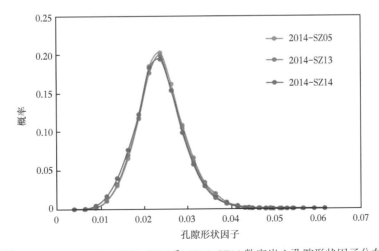

图 4-48　2014-SZ05、2014-SZ13 和 2014-SZ14 数字岩心孔隙形状因子分布

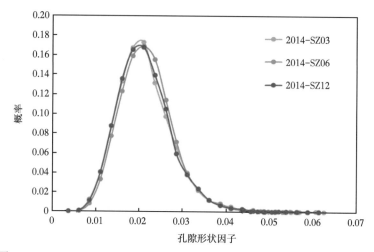

图 4-49　2014-SZ03、2014-SZ06 和 2014-SZ12 数字岩心孔隙形状因子分布

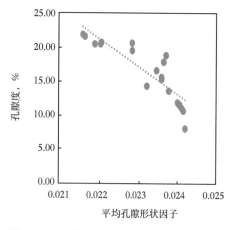

图 4-50　平均孔隙形状因子与孔隙度关系

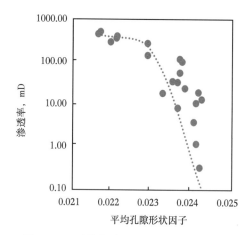

图 4-51　平均孔隙形状因子与渗透率关系

平均孔隙形状因子与渗透率的关系为：

$$K = -186404G_p + 4478.3 \qquad (R^2 = 0.892) \qquad (4-28)$$

式中，G_p 为平均孔隙形状因子，无量纲。

平均孔隙形状因子与孔隙度和渗透率的拟合关系均较好。结合孔隙形状因子分布分析，说明八区 530 井区储层岩石的孔隙形状因子和渗透率有比较好的相关性。而对于喉道形状因子，其分布曲线基本上重叠在一起，说明喉道形状因子对八区 530 井区储层岩石渗透率的影响不大。

3）基于数字岩心分析的八区 530 井区典型岩心微观孔隙结构参数与孔渗关系统计

通过数字岩心微观孔隙结构参数与孔隙度和渗透率之间关系的研究，统计出了各微观孔隙结构参数的变化范围以及同孔隙度和渗透率的相关关系，见表 4-4 和表 4-5。

结合表 4-4 与表 4-5 可知，与数字岩心孔隙度相关性较好的微观孔隙结构参数有孔隙半径、喉道半径、配位数、孔隙长度、喉道长度、孔喉总长度和孔隙形状因子，相关系数均在 0.59 以上，相关性最好的是配位数，相关系数为 0.924；与渗透率相关性较好的微观孔隙结构参数有孔隙半径、喉道半径、配位数、孔隙长度、喉道长度、孔喉总长度和孔隙形状因子，相关系数均在 0.7 以上，相关性最好的是孔隙半径，相关系数为 0.944。绝大部分微观孔隙结构参数与岩心的相关性均较好，说明岩心整体上的孔喉结构较好。

表 4-4　数字岩心微观孔隙结构参数与孔隙度和渗透率的关系

微观孔隙结构参数（平均值）	孔隙度		渗透率	
	相关关系	相关系数	相关关系	相关系数
孔隙半径	$\phi = 3.864\ln R_{\mathrm{p}} + 9.909$	$R^2 = 0.592$	$K = 40.886 R_{\mathrm{p}} - 107.04$	$R^2 = 0.944$
喉道半径	$\phi = 4.006\ln R_{\mathrm{t}} + 12.2$	$R^2 = 0.591$	$K = 61.903 R_{\mathrm{p}} - 88.383$	$R^2 = 0.902$
配位数	$\phi = 26.66\ln C + 12.2$	$R^2 = 0.924$	$K = 61.903 C - 88.383$	$R^2 = 0.728$
孔隙长度	$\phi = 0.196 L_{\mathrm{p}} + 11.563$	$R^2 = 0.630$	$K = 9.5591 L_{\mathrm{p}} - 89.517$	$R^2 = 0.885$
喉道长度	$\phi = 0.216 L_{\mathrm{t}} + 11.023$	$R^2 = 0.632$	$K = 10.342 L_{\mathrm{t}} - 111.01$	$R^2 = 0.885$
孔喉总长度	$\phi = 0.068 L + 11.441$	$R^2 = 0.621$	$K = 3.717 L - 89.6$	$R^2 = 0.878$
孔隙形状因子	$\phi = -4144.5 G_{\mathrm{p}} + 112.73$	$R^2 = 0.741$	$K = -186404 G_{\mathrm{p}} + 4478.3$	$R^2 = 0.892$

表 4-5　数字岩心微观孔隙结构参数范围以及与孔隙度和渗透率的相关性

微观孔隙结构参数（平均值）	上限值	下限值	特征参数与孔隙度相关性	特征参数与渗透率相关性
孔隙半径，μm	17.60	0.84	正相关	正相关
喉道半径，μm	8.73	0.45	正相关	正相关
孔喉比	2.85	2.45	无	无
配位数	3.42	2.17	正相关	正相关
孔隙长度，μm	55.96	2.79	正相关	正相关
喉道长度，μm	52.47	3.16	正相关	正相关
孔喉总长度，μm	163.34	8.70	正相关	正相关
孔隙形状因子	0.0242	0.0216	负相关	负相关
喉道形状因子	0.0249	0.0251	无	无

4）小结

在八区 530 井区岩样的 22 个数字岩心基础上，基于最大球孔隙网络模型和逾渗理论，分别测量和统计了选样岩心的孔隙度、渗透率，数字岩心的孔隙度、渗透率以及孔隙半径、喉道半径、孔喉比和配位数等微观孔隙结构参数，并且分析了这些微观孔隙结构参数与孔隙度、渗透率的关系，有以下认识。

（1）八区 530 井区数字岩心孔隙度范围为 8.03% ~ 22.02%，渗透率范围为 0 ~ 524.68mD，渗透率随孔隙度的变化规律为 $K = 0.0434 \mathrm{e}^{0.419\phi}$（$R^2 = 0.763$）。数字岩心的孔隙度和渗透率的范围及变化规律与实验数据一致，说明数字岩心构建得比较合理。

（2）八区 530 井区数字岩心整体上可分为含砾砂岩和不含砾砂岩两大类。含砾砂岩孔隙度为 8.03% ~ 22.02%，平均值为 16.38%；渗透率为 0 ~ 524.68mD，平均值为 183.36mD。不含砾砂岩孔隙度为 10.74% ~ 20.60%，平均值为 15.53%；渗透率为 0.31 ~

303.08mD，平均值为 81.78mD。含砾砂岩孔隙度、渗透率变化范围较宽，整体渗透能力更好，而不含砾砂岩孔隙度、渗透率相对更集中，整体渗流能力较弱。

（3）八区 530 井区数字岩心平均孔隙半径为 0.84~17.60μm，平均喉道半径为 0.45~8.73μm，平均配位数为 1.95~3.42，平均孔隙长度为 2.79~55.96μm，平均喉道长度为 3.16~52.47μm，平均孔喉总长度为 8.70~163.34μm，平均孔隙形状因子为 0.0216~0.0248，各参数上下限值范围较大，说明八区 530 井区岩心的孔喉结构整体上分布不均匀。

与数字岩心孔隙度相关性较好的微观孔隙结构参数有孔隙半径、喉道半径、配位数、孔隙长度、喉道长度、孔喉总长度和孔隙形状因子，相关系数均在 0.59 以上；相关性最好的是配位数，相关系数为 0.924。与渗透率相关性较好的微观孔隙结构参数有孔隙半径、喉道半径、配位数、孔隙长度、喉道长度、孔喉总长度和孔隙形状因子，相关系数均在 0.7 以上，相关性最好的是孔隙半径，相关系数为 0.944。

2. 百 21 井区典型砾岩油藏岩石孔隙结构特征的数字岩心分析

1）百 21 井区典型岩心孔渗特征的数字岩心分析

在建立的 17 块反映百 21 井区储层岩石特征的数字岩心基础上，基于最大球算法、孔隙网络模型和逾渗理论计算了数字岩心的孔隙度、渗透率以及微观孔隙结构参数（孔隙半径、形状因子、孔喉比、配位数大小等）。17 块数字岩心的孔隙度与渗透率的整体分布统计见表 4-6，微观孔隙结构参数平均值统计见表 4-7。

百 21 井区 17 块数字岩心的孔隙度与渗透率关系如图 4-52 所示，结合表 4-7 可以看出，17 块数字岩心的孔隙度范围为 9.08%~14.66%，渗透率范围为 0.0002~337.16mD。孔隙度主要集中在 12%~15% 之间，占总体的 70.59%；渗透率分布比较分散。分析图 4-52 可知，百 21 井区选样岩心的孔隙度和渗透率呈正相关性，拟合函数为指数函数关系，拟合公式为：

$$K = 0.0005e^{0.8\phi} \qquad (R^2 = 0.682) \tag{4-29}$$

式（4-29）拟合结果较好，能够比较真实地反映真实岩心的孔渗关系。当孔隙度小于 15% 时，渗透率随孔隙度的变化比较缓慢；当孔隙度超过 15% 时，渗透率随孔隙度的变化逐渐增大。与实验测量数据的变化趋势一致，说明构建的数字岩心结果较好。

表 4-6　百 21 井区 17 块数字岩心的孔隙度和渗透率分布统计

孔隙度 %	样品 个数	占总数百分比 %	渗透率 mD	样品 个数	占总数百分比 %
9~10	1	5.88	0~5	4	23.53
10~11	1	5.88	5~10	3	17.65
11~12	3	17.65	10~15	3	17.65
12~13	3	17.65	15~50	5	29.41
13~14	5	29.41	50~100	0	0
14~15	4	23.53	>100	2	11.76

表 4-7　百 21 井区 17 块数字岩心微观孔隙结构参数平均值统计

序号	岩心	孔隙 半径 μm	喉道 半径 μm	配位数	孔喉比	孔隙 形状 因子	喉道 形状 因子	孔隙 长度 μm	喉道 长度 μm	孔喉 总长度 μm
1	2016-SZ01	1.95	1.11	2.64	2.60	0.0239	0.0250	7.64	7.78	22.86
2	2016-SZ02	1.23	0.67	2.74	2.49	0.0235	0.0251	4.88	5.27	14.90
3	2016-SZ03	2.64	1.44	2.66	2.56	0.0239	0.0251	9.94	10.49	30.10
4	2016-SZ04	0.20	0.11	2.19	2.77	0.0245	0.0250	0.68	0.76	2.10
5	2016-SZ05	1.76	0.96	3.06	2.44	0.0233	0.0250	7.04	7.74	21.68
6	2016-SZ06	6.21	3.42	2.53	2.60	0.0238	0.0250	21.73	24.68	67.62
7	2016-SZ07	7.25	4.09	2.71	2.57	0.0238	0.0250	28.64	29.53	86.06
8	2016-SZ08	1.18	0.64	2.63	2.64	0.0236	0.0251	4.35	4.35	12.93
9	2016-SZ09	2.19	1.19	3.38	2.31	0.0221	0.0250	8.59	10.11	27.11
10	2016-SZ10	2.32	1.28	2.42	2.59	0.0240	0.0250	8.02	9.12	24.94
11	2016-SZ11	4.09	2.21	2.37	2.81	0.0246	0.0250	13.75	15.70	42.72
12	2016-SZ12	0.34	0.18	2.83	2.46	0.0235	0.0250	1.36	1.50	4.20
13	2016-SZ13	2.22	1.25	2.53	2.61	0.0238	0.0249	8.45	8.64	25.25
14	2016-SZ14	1.68	0.96	2.40	2.60	0.0241	0.0251	6.39	6.59	19.20
15	2016-SZ15	6.63	3.57	2.30	2.67	0.0239	0.0250	22.28	24.66	68.60
16	2016-SZ16	5.12	2.90	2.38	2.45	0.0237	0.0250	18.44	22.18	58.58
17	2016-SZ17	1.40	0.81	2.82	2.42	0.0234	0.0251	5.66	6.23	17.43

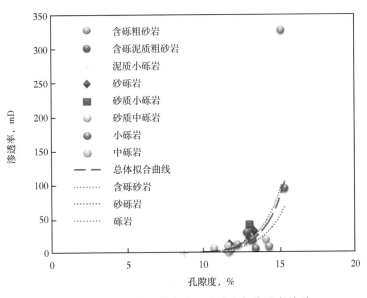

图 4-52　百 21 井区数字岩心孔隙度与渗透率关系

从图 4-52 中可以看出，除极个别岩心之外，所有的岩心孔隙度均在 15% 以下，渗透率均在 100mD 以下，不同岩性的岩心孔隙度与渗透率变化差异不大，与压汞实验数据一致，说明构建的数字岩心比较合理，同时也反映出百 21 井区储层岩石物性较差的特点。

2）百 21 井区典型岩心孔隙结构特征的数字岩心分析

（1）孔隙半径分布特征。

基于最大球算法，测量并统计了数字岩心的孔隙半径分布。所有岩心的孔隙半径分布如图 4-53 所示，峰位为 0~8μm，峰值为 0.15~0.52。渗透率低的岩心，孔隙半径分布峰位低，峰值高，分布宽度略窄；渗透率高的岩心，分布特征则相反，峰位高，峰值低，分布范围较宽。孔隙度和岩性相近的岩心孔隙半径分布曲线也相近（图 4-54、图 4-55），说明孔隙半径分布与渗透率具有很好的相关性，也可以说明百 21 井区储层岩石的孔隙分布对渗透率具有很重要的影响。

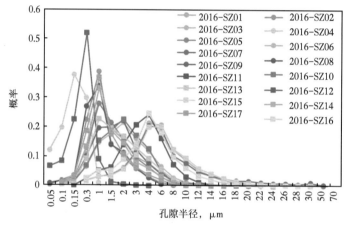

图 4-53　百 21 井区数字岩心孔隙半径分布

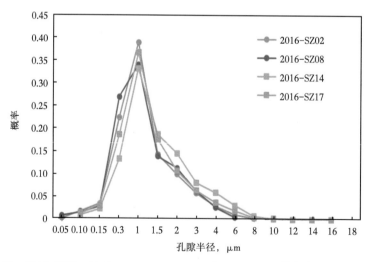

图 4-54　2016-SZ02、2016-SZ08、2016-SZ14 和 2016-SZ17 数字岩心孔隙半径分布

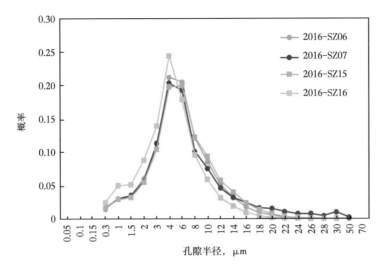

图 4-55　2016-SZ06、2016-SZ07、2016-SZ15 和 2016-SZ16 数字岩心孔隙半径分布

求取所有岩心孔隙半径的算术平均值，得到平均孔隙半径与孔隙度和渗透率的关系曲线，如图 4-56 和图 4-57 所示。

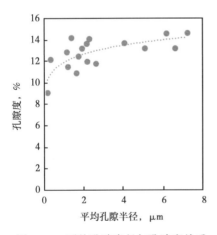

图 4-56　平均孔隙半径与孔隙度关系

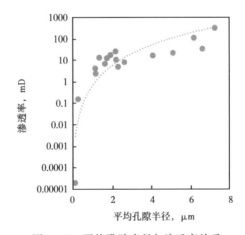

图 4-57　平均孔隙半径与渗透率关系

平均孔隙半径与孔隙度的关系为：

$$\phi = 11.918 R_{\text{p}}^{0.091} \qquad (R^2 = 0.526) \qquad (4-30)$$

平均孔隙半径与渗透率的关系为：

$$K = 0.5821 R_{\text{p}}^{3.251} \qquad (R^2 = 0.754) \qquad (4-31)$$

平均孔隙半径与孔隙度和渗透率的拟合关系均较好。结合孔隙半径分布分析，说明百 21 井区储层岩石的孔隙半径对渗透率的影响比较大。

（2）喉道半径分布特征。

基于最大球算法，测量并统计了数字岩心的孔隙半径分布，峰位为 0.1~6μm，峰值为 0.1~0.4。渗透率不同，喉道半径的分布形态不同，并且呈现一定的规律性（图 4-58），渗透率高的样品，喉道半径分布较宽；渗透率低的样品，喉道半径分布变窄，且峰值集中于较小喉道处。不同渗透率的岩心，喉道半径分布差距比较明显。当渗透率接近时，岩性相近的，喉道半径分布相近（图 4-59）；不同岩性岩心的喉道半径分布不同（图 4-60），岩性越粗糙，分布范围越宽，峰位越大，峰值越低；当岩性差距越大时，其喉道半径的分布差距越明显。

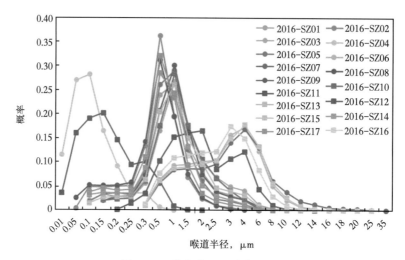

图 4-58　数字岩心喉道半径分布

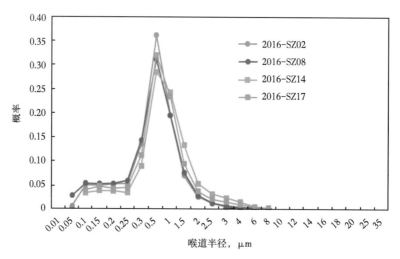

图 4-59　2016-SZ02、2016-SZ08、2016-SZ14 和 2016-SZ17 数字岩心喉道半径分布

求取所有岩心喉道半径的算术平均值，得到平均喉道半径与孔隙度和渗透率的关系曲线，如图 4-61 和图 4-62 所示。

平均喉道半径与孔隙度的关系为：

$$\phi = 12.574 R_{\mathrm{t}}^{0.09} \qquad (R^2 = 0.525) \qquad (4\text{-}32)$$

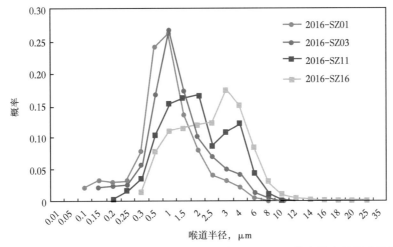

图 4-60　2016-SZ01、2016-SZ03、2016-SZ11 和 2016-SZ16 数字岩心喉道半径分布

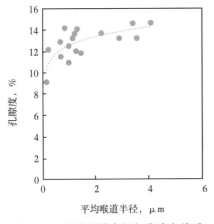

图 4-61　平均喉道半径与孔隙度关系

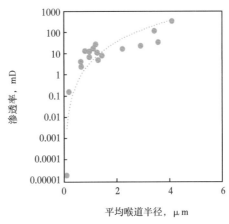

图 4-62　平均喉道半径与渗透率关系

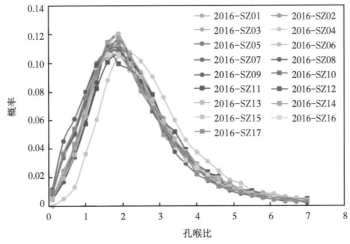

图 4-63　百 21 井区数字岩心孔喉比分布

平均喉道半径与渗透率的关系为：

$$K = 3.974R_t^{3.245} \qquad (R^2 = 0.755) \qquad (4-33)$$

平均喉道半径与孔隙度和渗透率的拟合关系均较好。结合喉道半径分布分析，说明百21井区储层岩石的喉道半径对渗透率的影响比较大。

（3）孔喉比分布特征。

基于数字岩心和最大球孔隙网络模型的孔喉比分布如图 4-63 所示，峰位为 1~3，峰值为 10%~14%，总体上差距较小，没有太明显的规律。渗透率大的岩心分布范围相对较窄，峰值略高；渗透率小的岩心分布范围相对较宽，峰值略低，并且相同渗透率下的孔喉比分布基本一致（图 4-64、图 4-65）。

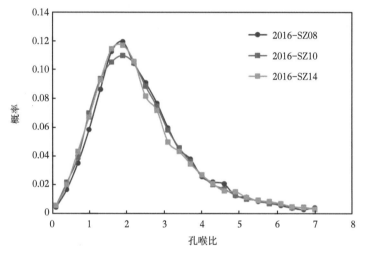

图 4-64　2016-SZ08、2016-SZ10 和 2016-SZ14 数字岩心孔喉比分布

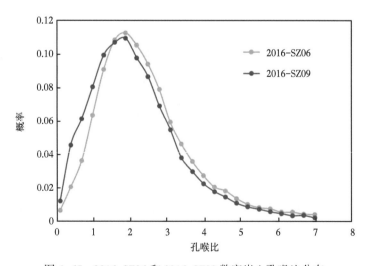

图 4-65　2016-SZ06 和 2016-SZ09 数字岩心孔喉比分布

求取所有岩心孔喉比的算术平均值，得到平均孔喉比与孔隙度和渗透率的关系曲线，如图 4-66 和图 4-67 所示，发现平均孔喉比同孔隙度和渗透率并没有太好的相关性。结合孔喉比分布分析，说明百 21 井区储层岩石的孔喉比对渗透率的影响比较小。

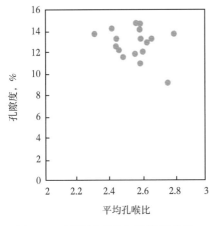

图 4-66　平均孔喉比与孔隙度关系

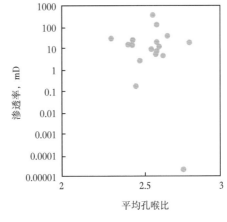

图 4-67　平均孔喉比与渗透率关系

（4）配位数分布特征。

测量的数字岩心配位数总体上分布较窄，峰位为 0~4，峰值为 0.2~0.27，分布差距较小，没有比较明显的规律，如图 4-68 所示。渗透率大的岩心，配位数分布较宽；渗透率小的岩心，分布较窄。渗透率相近的岩心配位数分布相似（图 4-69、图 4-70）。

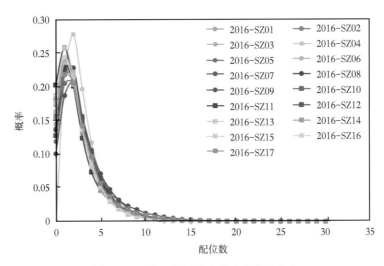

图 4-68　百 21 井区数字岩心配位数分布

求取所有岩心配位数的算术平均值，得到平均配位数值与孔隙度和渗透率的关系曲线，如图 4-71 和图 4-72 所示，平均配位数与孔隙度的关系不明显，总体上有一个正相关的趋势，与渗透率的关系也不明显。平均配位数与孔隙度和渗透率的拟合关系均较差。结合配位数分布分析，说明百 21 井区储层岩石的配位数对渗透率的影响比较小。

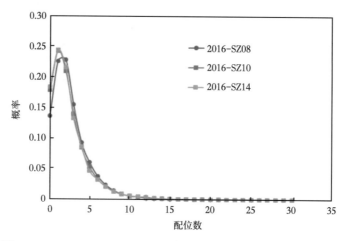

图 4-69　2016-SZ08、2016-SZ10 和 2016-SZ14 数字岩心配位数分布

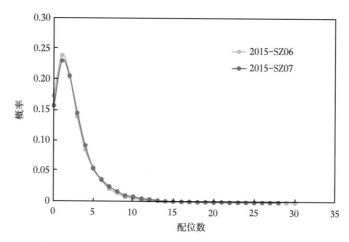

图 4-70　2016-SZ06 和 2016-SZ07 数字岩心配位数分布

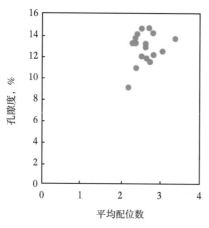

图 4-71　平均配位数与孔隙度关系

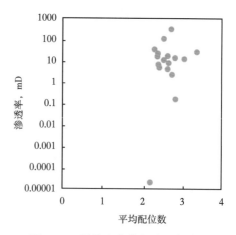

图 4-72　平均配位数与渗透率关系

（5）孔隙长度分布特征。

基于数字岩心和孔隙网络模型，计算了岩心的孔隙长度分布（图4-73），发现其具有明显的规律。峰位为0~20μm，峰值为0.1~0.48。渗透率低的岩心，孔隙长度分布峰位低，峰值高，且集中于较小长度处；渗透率高的岩心，峰位高，峰值低。而相同渗透率下，岩性不同对岩心孔隙长度的分布也会造成一定的影响（图4-74、图4-75），岩性越粗糙，分布范围越宽，峰位越大，峰值越低；当岩性差距越大时，其分布差距越明显。

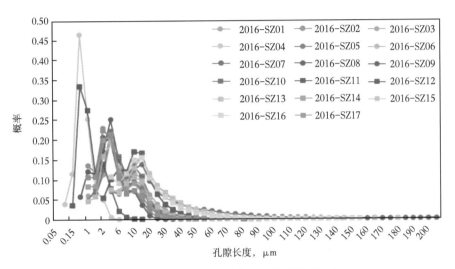

图4-73 百21井区数字岩心孔隙长度分布

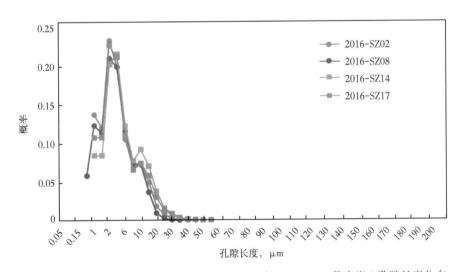

图4-74 2016-SZ02、2016-SZ08、2016-SZ14和2016-SZ17数字岩心孔隙长度分布

求取所有岩心孔隙长度的算术平均值，得到平均孔隙长度与孔隙度和渗透率的关系曲线，如图4-76和图4-77所示。

平均孔隙长度与孔隙度的关系为：

$$\phi = 10.52 L_p^{0.0933} \qquad (R^2 = 0.543) \qquad (4\text{-}34)$$

平均孔隙长度与渗透率的关系为：

$$K = 0.0061 L_p^{3.387} \qquad (R^2 = 0.796) \qquad (4-35)$$

平均孔隙长度与孔隙度和渗透率的拟合关系均较好。结合孔隙长度分布分析，说明百21井区储层岩石的孔隙长度和渗透率有比较好的相关性。

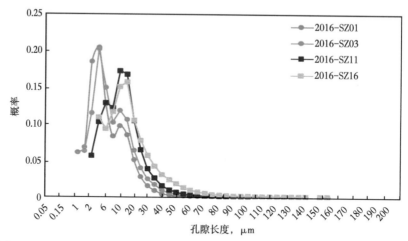

图4-75 2016-SZ01、2016-SZ03、2016-SZ11和2016-SZ16数字岩心孔隙长度分布

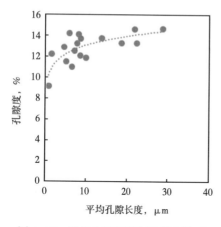

图4-76 平均孔隙长度与孔隙度关系

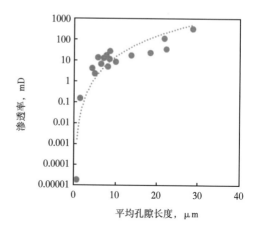

图4-77 平均孔隙长度与渗透率关系

（6）喉道长度分布特征。

基于数字岩心和孔隙网络模型，对岩心的喉道长度分布也进行了统计，其具体分布如图4-78所示，峰位为0~25μm，峰值为0.08~0.48。其分布规律同孔隙长度的分布规律类似，渗透率低的岩心，喉道长度分布峰位低，峰值高，且集中于较小长度处；渗透率高的岩心，峰位高，峰值低。而相同渗透率下，岩性对岩心喉道长度的分布也会造成一定的影响（图4-79、图4-80），岩性越粗糙，分布范围越宽，峰位越大，峰值越低；当岩性差距越大时，其分布差距越明显。

求取所有岩心喉道长度的算术平均值，得到平均喉道长度与孔隙度和渗透率的关系曲线，如图4-81和图4-82所示。

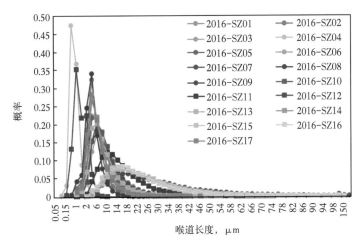

图 4-78 数字岩心喉道长度分布

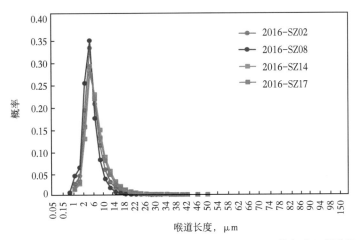

图 4-79 2016-SZ02、2016-SZ08、2016-SZ14 和 2016-SZ17 数字岩心喉道长度分布

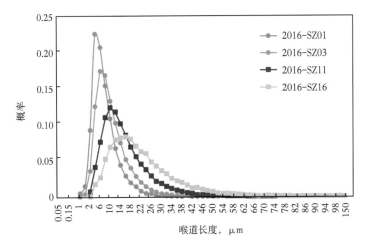

图 4-80 2016-SZ01、2016-SZ03、2016-SZ11 和 2016-SZ16 数字岩心喉道长度分布

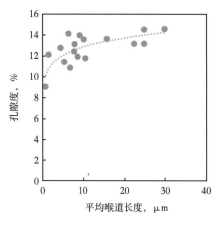

图 4-81 平均喉道长度与孔隙度关系

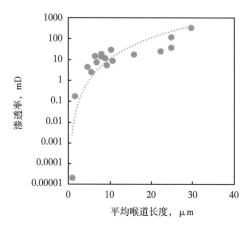

图 4-82 平均喉道长度与渗透率关系

平均喉道长度与孔隙度的关系为：

$$\phi = 10.435 L_t^{0.0933} \qquad (R^2 = 0.551) \tag{4-36}$$

平均喉道长度与渗透率的关系为：

$$K = 0.0052 L_t^{3.326} \qquad (R^2 = 0.779) \tag{4-37}$$

平均喉道长度与孔隙度和渗透率的拟合关系均较好。结合喉道长度分布分析，说明百21 井区储层岩石的喉道长度和渗透率有比较好的相关性。

（7）孔喉总长度分布特征。

孔喉总长度分布如图 4-83 所示，峰位为 $0\sim45\mu m$，峰值为 $0.06\sim0.71$。

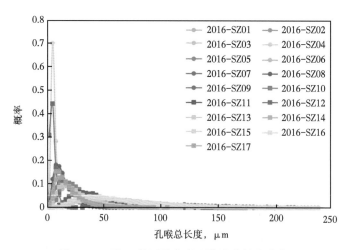

图 4-83 百 21 井区数字岩心孔喉总长度分布

孔喉总长度分布规律是渗透率低的岩心，孔喉总长度分布峰位低，峰值高，且集中于较小长度处；渗透率高的岩心，峰位高，峰值低。而相同渗透率下，岩性对岩心孔喉总长度的分布也会造成一定的影响（图 4-84、图 4-85），岩性越粗糙，分布范围越宽，峰位

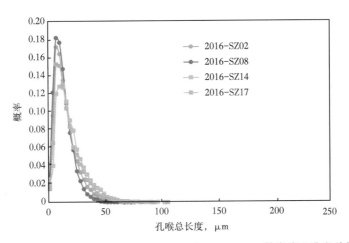

图 4-84　2016-SZ02、2016-SZ08、2016-SZ14 和 2016-SZ17 数字岩心孔喉总长度分布

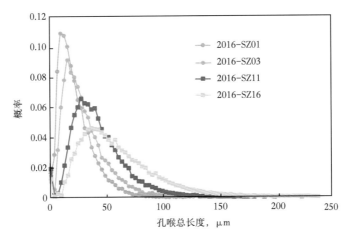

图 4-85　2016-SZ01、2016-SZ03、2016-SZ11 和 2016-SZ16 数字岩心孔喉总长度分布

越大，峰值越低；当岩性差距越大时，其分布差距越明显。求取所有岩心孔喉总长度的算术平均值，得到平均孔喉总长度与孔隙度和渗透率的关系，如图 4-86 和图 4-87 所示。

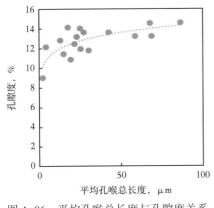

图 4-86　平均孔喉总长度与孔隙度关系

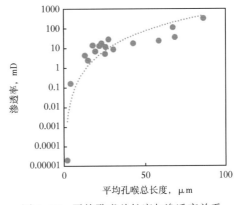

图 4-87　平均孔喉总长度与渗透率关系

平均孔喉总长度与孔隙度的关系为：

$$\phi = 9.472L_t^{0.0934} \qquad (R^2 = 0.546) \qquad (4-38)$$

平均孔喉总长度与渗透率的关系为：

$$K = 0.0001L_t^{3.3681} \qquad (R^2 = 0.791) \qquad (4-39)$$

平均孔喉总长度与孔隙度和渗透率的拟合关系均较好。结合孔喉总长度分布分析，说明百21井区储层岩石的孔喉总长度和渗透率有比较好的相关性。

（8）形状因子分布特征。

基于数字岩心和最大球孔隙网络模型，分别统计了孔隙和喉道的形状因子，其中孔隙形状因子的分布如图4-88所示，喉道形状因子的分布如图4-89所示。由图4-88和图4-89可见，孔隙形状因子的分布峰位为0.02~0.03，峰值为0.2附近；喉道形状因子的分布峰位集中在0.25附近，峰值集中在0.12附近。

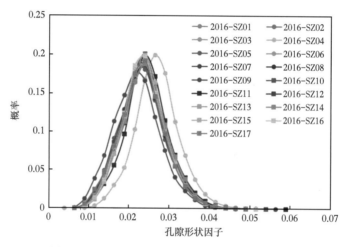

图4-88　百21井区数字岩心孔隙形状因子分布

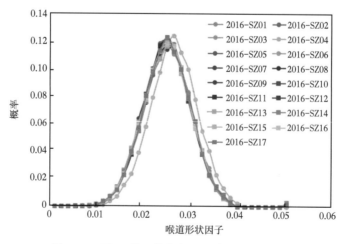

图4-89　百21井区数字岩心喉道形状因子分布

除个别岩心外，孔隙形状因子的分布差异较小，基本重合。而喉道形状因子的分布曲线基本上重叠在一起，说明孔隙形状因子和喉道形状因子对百 21 井区储层岩石渗透率的影响不大。

3）基于数字岩心分析的百 21 井区典型岩心微观孔隙结构参数与孔渗关系统计

通过数字岩心微观孔隙结构参数与孔隙度和渗透率之间关系的研究，统计了各微观孔隙结构参数的变化范围以及同孔隙度和渗透率的相关关系，见表 4-8 和表 4-9。

表 4-8　数字岩心微观孔隙结构参数与孔隙度和渗透率的关系

微观孔隙结构参数（平均值）	孔隙度		渗透率	
	相关关系	相关系数	相关关系	相关系数
孔隙半径	$\phi = 11.918 R_\mathrm{p}^{0.091}$	$R^2 = 0.526$	$K = 0.5821 R_\mathrm{p}^{3.251}$	$R^2 = 0.754$
喉道半径	$\phi = 12.574 R_\mathrm{t}^{0.09}$	$R^2 = 0.525$	$K = 3.974 R_\mathrm{t}^{3.245}$	$R^2 = 0.755$
孔喉比	—	—	—	—
配位数	—	—	—	—
孔隙长度	$\phi = 10.52 L_\mathrm{p}^{0.0933}$	$R^2 = 0.543$	$K = 0.0061 L_\mathrm{p}^{3.387}$	$R^2 = 0.796$
喉道长度	$\phi = 10.435 L_\mathrm{t}^{0.0933}$	$R^2 = 0.551$	$K = 0.0052 L_\mathrm{t}^{3.326}$	$R^2 = 0.779$
孔喉总长度	$\phi = 9.472 L^{0.0934}$	$R^2 = 0.546$	$K = 0.0001 L_\mathrm{t}^{3.3681}$	$R^2 = 0.791$
孔隙形状因子	—	—	—	—
喉道形状因子	—	—	—	—

表 4-9　数字岩心微观孔隙结构参数范围以及与孔隙度和渗透率的相关性

微观孔隙结构参数（平均值）	上限值	下限值	特征参数与孔隙度相关性	特征参数与渗透率相关性
孔隙半径，μm	7.25	0.20	正相关	正相关
喉道半径，μm	4.09	0.11	正相关	正相关
孔喉比	3.38	2.19	无	无
配位数	2.81	2.31	无	无
孔隙长度，μm	28.64	0.68	正相关	正相关
喉道长度，μm	29.53	0.76	正相关	正相关
孔喉总长度，μm	86.06	2.10	正相关	正相关
孔隙形状因子	0.0246	0.0221	无	无
喉道形状因子	0.0251	0.0249	无	无

结合表 4-8 与表 4-9 可知，与数字岩心孔隙度相关性较好的微观孔隙结构参数有孔隙半径、喉道半径、孔隙长度、喉道长度和孔喉总长度，相关系数均在 0.52 以上，相关性最好的是喉道长度，相关系数为 0.551；与渗透率相关性较好的微观孔隙结构参数有孔隙半径、喉道半径、孔隙长度、喉道长度、孔喉总长度和孔隙形状因子，相关系数均在 0.75 以上，相关性最好的是孔隙长度，相关系数为 0.796。

4）小结

在百 21 井区岩样的 17 块数字岩心基础上，基于最大球孔隙网络模型和逾渗理论，分别测量和统计了选样岩心的孔隙度、渗透率，数字岩心的孔隙度、渗透率以及孔隙半径、喉道半径、孔喉比和配位数等微观孔隙结构参数，并且分析了这些微观孔隙结构参数与孔隙度、渗透率的关系，取得以下认识。

（1）百21井区数字岩心的渗透率随孔隙度呈指数函数单调增加，二者的相关性较好，相关系数为0.682；不同岩性的岩石渗透率随孔隙度的变化差异不明显。百21井区岩石的渗透率与孔隙度的相关性没有八区530井区的好。

（2）百21井区数字岩心的平均孔隙半径为0.20~7.25μm，平均喉道半径为0.11~4.09μm，平均配位数为2.19~3.38，平均孔隙长度为0.68~28.64μm，平均喉道长度为0.76~29.53μm，平均孔喉总长度为2.10~86.06μm。与八区530井区岩石的微观孔隙结构参数相比，百21井区的孔喉半径和配位数小，孔喉长度大，表明百21井区岩石的孔隙结构较差。

（3）与孔隙度相关性较好的微观孔隙结构参数有孔隙半径、喉道半径、孔隙长度、喉道长度和孔喉总长度，相关系数均在0.5以上，相关性最好的是喉道长度，相关系数为0.551。与渗透率相关性较好的微观孔隙结构参数有孔隙半径、喉道半径、孔隙长度、喉道长度和孔喉总长度，相关系数均在0.7以上，相关性最好的是孔隙长度，相关系数为0.796。百21井区岩石的微观孔隙结构参数与渗透率、孔隙度的相关性也没有八区530井区的好。

二、典型多尺度岩心的微观孔隙结构分析

1. 典型多尺度数字岩心微观孔隙结构参数分析

在第3章所构建的多尺度数字岩心基础上，为了方便进一步分析多尺度数字岩心中不同尺度结构的差异，根据最大球算法理论编写了MATLAB程序，计算了数字岩心的微观孔隙结构参数。在此基础上，统计所建立的玛18井区砂砾岩储层岩石的14个多尺度数字岩心相关参数信息。

1）典型多尺度数字岩心微观孔隙结构参数统计

表4-10给出了平均孔喉半径在不同范围内的统计，表4-11分别统计了不同岩性和不同层位岩石的比例以及平均孔喉半径的平均值，表4-12给出了14个多尺度数字岩心微观孔隙结构参数的最大值、最小值以及算术平均值。

表4-10　砂砾岩储层岩石平均孔喉半径分布范围的数字岩心统计

类别		平均孔喉半径分布范围及数量						
		0~0.5μm	0.4~1μm	1~1.5μm	1.4~2μm	2~2.5μm	2.4~3μm	5.4~6μm
总体		2	3	4	1	2	1	1
含砾砂岩	含砾粗砂岩	2	1	1	1	1	1	1
砾岩	大—中砾岩	0	0	1	0	0	0	0
	泥质大—中砾岩	0	0	1	0	0	0	0
	泥质细砾岩	0	0	0	0	1	0	0
	砂质细砾岩	0	1	0	0	0	0	0
	细砾岩	0	1	0	0	0	0	0
	小—中砾岩	0	0	1	0	0	0	0
层位	T_1b_1层	0	0	1	1	2	0	1
	T_1b_2层	0	3	3	0	0	1	0
	T_2k_2层	2	0	0	0	0	0	0

表 4-11 不同岩性和不同层位岩石的平均孔喉半径的平均值

类别	岩性或层位	平均孔喉半径平均值，μm	比例，%
含砾砂岩	含砾粗砂岩	1.95	57.4
砾岩	大—中砾岩	1.37	7.1
	泥质大—中砾岩	1.20	7.1
	泥质细砾岩	2.28	7.1
	砂质细砾岩	0.58	7.1
	细砾岩	0.73	7.1
	小—中砾岩	1.16	7.1
层位	T_1b_1	2.70	35.7
	T_1b_2	1.26	50.0
	T_2k_2	0.31	14.3

表 4-12 14 块数字岩心的微观孔隙结构参数统计

岩心		2017-MC01	2017-MC02	2017-MC03	2017-MC04	2017-MC05	2017-MC06	2017-MC07
孔隙数目		95342	77581	15107	75928	128464	77000	238800
喉道数目		70672	63783	17228	54994	80027	50321	485219
孔隙半径 μm	最大值	2.12	4.28	2.96	3.13	2.92	1.10	0.97
	最小值	0.01	0.01	0.02	0.01	0.01	0.001	0.001
	平均值	0.09	0.09	0.43	0.19	0.17	0.03	0.03
喉道半径 μm	最大值	2.08	3.09	1.98	2.09	2.51	0.62	0.49
	最小值	0.01	0.01	0.02	0.01	0.01	0.001	0.001
	平均值	0.05	0.05	0.24	0.11	0.09	0.02	0.02
配位数	最大值	113	107	25	78	57	158	227
	最小值	0	0	0	0	0	0	0
	平均值	1.46	1.62	2.24	1.43	1.23	1.29	4.05
孔喉比	最大值	43.10	53.76	26.52	49.26	70.37	43.70	88.00
	最小值	0.11	0.10	0.12	0.10	0.09	0.10	0.10
	平均值	2.78	2.78	2.61	2.81	2.98	2.81	2.09
孔隙形状因子	最大值	0.0795	0.0882	0.0755	0.0795	0.0717	0.0851	0.0724
	最小值	0.0094	0.0087	0.0101	0.0104	0.0088	0.0079	0.0068
	平均值	0.0319	0.0323	0.0305	0.0320	0.0325	0.0320	0.0272
喉道形状因子	最大值	0.0625	0.0625	0.0625	0.0625	0.0625	0.0625	0.0625
	最小值	0.0029	0.0040	0.0064	0.0040	0.0015	0.0064	0.0019
	平均值	0.0313	0.0313	0.0313	0.0313	0.0313	0.0312	0.0313
孔隙长度 μm	最大值	11.50	17.74	13.76	19.52	20.52	5.27	4.08
	最小值	0.05	0.05	0.20	0.10	0.10	0.02	0.03
	平均值	0.34	0.34	1.58	0.69	0.62	0.14	0.10

岩心		2017-MC01	2017-MC02	2017-MC03	2017-MC04	2017-MC05	2017-MC06	2017-MC07
喉道长度 μm	最大值	6.26	7.01	12.16	14.90	8.54	4.77	2.77
	最小值	0.04	0.04	0.17	0.10	0.08	0.02	0.02
	平均值	0.37	0.37	1.68	0.76	0.66	0.15	0.15
孔喉 总长度 μm	最大值	13.49	21.52	35.05	31.77	27.13	10.00	5.04
	最小值	0.05	0.05	0.20	0.14	0.10	0.02	0.03
	平均值	1.05	1.05	4.79	2.13	1.89	0.43	0.34
孔隙体积 μm³	最大值	432	2147	1791	1849	1010	76	22
	最小值	0.00125	0.00113	0.06400	0.01000	0.01000	0.00008	0.00013
	平均值	0.12120	0.15712	10.3659	1.03561	0.64751	0.01051	0.00557
喉道体积 μm³	最大值	21	84	97	84	75	2	1
	最小值	0.00013	0.00013	0.00800	0.00100	0.00100	0.00001	0.00002
	平均值	0.01635	0.01609	1.25278	0.15173	0.09719	0.00124	0.00030

岩心		2017-MC08	2017-MC09	2017-MC10	2017-MC11	2017-MC12	2017-MC13	2017-MC14
孔隙数目		72824	58057	74691	211418	76898	132364	534144
喉道数目		50801	33105	87302	233603	55214	67141	729472
孔隙半径 μm	最大值	3.79	5.07	6.21	7.04	7.40	5.09	70.23
	最小值	0.01	0.01	0.02	0.01	0.01	0.01	0.02
	平均值	0.19	0.17	0.38	0.13	0.19	0.16	0.29
喉道半径 μm	最大值	2.64	3.10	2.94	5.37	3.88	4.99	42.37
	最小值	0.01	0.01	0.02	0.01	0.01	0.01	0.02
	平均值	0.11	0.10	0.22	0.07	0.10	0.09	0.16
配位数	最大值	79	69	94	683	232	95	66
	最小值	0	0	0	0	0	0	0
	平均值	1.37	1.12	2.31	2.20	1.42	1.00	2.68
孔喉比	最大值	64.61	82.90	47.87	63.45	43.01	81.31	28.73
	最小值	0.10	0.11	0.11	0.10	0.10	0.08	0.11
	平均值	2.88	2.86	2.55	2.36	2.89	3.05	2.48
孔隙形状 因子	最大值	0.0711	0.0704	0.0826	0.0635	0.0795	0.0820	0.0712
	最小值	0.0112	0.0098	0.0091	0.0088	0.0112	0.0116	0.0109
	平均值	0.0323	0.0322	0.0297	0.0291	0.0316	0.0325	0.0305
喉道形状 因子	最大值	0.0625	0.0625	0.0625	0.0625	0.0625	0.0625	0.0625
	最小值	0.0039	0.0024	0.0029	0.0017	0.0050	0.0067	0.0044
	平均值	0.0313	0.0313	0.0313	0.0313	0.0313	0.0313	0.0312
孔隙长度 μm	最大值	18.99	19.24	35.09	31.55	36.17	20.31	131.35
	最小值	0.10	0.10	0.20	0.10	0.10	0.10	0.19
	平均值	0.77	0.69	1.24	0.51	0.72	0.60	1.05

续表

岩心		2017-MC08	2017-MC09	2017-MC10	2017-MC11	2017-MC12	2017-MC13	2017-MC14
喉道长度 μm	最大值	15.78	15.18	25.43	20.40	23.32	14.62	144.36
	最小值	0.08	0.08	0.20	0.08	0.10	0.10	0.16
	平均值	0.77	0.72	1.47	0.61	0.73	0.62	1.24
孔喉 总长度 μm	最大值	30.99	35.63	54.23	39.44	47.08	36.16	70.25
	最小值	0.14	0.14	0.28	0.10	0.17	0.14	0.32
	平均值	2.29	2.07	3.93	1.61	2.16	1.81	6.13
孔隙体积 μm³	最大值	2742	3744	8532	13697	14356	3841	8953019
	最小值	0.01000	0.00800	0.07200	0.00800	0.01100	0.00900	0.05908
	平均值	1.35323	1.61080	7.08376	0.51107	1.21087	0.75297	5.25064
喉道体积 μm³	最大值	95	237	397	281	313	207	1443278
	最小值	0.00100	0.00100	0.00800	0.00100	0.00100	0.00100	0.00656
	平均值	0.19097	0.21565	0.75960	0.04240	0.13375	0.09616	0.40477

表 4-13 给出了数字岩心的孔隙度及对应的实验渗透率。为了进一步分析砂砾岩数字岩心的多尺度孔隙结构特征，根据压汞数据，将孔喉半径等级 C 分为 6 个尺度：等级 1 为 $C1 \leqslant 0.278\mu m$，等级 2 为 $0.278\mu m < C2 \leqslant 0.575\mu m$，等级 3 为 $0.575\mu m < C3 \leqslant 1.149\mu m$，等级 4 为 $1.149\mu m < C4 \leqslant 9.195\mu m$，等级 5 为 $9.195\mu m < C5 \leqslant 18.39\mu m$，等级 6 为 $C6 > 18.39\mu m$。在 6 个尺度等级下分别统计数字岩心孔隙结构参数，结果见表 4-14。

表 4-13　数字岩心的孔隙度及对应实验渗透率

序号	岩心	孔隙度，%	渗透率，mD
1	2017-MC01	10.22	0.279
2	2017-MC02	10.61	5.22
3	2017-MC03	10.34	0.503
4	2017-MC04	8.74	1.63
5	2017-MC05	9.21	6.97
6	2017-MC06	10.94	0.415
7	2017-MC07	9.52	0.174
8	2017-MC08	10.86	2.87
9	2017-MC09	10.10	6.94
10	2017-MC10	7.47	2.44
11	2017-MC11	11.94	1.16
12	2017-MC12	10.09	10.7
13	2017-MC13	10.73	37.6
14	2017-MC14	10.52	20.9

表4-14 不同孔喉半径等级下岩心参数统计

岩心	孔喉半径等级	孔隙频率	喉道频率	孔喉占总孔喉体积百分比,%	孔隙占总孔隙体积百分比,%	喉道占总孔隙体积百分比,%	平均孔喉半径μm	平均孔隙半径μm	平均喉道半径μm	平均配位数	平均孔喉比	平均孔隙形状因子	平均喉道形状因子	平均孔隙长度μm	平均喉道长度μm	平均孔喉总长度μm
2017-MC01	C1	0.98	0.99	41.83	34.75	7.08	0.15	0.16	0.11	1.35	2.76	0.03	0.03	0.17	0.18	1.04
	C2	0.02	0.01	29.31	27.98	1.32	0.41	0.42	0.40	6.59	3.56	0.02	0.03	0.20	0.80	2.78
	C3	0	0	10.78	10.33	0.44	0.82	0.82	0.76	14.06	5.84	0.02	0.03	0.14	1.64	5.32
	C4	0	0	18.09	17.84	0.25	1.71	1.72	1.43	38.17	13.94	0.02	0.03	0.09	2.39	4.09
	C5	0	0	0	0	0	0	0	0	0	0	0	0	0	0	0
	C6	0	0	0	0	0	0	0	0	0	0	0	0	0	0	0
2017-MC02	C1	0.98	1.00	36.62	30.98	5.63	0.16	0.17	0.11	1.52	2.74	0.03	0.03	0.15	0.16	1.04
	C2	0.02	0	16.48	16.04	0.44	0.38	0.38	0.41	6.88	4.20	0.02	0.03	0.21	0.64	2.17
	C3	0	0	3.65	3.37	0.27	0.90	0.89	0.97	13.67	7.21	0.03	0.03	0.26	1.67	7.58
	C4	0	0	43.25	41.84	1.42	3.01	3.06	1.50	39.72	17.42	0.03	0.03	0.16	2.78	8.14
	C5	0	0	0	0	0	0	0	0	0	0	0	0	0	0	0
	C6	0	0	0	0	0	0	0	0	0	0	0	0	0	0	0
2017-MC03	C1	0.41	0.71	5.84	2.45	3.39	0.18	0.20	0.17	1.17	1.92	0.03	0.03	0.49	0.64	4.43
	C2	0.36	0.22	13.28	9.06	4.22	0.44	0.45	0.43	2.06	2.81	0.03	0.03	0.67	1.10	5.40
	C3	0.19	0.06	34.86	31.25	3.61	0.87	0.88	0.81	3.84	3.03	0.03	0.03	0.85	1.72	6.64
	C4	0.04	0	46.02	45.13	0.89	1.71	1.72	1.40	7.14	3.82	0.02	0.03	0.79	2.45	7.45
	C5	0	0	0	0	0	0	0	0	0	0	0	0	0	0	0
	C6	0	0	0	0	0	0	0	0	0	0	0	0	0	0	0
2017-MC04	C1	0.84	0.94	19.78	14.70	5.07	0.18	0.20	0.15	1.09	2.63	0.03	0.03	0.32	0.34	2.02
	C2	0.14	0.05	27.31	24.53	2.78	0.42	0.42	0.40	2.61	3.50	0.03	0.03	0.57	0.93	3.75
	C3	0.02	0	30.38	29.08	1.30	0.81	0.81	0.82	5.81	3.57	0.03	0.03	0.47	1.56	5.49
	C4	0	0	22.53	22.09	0.44	2.26	2.27	1.73	14.11	8.76	0.03	0.03	0.53	3.53	9.69
	C5	0	0	0	0	0	0	0	0	0	0	0	0	0	0	0
	C6	0	0	0	0	0	0	0	0	0	0	0	0	0	0	0

续表

岩心	孔喉半径等级	孔隙频率	喉道频率	孔喉占总孔喉体积百分比,%	孔隙占总孔隙体积百分比,%	喉道占总孔隙体积百分比,%	平均孔喉半径 μm	平均孔隙半径 μm	平均喉道半径 μm	平均配位数	平均孔喉比	平均孔隙形状因子	平均喉道形状因子	平均孔隙长度 μm	平均喉道长度 μm	平均孔喉总长度 μm
2017-MC05	C1	0.88	0.97	26.70	21.16	5.55	0.18	0.19	0.14	0.97	2.72	0.03	0.03	0.30	0.29	1.85
	C2	0.10	0.03	28.06	26.18	1.88	0.42	0.42	0.39	2.75	3.96	0.03	0.03	0.52	0.82	3.01
	C3	0.01	0	26.19	25.19	0.99	0.83	0.83	0.87	5.64	5.46	0.03	0.03	0.61	1.54	4.90
	C4	0	0	19.05	18.92	0.13	1.85	1.85	1.65	13.25	10.06	0.03	0.03	0.54	2.08	5.52
	C5	0	0	0	0	0	0	0	0	0	0	0	0	0	0	0
	C6	0	0	0	0	0	0	0	0	0	0	0	0	0	0	0
2017-MC06	C1	1.00	1.00	49.15	42.53	6.62	0.12	0.12	0.09	1.26	2.83	0.03	0.03	0.07	0.07	0.43
	C2	0	0	24.91	24.53	0.38	0.40	0.40	0.40	14.31	5.60	0.02	0.03	0.06	0.58	2.45
	C3	0	0	25.94	25.76	0.19	0.91	0.91	0.62	66.40	17.70	0.02	0.06	0.03	0.94	2.26
	C4	0	0	0	0	0	0	0	0	0	0	0	0	0	0	0
	C5	0	0	0	0	0	0	0	0	0	0	0	0	0	0	0
	C6	0	0	0	0	0	0	0	0	0	0	0	0	0	0	0
2017-MC07	C1	1.00	1.00	59.76	50.18	9.59	0.08	0.09	0.06	4.02	2.08	0.03	0.03	0.03	0.07	0.34
	C2	0	0	34.13	33.80	0.33	0.42	0.42	0.34	30.43	13.71	0.02	0.03	0.06	0.56	1.25
	C3	0	0	6.10	6.10	0	0.73	0.73	0	94.33	29.60	0.02	0.03	0.02	0	0
	C4	0	0	0	0	0	0	0	0	0	0	0	0	0	0	0
	C5	0	0	0	0	0	0	0	0	0	0	0	0	0	0	0
	C6	0	0	0	0	0	0	0	0	0	0	0	0	0	0	0
2017-MC08	C1	0.83	0.95	15.55	11.33	4.23	0.18	0.19	0.15	1.03	2.62	0.03	0.03	0.32	0.33	2.18
	C2	0.14	0.05	21.07	18.95	2.11	0.42	0.42	0.40	2.52	3.59	0.03	0.03	0.57	0.86	3.70
	C3	0.02	0.01	24.50	22.64	1.86	0.83	0.82	0.89	4.73	4.40	0.03	0.03	0.69	1.76	7.83
	C4	0	0	38.88	38.12	0.76	2.27	2.28	1.60	14.29	6.92	0.02	0.03	0.40	2.82	9.29
	C5	0	0	0	0	0	0	0	0	0	0	0	0	0	0	0
	C6	0	0	0	0	0	0	0	0	0	0	0	0	0	0	0

续表

岩心	孔喉半径等级	孔喉频率	喉道频率	孔喉占总孔喉体积百分比,%	孔隙占总孔隙体积百分比,%	喉道占总孔隙体积百分比,%	平均孔喉半径 μm	平均孔隙半径 μm	平均喉道半径 μm	平均配位数	平均孔喉比	平均孔隙形状因子	平均喉道形状因子	平均孔隙长度 μm	平均喉道长度 μm	平均孔喉总长度 μm
2017-MC09	C1	0.90	0.97	11.76	9.57	2.19	0.18	0.19	0.13	0.95	2.64	0.03	0.03	0.32	0.32	1.92
	C2	0.09	0.02	9.31	8.56	0.75	0.40	0.40	0.43	2.23	3.89	0.03	0.03	0.61	0.84	4.62
	C3	0.01	0.01	10.12	8.62	1.51	0.90	0.90	0.89	3.45	3.97	0.03	0.03	0.85	1.73	9.74
	C4	0	0	68.80	66.16	2.64	3.10	3.14	2.02	12.16	5.61	0.02	0.03	0.55	3.40	14.22
	C5	0	0	0	0	0	0	0	0	0	0	0	0	0	0	0
	C6	0	0	0	0	0	0	0	0	0	0	0	0	0	0	0
2017-MC10	C1	0.42	0.76	8.13	3.76	4.37	0.19	0.21	0.17	1.20	1.91	0.03	0.03	0.48	0.62	3.76
	C2	0.41	0.22	20.80	16.77	4.03	0.44	0.45	0.41	2.48	2.81	0.03	0.03	0.61	1.00	4.32
	C3	0.16	0.02	34.55	32.91	1.65	0.80	0.80	0.79	4.47	2.94	0.02	0.03	0.64	1.49	5.36
	C4	0.01	0	36.51	35.42	1.09	2.69	2.72	1.70	7.39	4.67	0.02	0.03	0.91	3.11	10.05
	C5	0	0	0	0	0	0	0	0	0	0	0	0	0	0	0
	C6	0	0	0	0	0	0	0	0	0	0	0	0	0	0	0
2017-MC11	C1	0.95	1.00	32.22	25.57	6.65	0.16	0.18	0.10	2.03	2.25	0.03	0.03	0.23	0.28	1.61
	C2	0.05	0	16.83	16.61	0.22	0.39	0.39	0.35	4.85	4.03	0.02	0.03	0.33	0.66	2.19
	C3	0	0	1.78	1.53	0.24	0.80	0.78	0.94	10.14	6.64	0.02	0.03	0.25	2.15	11.86
	C4	0	0	49.17	47.89	1.28	5.05	5.11	2.90	62.35	16.27	0.02	0.03	0.16	3.67	14.88
	C5	0	0	0	0	0	0	0	0	0	0	0	0	0	0	0
	C6	0	0	0	0	0	0	0	0	0	0	0	0	0	0	0
2017-MC12	C1	0.84	0.98	17.63	13.24	4.40	0.18	0.20	0.14	1.13	2.63	0.03	0.03	0.34	0.35	2.11
	C2	0.15	0.02	21.73	20.69	1.05	0.41	0.41	0.39	2.55	3.73	0.03	0.03	0.58	0.82	3.68
	C3	0.01	0	12.89	11.89	1.01	0.81	0.81	0.82	4.88	4.53	0.02	0.03	0.66	1.66	7.12
	C4	0	0	47.74	46.85	0.90	4.48	4.52	2.58	15.28	8.77	0.02	0.03	0.52	3.12	12.04
	C5	0	0	0	0	0	0	0	0	0	0	0	0	0	0	0
	C6	0	0	0	0	0	0	0	0	0	0	0	0	0	0	0

续表

岩心	孔喉半径等级	孔隙频率	喉道频率	孔喉占总孔隙体积百分比,%	孔隙占总孔隙体积百分比,%	喉道占总孔隙体积百分比,%	平均孔喉半径 μm	平均孔隙半径 μm	平均喉道半径 μm	平均配位数	平均孔喉比	平均孔隙形状因子	平均喉道形状因子	平均孔隙长度 μm	平均喉道长度 μm	平均孔喉总长度 μm
2017-MC13	C1	0.91	0.98	20.65	17.30	3.36	0.17	0.18	0.13	0.84	2.76	0.03	0.03	0.31	0.27	1.77
	C2	0.08	0.01	16.12	15.44	0.68	0.41	0.41	0.40	2.35	4.41	0.03	0.03	0.54	0.78	3.53
	C3	0.01	0	13.20	12.27	0.93	0.83	0.83	0.88	3.26	7.86	0.03	0.03	0.85	1.73	7.91
	C4	0	0	50.03	48.91	1.12	3.18	3.22	1.74	16.79	12.43	0.02	0.03	0.49	3.35	11.56
	C5	0	0	0	0	0	0	0	0	0	0	0	0	0	0	0
	C6	0	0	0	0	0	0	0	0	0	0	0	0	0	0	0
2017-MC14	C1	0.57	0.89	6.41	3.16	3.26	0.18	0.21	0.15	1.80	1.93	0.03	0.03	0.41	0.52	3.17
	C2	0.36	0.10	15.00	12.65	2.36	0.42	0.42	0.40	3.48	3.10	0.03	0.03	0.45	0.92	4.12
	C3	0.06	0.01	17.96	16.64	1.32	0.84	0.85	0.70	5.45	3.22	0.03	0.03	0.57	1.40	5.32
	C4	0	0	51.96	49.36	2.60	4.45	4.56	2.29	14.18	7.22	0.02	0.03	0.54	3.36	12.92
	C5	0	0	1.80	1.51	0.29	10.85	11.57	5.47	22.11	17.22	0.02	0.03	2.47	5.71	4.46
	C6	0	0	6.07	5.77	0.30	50.48	52.55	27.57	45.78	24.49	0.03	0.03	9.15	18.17	17.43

2）典型多尺度数字岩心的平均孔喉半径的分析

根据表 4-10 作图 4-90，可以看出，玛 18 井区砂砾岩储层 14 块典型岩心的平均孔喉半径全在 6μm 以下；2μm 以下居多，占 71.43%；不同岩性、不同层位岩石的平均孔喉半径分布具有明显不同的特征。

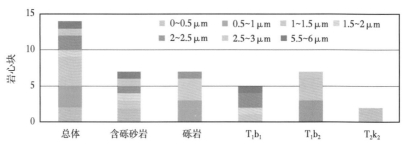

图 4-90　不同数字岩心的平均孔喉半径总体分布

（1）平均孔喉半径的岩性分布特征。

14 块岩心的岩性分为含砾砂岩和砾岩两大类，含砾砂岩中只有含砾粗砂岩，而砾岩中包含大中砾岩、泥质大中砾岩、泥质细砂岩、砂质细砂岩、细砾岩和小中砾岩。含砾粗砂岩的平均孔喉半径分布范围较广，分布在 0.2~6.0μm 之间，说明各含砾粗砂岩之间平均孔喉半径跨度较大，也在一定程度上说明各含砾粗砂岩之间孔隙结构差异较大。砾岩种类较多，整体平均孔喉半径分布在 0.5~2.5μm 之间，分布范围相对较窄，并且各类砾岩的分布分别只有一个范围，说明砾岩之间平均孔喉半径跨度较小，也在一定程度上说明砾岩之间孔隙结构差异较小。

（2）平均孔喉半径的层位分布特征。

玛 18 井区砂砾岩储层主要分为 T_1b_1 层、T_1b_2 层和 T_2k_2 层 3 个层位。T_1b_1 层和 T_1b_2 层的平均孔喉半径分布范围较大，分别分布在 1~6μm 之间和 0.5~3μm 之间，T_2k_2 层只分布在 0.1~0.5μm 之间，说明 3 个层位中 T_1b_1 层平均孔喉半径最大，T_1b_2 层次之，T_2k_2 层平均孔喉半径最小，也在一定程度上说明了 T_1b_1 层和 T_1b_2 层岩石的孔隙结构变化较大，T_2k_2 层岩石的孔隙结构变化较小。

3）典型多尺度数字岩心的微观孔隙结构参数分析

（1）孔喉半径的多尺度特征分析。

①体积分布特征。

图 4-91 和图 4-92 分别给出了数字岩心的孔隙半径体积分布和喉道半径体积分布。从图 4-91 和图 4-92 可以看出，14 块数字岩心的孔隙半径体积分布整体以多峰分布为主，峰位为 0~10μm，峰值为 5%~45%；喉道半径体积分布峰位为 0~3μm，峰值为 1%~7%。渗透率低的岩心，孔隙半径和喉道半径的体积分布峰位均偏小，分布宽度略窄；渗透率高的岩心，分布峰位大，分布范围宽。不同岩性的岩石分布不同，含砾粗砂岩分布范围较广，多峰分布最明显；灰色细砾岩分布范围较窄，呈单峰分布，峰位偏小。

图 4-93 至图 4-95 分别为数字岩心不同孔喉半径等级范围内孔喉半径体积累积柱状图、孔隙半径累积体积柱状图和喉道半径体积累积柱状图。

从图 4-93 至图 4-95 中可以看出，整体上孔隙体积的占比较高，喉道体积的占比较

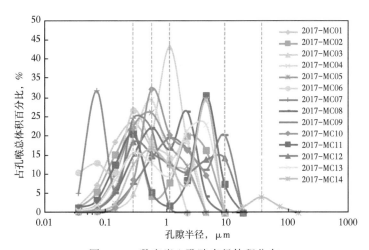

图 4-91　数字岩心孔隙半径体积分布

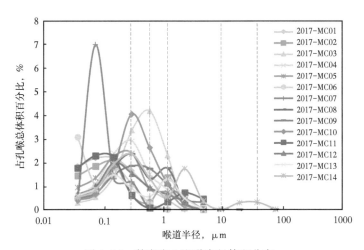

图 4-92　数字岩心喉道半径体积分布

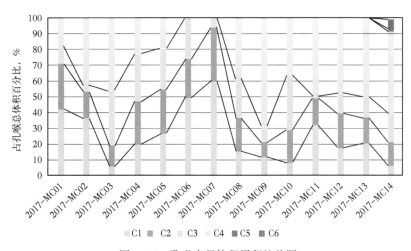

图 4-93　孔喉半径体积累积柱状图

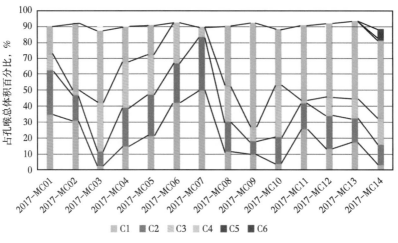

图 4-94　孔隙半径体积累积柱状图

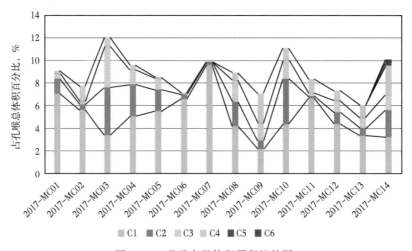

图 4-95　喉道半径体积累积柱状图

小。C1、C2、C3 和 C4 等级范围内的孔隙体积比例较高，占孔隙体积的 95% 以上，而 C1、C2 等级范围内喉道体积比例相对较高，占喉道体积的 76% 以上。不同等级的孔喉体积百分比分布越均匀，说明岩心孔隙结构越复杂；相反，不同等级孔喉体积百分比分布越集中，说明岩心的孔隙结构越简单。不同岩心在不同等级孔喉半径体积百分比分布不同，2017-MC06 和 2017-MC07 岩心的孔隙结构相对更简单；2017-MC14 相对更复杂。

图 4-96 至图 4-98 分别给出了 14 块数字岩心在不同半径等级下的平均孔喉半径柱状分布图、平均孔隙半径柱状分布图和平均喉道半径柱状分布图。从图 4-96 至图 4-98 中可以看出，不同岩心在 C1、C2、C3 等级下的平均孔喉半径差异不大，而在 C4、C5、C6 等级下的平均孔喉半径差异比较大，说明选样岩心在 C4、C5、C6 等级范围内孔喉结构差异较大。

②频率分布特征。

图 4-99 和图 4-100 分别为 14 块数字岩心孔隙半径频率分布和喉道半径频率分布。从

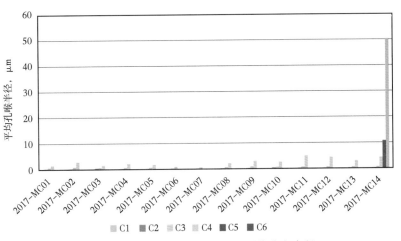

图 4-96 不同孔喉半径等级下的平均孔喉半径

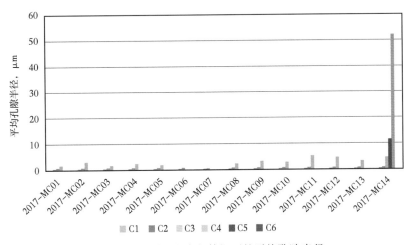

图 4-97 不同孔喉半径等级下的平均孔隙半径

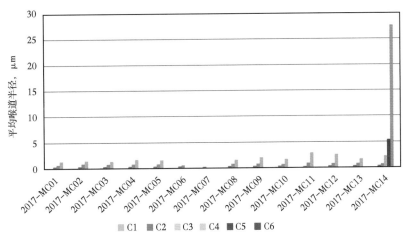

图 4-98 不同孔喉半径等级下的平均喉道半径

图4-99中可以看出，孔隙半径基本上呈单峰分布，峰位为0.01~1μm，峰值为0.1~0.16。渗透率越大，孔隙半径频率分布峰位相对也越大，即大孔隙相对更多，说明砂砾岩的孔隙半径对渗透率的影响比较大。从图4-100中可以看出，喉道半径基本上也呈单峰分布，峰位为0.01~0.5μm，峰值为0.1~0.16μm。渗透率越大，喉道半径频率分布峰位相对也越大，说明砂砾岩的喉道半径对渗透率的影响比较大。

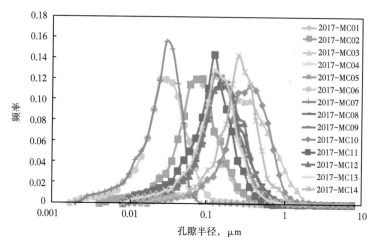

图4-99　孔隙半径频率分布

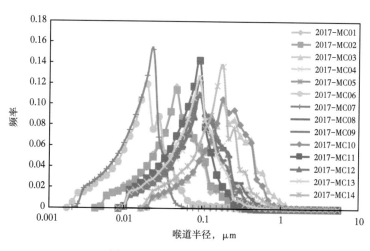

图4-100　喉道半径频率分布

图4-101和图4-102分别为数字岩心孔隙半径总体频率分布和喉道半径总体频率分布。图4-103和图4-104分别为数字岩心不同孔喉半径等级下孔隙半径频率累积柱状图和喉道半径频率累积柱状图。

从图4-101和图4-102中可以看出，14块数字岩心的孔隙半径频率主要集中在0.1~0.2μm之间，喉道频率主要集中在0.1μm附近。从图4-103和图4-104中可以看出，C1等级的孔隙数量占了绝大部分，占总孔隙数量的85%以上，其次C2、C3等级的亚微米级孔隙数量含量较高，占总孔隙数量的10%以上，其余等级的孔隙数量较少。而C1等级的

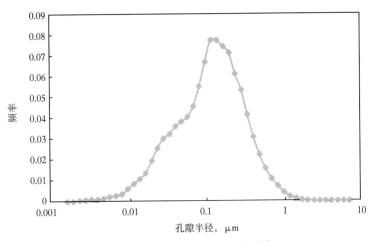

图 4-101 孔隙半径总体频率分布

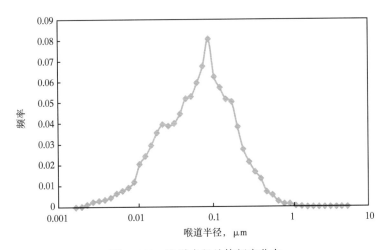

图 4-102 喉道半径总体频率分布

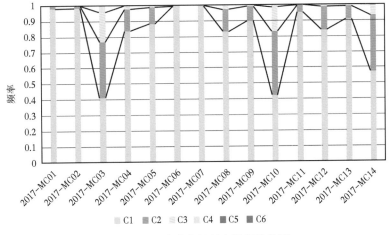

图 4-103 孔隙半径频率累积柱状图

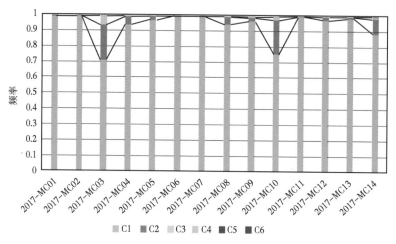

图 4-104　喉道半径频率累积柱状图

喉道数量占绝对优势，占总孔隙数量的 90% 以上，其次 C2 等级的喉道数量含量较高，占总孔隙数量的 5% 以上，其余等级的喉道数量较少。

（2）配位数的多尺度特征分析。

配位数是指单个孔隙所连通的喉道数，用来表示孔隙与喉道的相互配置关系。图 4-105 和图 4-106 分别为数字岩心配位数频率分布和 14 块数字岩心配位数总体频率分布。图 4-107 为数字岩心不同孔喉半径等级下的配位数平均值柱状分布。

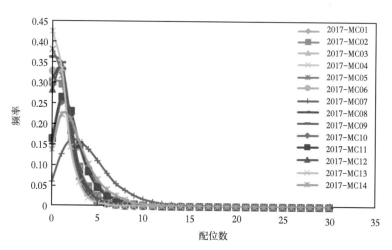

图 4-105　配位数频率分布

从图 4-105 可以看出，数字岩心配位数频率分布总体上较窄，峰位为 0~3，峰值为 0.15~0.43。渗透率大的岩心，配位数分布较宽，峰位较大，峰值较小；渗透率小的岩心，分布较窄，峰位较小，峰值较大。

从图 4-106 可以看出，14 块数字岩心配位数分布总体上呈单峰分布，配位数峰位为 1，峰值为 0.3 左右。配位数分布较窄，峰位较小，峰值大，说明 14 块数字岩心整体上连通性较差。

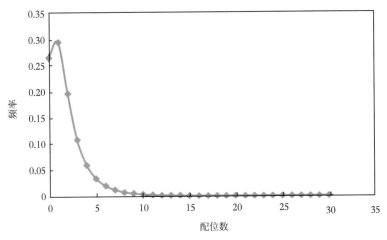

图 4-106 配位数总体频率分布

对比不同孔喉半径等级下岩心的平均配位数（图 4-107），可以发现同一个岩心的孔隙配位数平均值随着半径等级的增加而增大；整体来看，C1 等级的配位数平均值相对较小，C2、C3、C4、C5、C6 等级的配位数平均值相对较大。

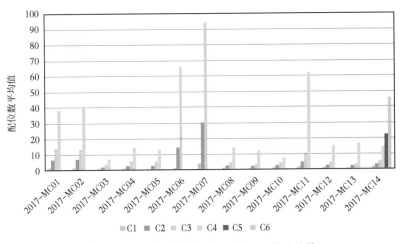

图 4-107 不同孔喉半径等级的配位数平均值

（3）孔喉比的多尺度特征分析。

孔喉比是指孔隙半径和与之连通的喉道半径之比，是反映孔隙与喉道交替变化的特征参数。图 4-108 和图 4-109 分别为数字岩心孔喉比频率分布和 14 块数字岩心孔喉比总体频率分布。图 4-110 为数字岩心不同孔喉半径等级下的孔喉比平均值柱状分布。

从图 4-108 中可以看出，14 块数字岩心的孔喉比分布峰位均在 2 附近，峰值为 10%～14%。渗透率大的岩心分布范围相对较窄，峰值略高；渗透率小的岩心分布范围相对较宽，峰值略低，分布总体上差距较小。从图 4-109 可以看出，14 块数字岩心的孔喉比集中在 2 附近。

对比不同孔喉半径等级下岩石的孔喉比平均值（图 4-110），可以发现整体上同一个

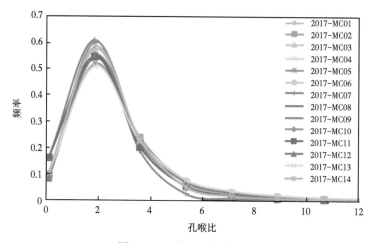

图 4-108 孔喉比频率分布

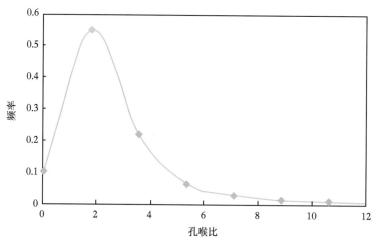

图 4-109 孔喉比总体频率分布

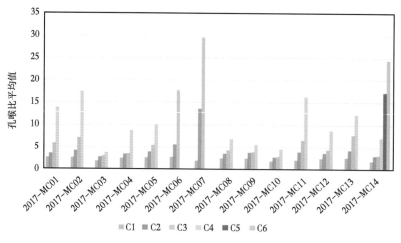

图 4-110 不同孔喉半径等级的孔喉比平均值

岩心的孔喉比随着半径等级的增加而增加，说明孔喉半径越大，孔隙和喉道之间的差异越明显。不同岩心相同等级下的孔喉比平均值差异较为明显，说明选样岩心之间孔喉结构差异明显。

（4）孔隙长度、喉道长度、孔喉总长度的多尺度特征分析。

图 4-111 至图 4-113 分别为孔隙长度频率分布、喉道长度频率分布和孔喉总长度频率分布。图 4-114 至图 4-116 分别为孔隙长度总体频率分布、喉道长度总体频率分布和孔喉总长度总体频率分布。

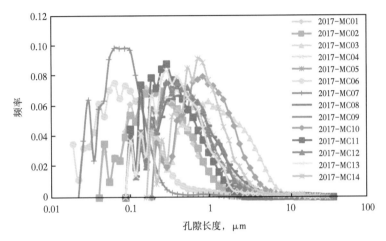

图 4-111　孔隙长度频率分布

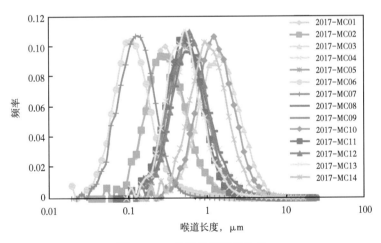

图 4-112　喉道长度频率分布

从图 4-111 至图 4-113 可以看出：孔隙长度频率分布峰位为 0.01~4μm，峰值为 0.04~0.1；喉道长度频率分布整体呈正态分布趋势，峰位为 0.08~3μm，峰值为 0.08~0.12，峰值相近；孔喉总长度频率分布整体呈正态分布，峰位为 0.1~10μm，峰值为 0.12~0.2。渗透率低的岩心，孔隙长度、喉道长度和孔喉总长度分布峰位小；渗透率高的岩心，峰位大。

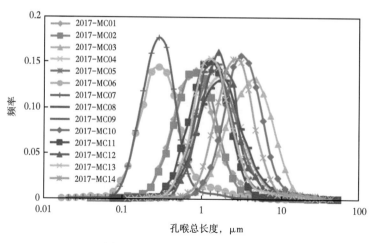

图 4-113　孔喉总长度频率分布

从图 4-114 至图 4-116 可以看出，14 块数字岩心孔隙长度峰位在 0.3μm 附近，喉道长度峰位在 0.5μm 附近，孔喉总长度在 1.1μm 附近。

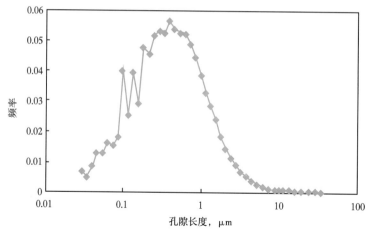

图 4-114　孔隙长度总体频率分布

图 4-117 至图 4-119 分别为孔隙长度平均值分布柱状图、喉道长度平均值分布柱状图和孔喉总长度平均值分布柱状图。从中可以看出，除 2017-MC14 岩心外，同一岩心的不同等级的孔隙长度平均值差异不大，而喉道长度和孔喉总长度则是随着半径等级的增加而增加。不同岩心相同等级下的孔隙长度、喉道长度和孔喉总长度平均值差异较为明显。

4）小结

基于玛 18 井区的 14 块多尺度数字岩心，统计出了各岩心的 13 个微观孔隙结构参数的分布。根据 14 块多尺度数字岩心的平均孔喉半径统计，分析了玛 18 井区砂砾岩储层岩石的平均孔喉半径分布特征。玛 18 井区砂砾岩储层 14 个典型岩心的平均孔喉半径全在 6μm 以下；2μm 以下居多，占 71.43%。

根据 14 块多尺度数字岩心的微观孔隙结构参数统计，在 C1～C6 六个尺度等级下，分

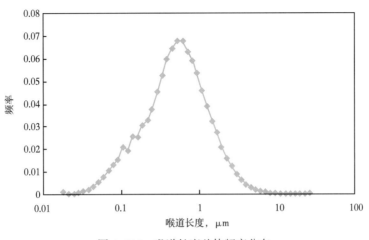

图 4-115　喉道长度总体频率分布

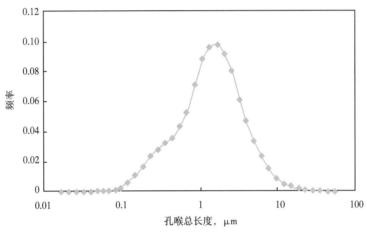

图 4-116　孔喉总长度总体频率分布

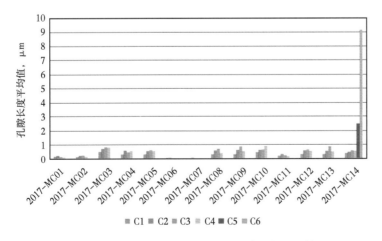

图 4-117　不同孔喉半径等级下的孔隙长度平均值

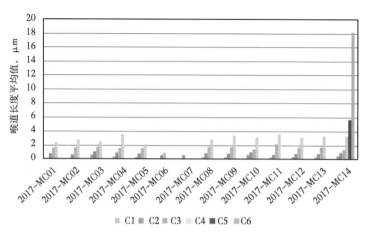

图 4-118　不同孔喉半径等级下的喉道长度平均值

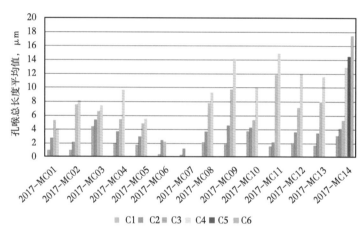

图 4-119　不同孔喉半径等级下的孔喉总长度平均值

析了 11 个微观孔隙结构参数的多尺度分布特征。C1~C4 等级范围内（孔喉半径 ≤ 9.195μm）的孔隙体积占总孔隙体积的 95% 以上，C1~C2 等级范围内（孔喉半径 ≤ 0.575μm）的喉道体积占总喉道体积的 76% 以上；孔隙半径频率分布主要集中在 0.1~0.2μm 之间，喉道半径的频率分布主要集中在 0.1μm 附近；表明细小孔隙喉道在玛 18 井区砂砾岩储层岩石中占主要部分。配位数总体上呈单峰分布，配位数峰位为 1，峰位小，峰值大，说明玛 18 井区砂砾岩储层岩石孔隙连通性整体上较差。

2. 不同种类多尺度数字岩心的孔隙结构分析

1）不同岩性多尺度数字岩心孔隙结构的多尺度特征分析

为了进一步分析不同岩性岩心之间的差异，给出了不同岩性岩心不同孔喉半径等级下的微观孔隙结构参数平均值分布。

（1）不同岩性的孔喉半径多尺度分析。

图 4-120 至图 4-122 分别是不同岩性岩心在不同孔喉半径等级下的孔喉体积百分比平均值分布、孔隙体积百分比平均值分布和喉道体积百分比平均值分布。从图 4-120 至

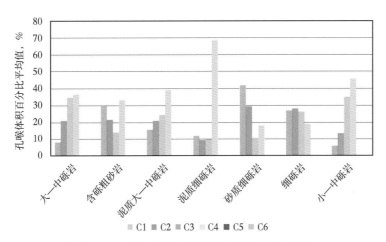

图 4-120 不同岩性孔喉体积百分比平均值分布

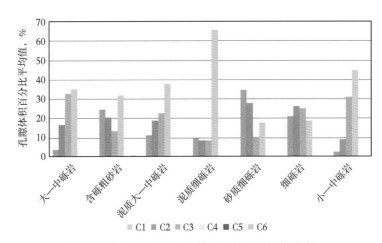

图 4-121 不同岩性孔隙体积百分比平均值分布

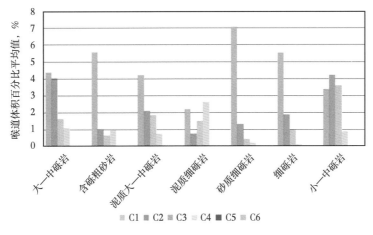

图 4-122 不同岩性喉道体积百分比平均值分布

图 4-122 中可以看出，选样岩心的孔隙半径整体主要分布在 C1~C4 等级范围内，占总孔喉体积的 95% 以上，说明 C1~C4 是影响选样岩心孔喉结构的主要半径尺度。孔隙占岩心孔喉空间的主要部分，从 C1 到 C4 分布比较均匀，占总孔喉体积的 80% 以上。而喉道空间比较少，并且集中于 C1~C2 尺度。不同孔喉半径等级的孔喉体积百分比分布越均匀，说明岩心孔隙结构越复杂；相反，不同等级孔喉体积百分比分布越集中，说明岩心的孔隙结构越简单。从图中还可以看出，除泥质细砾岩孔隙结构相对更简单外，其余岩性岩心的孔隙结构相对更复杂。

图 4-123 至图 4-125 为不同岩性岩心在不同孔喉半径等级下的平均孔喉半径平均值分布、平均孔隙半径平均值分布和平均喉道平均值分布。

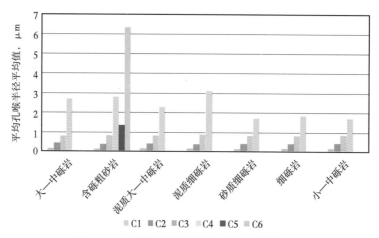

图 4-123　不同岩性平均孔喉半径平均值分布

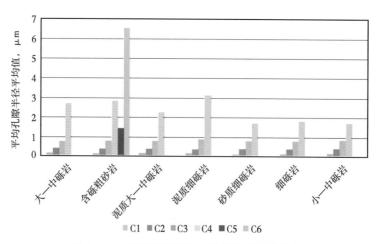

图 4-124　不同岩性平均孔隙半径平均值分布

从图 4-123 至图 4-125 中可以发现，除含砾粗砂岩外，岩心的平均孔喉半径平均值在 C1~C4 等级分布差异不明显，变化范围为 0.2~3μm。而含砾砂岩的平均孔喉半径平均值差异较大，变化范围为 0.2~6.5μm，说明含砾粗砂岩之间孔隙结构变化更复杂。

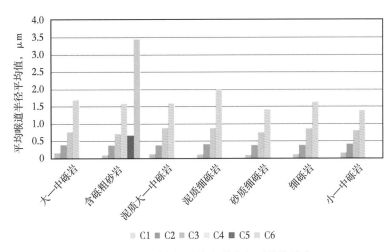

图4-125 不同岩性平均喉道半径平均值分布

（2）不同岩性的配位数多尺度分析。

图4-126为不同岩性岩心在不同孔喉半径等级下平均配位数平均值分布。从图4-126中可以看出，岩性不同，配位数的分布也不同。其中，含砾粗砂岩和砂质细砾岩在不同等级半径的配位数差异最大，范围分别为0.2~25和0.2~38，说明岩性对岩石的连通性具有比较明显的影响。同一岩性的岩心平均配位数平均值随半径等级的增加而增加，说明大孔隙连接的喉道更多。

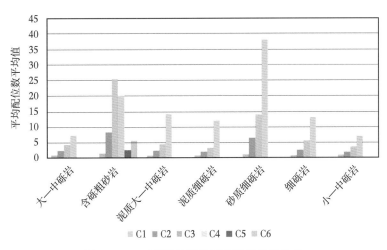

图4-126 不同岩性平均配位数平均值分布

（3）不同岩性的孔喉比多尺度分析。

图4-127为不同岩性岩心在不同孔喉半径等级下的平均孔喉比平均值分布。可以发现同一岩性岩心的平均孔喉比平均值随半径等级的增加呈增长趋势，说明孔隙等级越大，孔喉之间的结构差异也越大。同时可以发现不同岩性岩心之间的平均孔喉比平均值分布差异明显，变化范围为2~14，说明岩性对孔喉结构的影响比较明显。

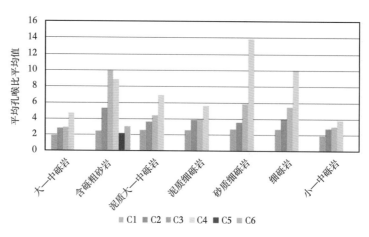

图4-127 不同岩性平均孔喉比平均值分布

（4）不同岩性的孔隙长度、喉道长度和孔喉总长度多尺度分析。

图4-128至图4-130为不同岩性岩心的平均孔隙长度、平均喉道长度和平均孔喉总长度的平均值分布。可发现岩性不同，平均孔隙长度、平均喉道长度和平均孔喉总长度的平

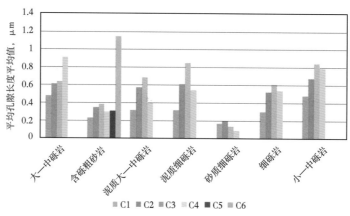

图4-128 不同岩性平均孔隙长度平均值分布

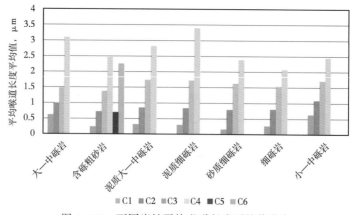

图4-129 不同岩性平均喉道长度平均值分布

均值在不同半径等级下的分布也不同，平均孔隙长度、平均喉道长度和平均孔喉总长度的平均值变化范围分别为 0.1~1.2μm、0.2~3.5μm 和 0.2~14μm，说明岩性对岩石的孔喉结构影响比较明显。

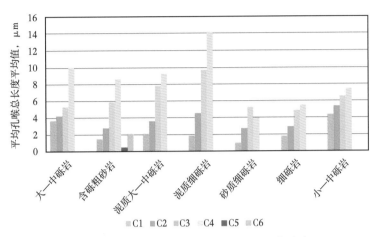

图 4-130 不同岩性平均孔喉总长度平均值分布

2）不同层位多尺度数字岩心孔隙结构的多尺度特征分析

为了进一步分析不同层位岩心之间的差异，给出了不同层位岩心的不同孔喉半径等级下的微观孔隙结构参数平均值分布。

（1）不同层位的孔喉半径多尺度分析。

图 4-131 至图 4-133 分别是不同层位岩心在不同等级半径下的孔喉体积百分比平均值分布、孔隙体积百分比平均值分布和喉道体积百分比平均值分布。

从图 4-131 至图 4-133 中可以看出，孔隙占岩石孔喉空间的主要部分，而喉道空间比较少。T_1b_1 层主要分布在 C1~C4 等级，其中 C4 等级比例最大，约占孔喉总体积的 50%；T_1b_2 层主要分布在 C1~C4 等级，分布比较均匀，分布范围为 20%~32%；而 T_2k_2 层只分布在 C1~C3 等级，并且集中在 C1 等级尺度，约占孔喉总体积的 54%。不同等级的孔喉体

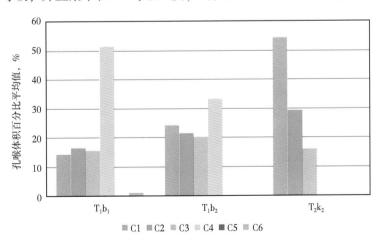

图 4-131 不同层位孔喉体积百分比平均值分布

积百分比分布越均匀，说明岩心孔隙结构越复杂；相反，不同等级孔喉体积百分比分布越集中，说明岩心的孔隙结构越简单。从图中可以看出，T_1b_1 层孔喉结构比较复杂，T_1b_2 层次之，T_2k_2 层孔隙结构相对更简单。

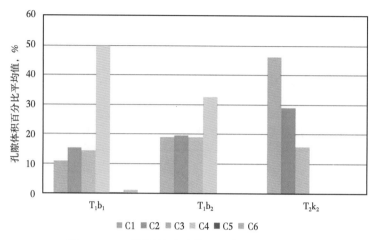

图 4-132　不同层位孔隙体积百分比平均值分布

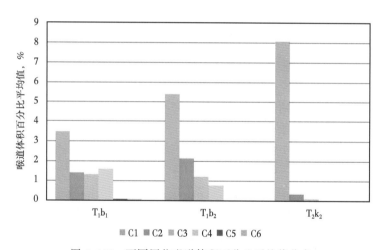

图 4-133　不同层位喉道体积百分比平均值分布

图 4-134 至图 4-136 为不同层位岩心的平均孔喉半径平均值分布。可以发现 T_1b_1 层分布在 C1~C6 等级，分布范围为 0.1~10μm，分布范围较广；T_1b_2 层主要分布在 C1~C4 等级，分布范围为 0.1~2μm；而 T_2k_2 层只分布在 C1~C3 等级，分布范围为 0.1~0.4μm。说明 T_1b_1 层孔喉结构最复杂，T_1b_2 层次之，T_2k_2 层孔喉半径较小，孔喉结构相对更简单。

（2）不同层位的配位数多尺度分析。

图 4-137 为不同层位岩心在不同孔喉半径等级下的平均配位数平均值分布，可以发现同一层位岩心的平均配位数平均值随半径等级的增加而增加，说明大孔隙连接的喉道数更多。

T_1b_1 层平均配位数平均值 C1~C6 等级均有，分布范围为 0.1~12；T_1b_2 层平均配位数平均值主要分布在 C1~C4 等级，分布范围为 0.1~25；而 T_2k_2 层平均配位数平均值主要分

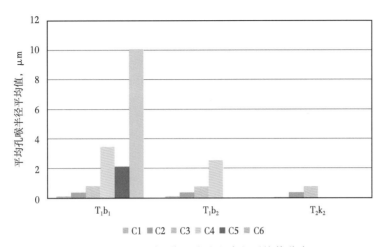

图 4-134 不同层位平均孔喉半径平均值分布

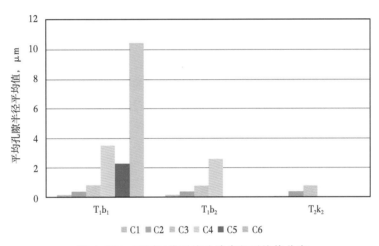

图 4-135 不同层位平均孔隙半径平均值分布

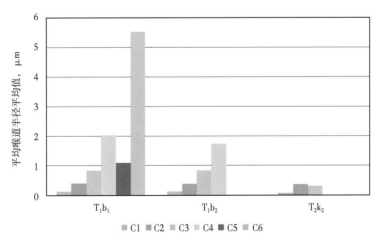

图 4-136 不同层位平均喉道半径平均值分布

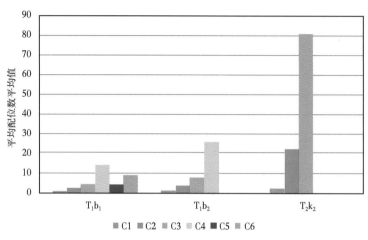

图 4-137 不同层位平均配位数平均值分布

布在 C1～C3 等级，分布范围为 0.1～80。说明 T_1b_1 层连通性相对更复杂，T_1b_2 层次之，T_2k_2 层岩石连通结构相对更简单。

（3）不同层位的孔喉比多尺度分析。

图 4-138 为不同层位岩心在不同孔喉半径等级下的平均孔喉比平均值分布，T_1b_1 层分布涵盖 C1～C6 等级，分布范围为 0.5～8，平均值分布比较均匀；T_1b_2 层主要分布在 C1～C4 等级，平均值分布随半径等级的增加而增加，分布范围为 0.5～11；而 T_2k_2 层主要分布在 C1～C3 等级，分布范围为 0.4～24，在不同半径等级下平均值分布的差异较大。

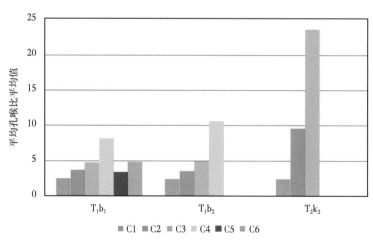

图 4-138 不同层位平均孔喉比平均值分布

（4）不同层位的孔隙长度、喉道长度和孔喉总长度多尺度分析。

图 4-139 至图 4-141 为不同层位岩心的平均孔隙长度、平均喉道长度和平均孔喉总长度的平均值分布。

从图 4-139 至图 4-141 中可以发现，T_1b_1 层分布涵盖 C1～C6 等级；T_1b_2 层主要分布在 C1～C4 等级；而 T_2k_2 层只分布在 C1～C3 等级。T_1b_1 层平均孔隙长度、平均喉道长度

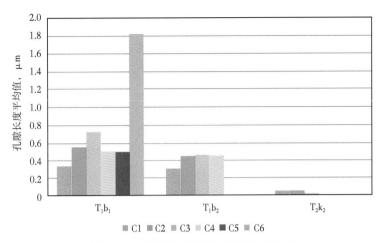

图 4-139 不同层位孔隙长度平均值分布

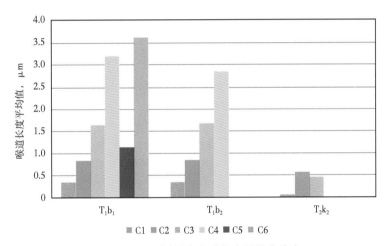

图 4-140 不同层位喉道长度平均值分布

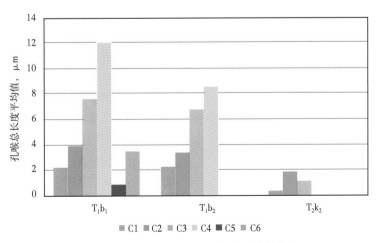

图 4-141 不同层位孔喉总长度平均值分布

和平均孔喉总长度的平均值变化范围分别为 $0.3 \sim 1.9\mu m$、$0.3 \sim 3.7$ 和 $0.5 \sim 12\mu m$。T_1b_2 层平均孔隙长度、平均喉道长度和平均孔喉总长度的平均值变化范围分别为 $0.3 \sim 0.5\mu m$、$0.3 \sim 3\mu m$ 和 $2 \sim 8.2\mu m$。T_2k_2 层平均孔隙长度、平均喉道长度和平均孔喉总长度的平均值变化范围分别为 $0 \sim 0.1\mu m$、$0 \sim 0.6\mu m$ 和 $0.2 \sim 2\mu m$。说明 T_1b_1 层孔喉结构最复杂，T_1b_2 层次之，T_2k_2 层孔喉长度较小，孔喉结构相对更简单。

3）小结

不同岩性、不同层位岩石的平均孔喉半径分布具有明显不同的特征。含砾粗砂岩的平均孔喉半径分布范围较大，在 $0.2 \sim 6\mu m$ 之间，孔隙结构相对复杂；砾岩的平均孔喉半径分布范围较小，在 $0.5 \sim 2.5\mu m$ 之间，孔隙结构相对简单。T_1b_1 层、T_1b_2 层和 T_2k_2 层 3 个层位中，T_1b_1 层的平均孔喉半径最大，分布在 $1 \sim 6\mu m$ 之间；T_1b_2 层的次之，分布在 $0.5 \sim 3\mu m$ 之间；T_2k_2 层的最小，分布在 $0.1 \sim 0.5\mu m$ 之间。

3. 多尺度数字岩心渗透率与孔隙结构关系的分析

1）孔隙结构特征参数平均值与渗透率相关性分析

由第三章分析可知，所构建的多尺度数字岩心反映了砂砾岩的孔隙结构特征，本节第二部分统计了数字岩心微观孔隙结构参数的平均值。由于 14 块选样岩心的孔隙度均在 10% 左右，分析微观孔隙结构参数平均值与孔隙度关系没有意义，故本小节将主要分析微观孔隙结构参数平均值与渗透率的关系。

（1）平均孔隙半径与渗透率相关性。

平均孔隙半径与渗透率的关系如图 4-142 所示，平均孔隙半径与渗透率的关系为：

$$K = 3.4657R_p - 6.559 \qquad (R^2 = 0.778) \qquad (4-40)$$

平均孔隙半径与渗透率的拟合关系较好。

（2）平均喉道半径与渗透率相关性。

平均喉道半径与渗透率的关系如图 4-143 所示，平均喉道半径与渗透率的关系为：

$$K = 11.941R_t - 1.59 \qquad (R^2 = 0.609) \qquad (4-41)$$

平均喉道半径与渗透率的拟合关系较好。

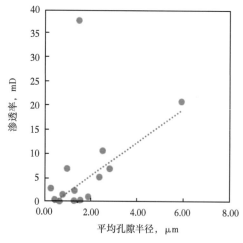

图 4-142 平均孔隙半径与渗透率关系

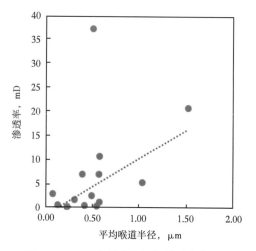

图 4-143 平均喉道半径与渗透率关系

（3）平均孔喉比与渗透率相关性。

平均孔喉比与渗透率的关系如图4-144所示，发现平均孔喉比同渗透率呈一定的正相关关系。

（4）平均配位数与渗透率相关性。

平均配位数与渗透率的关系如图4-145所示，没发现孔隙配位数同渗透率有比较明显的相关关系。

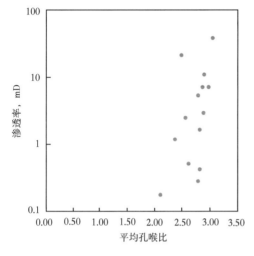

图4-144　平均孔喉比与渗透率关系　　　　图4-145　平均配位数与渗透率关系

（5）平均孔隙长度与渗透率相关性。

平均孔隙长度与渗透率的关系如图4-146所示，平均孔隙长度与渗透率的关系为：

$$K = 8.3808 L_p^{1.5782} \qquad (R^2 = 0.4955) \qquad (4-42)$$

平均孔隙长度与渗透率的拟合关系一般。

（6）平均喉道长度与渗透率相关性。

平均喉道长度与渗透率的关系如图4-147所示，平均喉道长度与渗透率没有比较明显

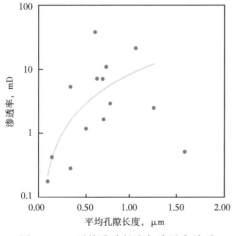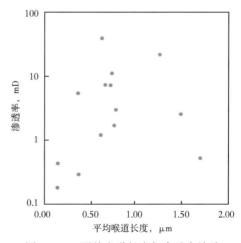

图4-146　平均孔隙长度与渗透率关系　　　　图4-147　平均喉道长度与渗透率关系

的相关关系。

（7）平均孔喉总长度与渗透率相关性。

平均孔喉总长度与渗透率的关系如图 4-148 所示，平均孔喉总长度和渗透率没有比较明显的相关关系，结合分布特征，说明储层岩石的孔喉结构差异较为明显。

（8）平均形状因子与渗透率相关性。

从前文的形状因子的频率分布可以看出，所有喉道形状因子分布曲线基本上重叠在一起，说明喉道形状因子与渗透率基本没有相关性，对储层岩石渗透率的影响不大。而平均孔隙形状因子与渗透率的关系（图 4-149）也没有明显的相关性。

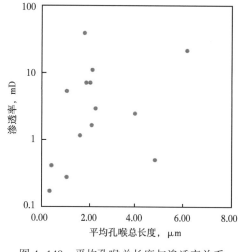
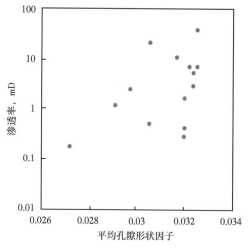

图 4-148　平均孔喉总长度与渗透率关系　　　　图 4-149　平均孔隙形状因子与渗透率关系

（9）多尺度数字岩心微观孔隙结构参数平均值与渗透率关系统计。

通过数字岩心微观孔隙结构参数与渗透率之间关系的研究，统计了各微观孔隙结构参数的变化范围以及同渗透率的相关关系，见表 4-15。

表 4-15　数字岩心微观孔隙结构参数的变化范围以及同渗透率的相关关系

微观孔隙结构参数（平均值）	渗透率相关性			
	上限值	下限值	相关关系	相关系数
孔隙半径，μm	70.23	0.001	$K = 3.4657R_p - 6.559$	$R^2 = 0.778$
喉道半径，μm	42.37	0.001	$K = 11.941R_t - 1.59$	$R^2 = 0.609$
配位数	88.00	0.08	无	无
孔隙长度，μm	683	0	$K = 8.3808L_p^{1.5782}$	$R^2 = 0.496$
喉道长度，μm	131.35	0.02	无	无
孔喉总长度，μm	144.36	0.02	无	无
孔隙形状因子	70.25	0	无	无

由表 4-15 可知，各个微观孔隙结构参数与数字岩心的孔隙度均无明显的相关性；与渗透率相关性较好的微观孔隙结构参数仅有孔隙半径和喉道半径，相关系数均在 0.6 以上，孔隙长度与渗透率相关性一般，相关系数为 0.496。绝大部分微观孔隙结构参数与岩心的相关性均差，说明岩心整体上的孔喉结构较复杂。

2）多尺度孔喉半径对砂砾岩储层岩石渗透率影响的分析

根据多尺度岩心的孔隙半径和喉道半径频率分布，计算渗透率贡献值的公式为：

$$\Delta K_j = \frac{r_j^2 \alpha_j}{\sum r_j^2 \alpha_j} \qquad (4-43)$$

式中，ΔK_j 为第 j 个区间的渗透率贡献值；r_j 为第 j 个区间的孔隙半径或喉道半径值，μm；α_j 为第 j 个区间的孔隙半径或喉道半径分布频率。

由式（4-43）计算出 14 块岩心的渗透率贡献值，选取渗透率贡献最大值对应的孔隙半径和喉道半径作为各岩心孔隙半径和喉道半径的特征值，见表 4-16。图 4-150 和图 4-151 分别为岩心的孔隙半径、喉道半径分布和渗透率贡献值曲线。分析可知，所有岩心中，对渗透率影响比较大的孔隙半径和喉道半径值均较小，基本上在 C1~C3 量级，说明 C1~C3 等级的小孔隙对岩心的渗透率影响比较大。

表 4-16 14 块多尺度数字岩心的孔隙半径和喉道半径特征值

岩心编号	孔隙半径特征值，μm	喉道半径特征值，μm
2017-MC01	0.144	0.072
2017-MC02	0.144	0.144
2017-MC03	1.149	0.575
2017-MC04	0.287	0.287
2017-MC05	0.287	0.287
2017-MC06	0.036	0.036
2017-MC07	0.036	0.036
2017-MC08	0.287	0.287
2017-MC09	0.287	1.149
2017-MC10	0.575	0.287
2017-MC11	0.287	0.144
2017-MC12	0.287	0.144
2017-MC13	0.287	0.144
2017-MC14	0.575	0.287

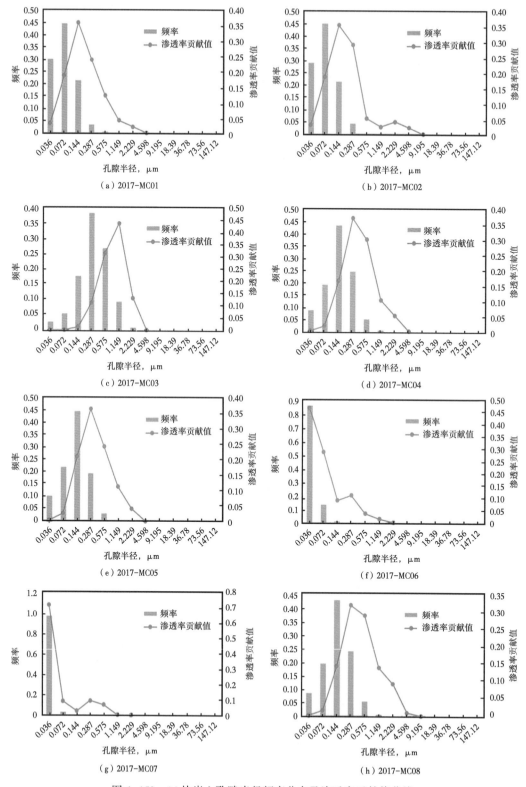

图 4-150　14 块岩心孔隙半径频率分布及渗透率贡献值曲线

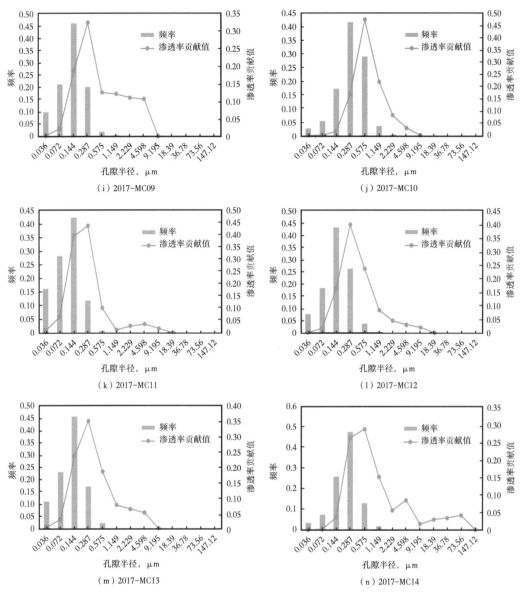

（i）2017-MC09

（j）2017-MC10

（k）2017-MC11

（l）2017-MC12

（m）2017-MC13

（n）2017-MC14

图 4-150 14 块岩心孔隙半径频率分布及渗透率贡献值曲线（续）

3）小结

在所有的微观孔隙结构参数中，与渗透率呈一定相关性的只有孔隙半径、喉道半径和孔隙长度 3 个参数，孔隙半径平均值与渗透率呈线性关系，相关性最好，相关系数 $R^2 = 0.778$。根据孔隙和喉道对渗透率贡献值分布规律的分析结果，渗透率贡献值峰值的孔喉半径分布在 $0.287 \sim 1.149\mu m$ 之间。

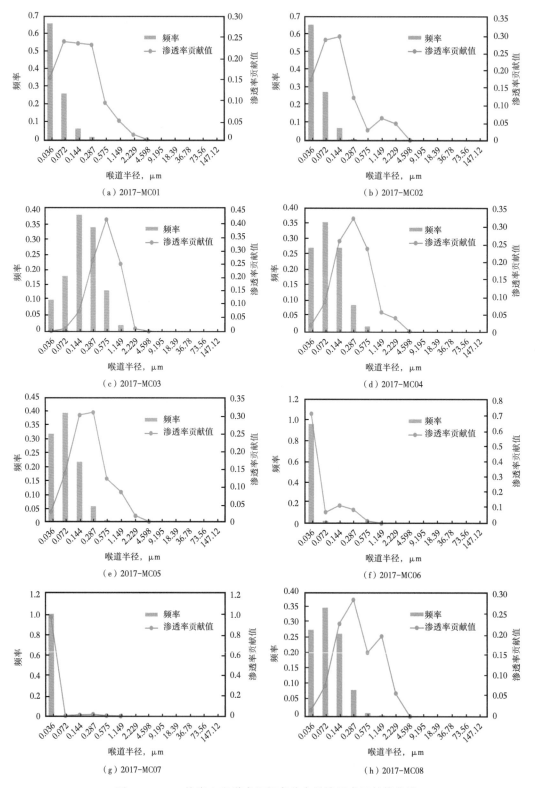

图4-151　14块岩心喉道半径频率分布及渗透率贡献值曲线

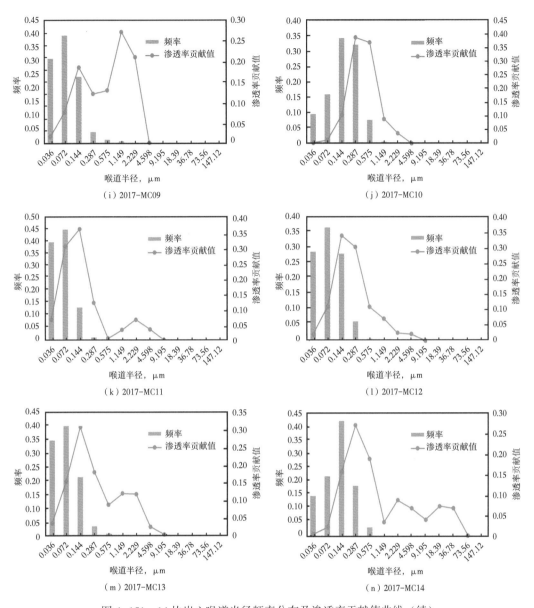

图 4-151 14 块岩心喉道半径频率分布及渗透率贡献值曲线（续）

第五章 基于数字岩心的流动模拟及分析

本章将详细介绍基于数字岩心的流动模拟的技术及应用。首先，详细给出基于数字岩心的流动模拟的方法及数学模型，其中着重介绍了单相多尺度流动及多相流动的数学模型及数值模拟方法。之后，详细介绍了基于数字岩心的流动模拟的实现，包括模拟流程、表征技术及结果分析等。最后，结合对准噶尔盆地复杂储层典型岩心的流动模拟及分析，给出了基于数字岩心的流动模拟的具体应用。

第一节 基于数字岩心的流动模拟的方法及数学模型

一、模拟方法

由前几章内容可知，能够描述真实岩心孔隙结构的数字岩心能够再现储层岩石的复杂微观特征，可以克服常规岩石物理实验测量存在的诸多问题。油藏开采的过程是储层流体在岩石空间中的流动过程。数字岩心为利用计算机研究储层流体在岩石空间中的流动提供了基础。但要真正研究储层岩石中流体流动规律，首先需要建立起基于数字岩心的储层流体流动模拟方法。目前，基于数字岩心的储层流体流动模拟方法主要有基于孔隙网络模型的逾渗理论方法、格子玻尔兹曼方法和计算流体动力学方法。

基于孔隙网络模型的逾渗理论方法是指在数字岩心基础上构建出与复杂多孔介质等效的孔隙网络模型，在此基础上结合逾渗理论对单相或多相储层流体的性质进行模拟和预测。在孔隙网络模型中，孔隙空间的主要结构被一系列由较细喉道连接的孔隙代替，介质中流体的流动就可以由流体在每个孔隙单元中的流动给出。孔隙网络模型已经较成功地预言了实验室测量出的相对渗透率。但是，由于该模型在孔隙网络提取及流动模拟过程中都用到了大量的参数，因此该模型研究中仍然有不少问题需要解决。总体上说，孔隙网络模型主要有两点重要限制：（1）模型不能自然地将孔隙尺度上所有的作用力都考虑进去；（2）模型简化了孔隙结构，因此不能精确地给出孔隙中的驱替过程。

格子玻尔兹曼方法是 20 世纪 80 年代中期出现并迅速发展起来的一种新的流体数值模拟方法。因其算法简单、计算效率高、并行性好以及能够模拟复杂边界条件等优点而受到广泛关注，格子玻尔兹曼方法在石油开采领域取得了一些成功应用。但该方法需要巨大的计算量，因此只能对体积比较小的数字岩心进行模拟。一般来说，该方法的研究对象最大能达到几个毫米，并且毛细管数较高，通常高达 10^{-5}。另外，格子玻尔兹曼方法也比较难以处理流体之间黏度差异较大的多相流动。

近年来，另外一种基于计算流体动力学对多孔介质中的流体流动进行直接模拟的方法也得到了较好的发展。在这种方法中，流体仍被看成是一种连续介质，流体运动满足质量守恒定律、动量守恒定律和能量守恒定律，并由诸如 Euler 方程组、Navier-Stokes 方程组等描述。通过在微观孔隙中求解流体力学控制方程组来模拟孔隙介质中流体的运动。这种方法的优点是它可以同时考虑黏滞力、毛管力以及孔隙结构，直接基于数字岩心对储层流体的性质进行实时模拟，直观性较好，也能够比较精确地考虑孔隙结构的复杂边界。另外，这种方法还具有比较高效的数值计算效率以及模拟大密度和黏度比流体流动的能力。

二、数学模型

1. 基于数字岩心的单相流体多尺度流动的数学模型

1) 岩石中流体多尺度流动的基本问题

当孔隙尺寸大于 0.1μm 时，其中的流体仍然可被视为连续性介质，其流动都满足 Navier-Stokes 方程。原则上，只要知道了孔隙几何结构的精确信息，在此基础上进行流动模拟，就能得到流体流动的详细描述。完全饱和的多孔介质如图 5-1 所示。

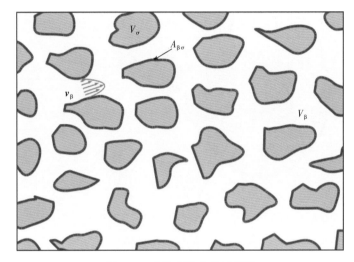

图 5-1 饱和多孔介质示意图

V_β—孔隙体积；V_σ—固体体积；$A_{\beta\sigma}$—两个区域的界面面积；v_β—速度矢量

流经孔隙的流体的速度场可以通过求解流体力学基本方程得到，即 Navier-Stokes 方程。它们由质量守恒方程（也称连续性方程）和动量守恒方程组成。对于不可压缩流体，连续性方程和动量守恒方程可以分别表示为：

$$\nabla \cdot \boldsymbol{v}_\beta = 0 \tag{5-1}$$

$$\rho_\beta\left(\frac{\partial \boldsymbol{v}_\beta}{\partial t} + \boldsymbol{v}_\beta \cdot \nabla \boldsymbol{v}_\beta\right) = -\nabla p_\beta + \rho_\beta \boldsymbol{g} + \mu_\beta \nabla^2 \boldsymbol{v}_\beta \tag{5-2}$$

其中，ρ_β、$\boldsymbol{v}_\beta$、p_β、$\boldsymbol{g}$ 和 μ_β 分别代表流体密度、速度矢量、压力场、重力场和黏度。流体剪切应力由压力梯度和黏滞力表示。

然而，在实际应用中该方法受到两方面的制约：一方面，任何一次 CT 都有一定的分辨率，当微小孔隙尺寸低于 CT 的分辨率时，通过 CT 所建立的岩心就不能反映这部分孔隙的几何结构。目前，最常用的 CT 的分辨率是几微米。本研究中所涉及的岩石在这个分辨率下还有大量的微孔隙存在，这些微孔隙会对流动模拟结果产生显著的影响。另一方

157

面，更精细的 CT 能够提高分辨率至几纳米，原则上能够给出孔隙结构的精确信息，但该种扫描所处理的岩心尺寸都很小，为 0.1~1μm。如果想要利用该种方法处理较大的岩心，不论是扫描成本，还是计算成本都会不切实际。

为了克服这些困难，就需要利用尺度升级的方法。这里尺度升级指的是在粗尺度进行流动模拟，但在流动模拟的过程中考虑了精细尺度下的影响。该流动模拟方法基于表征单元体（Representative Elementary Volume，REV）。表征单元体是指多尺度流动模拟中进行计算的最基本单元。尺度升级中的表征单元体如图 5-2 所示。

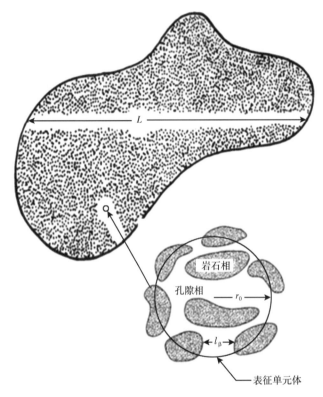

图 5-2　尺度升级中的表征单元体

L—研究区域的空间特征尺度；l_β—表征单元体中 β 相的空间特征尺度；r_0—取得那一小块体积的半径

从宏观尺度来看，表征单元体是整个研究区域（岩心）的一个基本单元。从微观尺度来看，表征单元体内部仍然具有复杂的孔隙结构，仍然是一个多孔介质。在这种尺度升级方法中，会出现三种情况：一是表征单元体内全是岩石（被称为岩石区域）；二是表征单元体内全是孔隙（被称为孔隙区域）；三是表征单元体内既有孔隙也有岩石，是更精细尺度上的多孔介质（被称为微孔隙区域）。

图 5-3 显示了尺度升级中不同的表征单元体。不同的表征单元体内的流动可由不同的物理规律来描述：孔隙区域的流动是自由流动，可以由 Navier-Stokes 方程描述；微孔隙区域的流动在当前研究尺度下可以被看作渗流流动，由 Darcy 定律描述。此时两流动区域上的控制微分方程存在尺度差异，如何消除该尺度差异，建立能够描述渗流—自由流耦合流动的数学模型是流体多尺度流动模拟的关键问题。

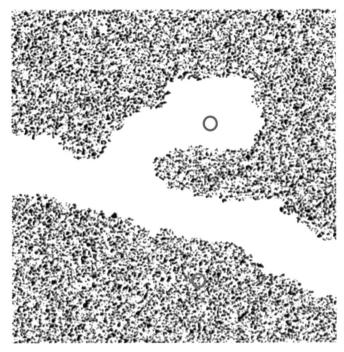

图 5-3　尺度升级中不同的表征单元体
○表征单元体内全为孔隙；○表征单元体内既有孔隙也有岩石

在本书中，将基于体积平均方法进行两次尺度升级来解决此问题，从而建立渗流—自由流耦合两相流数学模型。首先，基于体积平均方法直接从微观孔隙尺度上的流动方程出发对两流动区域同时进行尺度升级，在不引入任何尺度限制的情况下，可以得到一组通用的体积平均方程，该方程在整个耦合流动区域上均适用。然后，通过引入特定的尺度限制条件，可将上述体积平均方程在自由流动区域和渗流区域予以简化，在自由流区域简化为 Navier-Stokes 方程，在渗流区域则简化为 Darcy 方程。

2）体积平均法的基本数学方程

考虑如图 5-4 所示的单相流系统物理概念模型，任意取出一平均体积 V，该体积不随时间变化，其中包含固体骨架（σ 相）和流体相（β 相）。基于这一物理概念模型和场论的一些基本定义和定理，可给出体积平均法中主要涉及的基本数学方程。

（1）表相平均。

求表相平均的基本方程为：

$$< \psi_\beta > = \frac{1}{V} \int_{V_\beta} \psi_\beta \mathrm{d}V \qquad (5-3)$$

式中，ψ_β 为 β 相的某一物理属性，可以为标量、矢量或高阶张量，如压力、速度、应力等；V 为物质区域中的平均体积；V_β 表示包含在平均体积内的 β 相的体积，而且认为 $<\psi_\beta>$ 是和平均体积的体心相关的。

图 5-4 中已经表明体心位于位置矢量 X 所表示的位置，而且在 β 相中指向体心的点由矢量 y_β 定位。为了让式（5-3）给出的定义更加精确，其可以表示为：

$$\langle \psi_\beta \rangle |_x = \frac{1}{V} \int_{V_{\beta(x)}} \psi_\beta (X + y_\beta) \mathrm{d}V_y \qquad (5-4)$$

这是为了更明确地表明$\langle \psi_\beta \rangle$是和体心相关的，而且积分运算伴随着相关位置矢量$y_\beta$的分量。一般而言，将会使用更加简单的式（5-3）代替式（5-4）。在应用体积平均法时，很多情况下还需应用另一平均值来表征宏观物理量，即本相平均。

（2）本相平均。

求本相平均的基本方程为：

$$\langle \psi_\beta \rangle^\beta = \frac{1}{V_\beta} \int_{V_\beta} \psi_\beta \mathrm{d}V \qquad (5-5)$$

显然，表相平均和本相平均存在如下关系：

$$\langle \psi_\beta \rangle = \varepsilon_\beta \langle \psi_\beta \rangle^\beta \qquad (5-6)$$

其中，ε_β为β相的体积分数，被定义为：

$$\varepsilon_\beta = \frac{V_\beta}{V} \qquad (5-7)$$

（3）物理量的空间分解。

通常平均体积中任一点的真实物理量ψ_β与体积平均值$\langle \psi_\beta \rangle^\beta$并不相等，其偏差由多孔介质的内部结构及流动形态决定，一般把物理量ψ_β写成如下形式：

$$\psi_\beta = \langle \psi_\beta \rangle^\beta + \widetilde{\psi_\beta} \qquad (5-8)$$

在此，注意到本相平均值$\langle \psi_\beta \rangle^\beta$仅在空间特征尺度上发生变化，而偏差值$\widetilde{\psi_\beta}$则在空间尺度$l_\beta$上有变化，如图5-4所示。

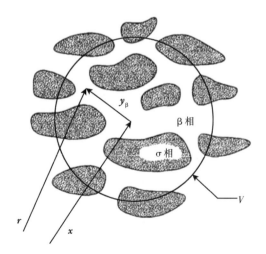

图5-4　与平均体积相关的位置矢量
r—研究微元的位置矢量

（4）空间平均定理。

在应用体积平均法时，通常会涉及物理量的梯度和散度运算。对此，Howes 和 Whitaker 于 1985 年建立了相应的空间平均定理，具体如下：

$$< \nabla \psi_\beta > = \nabla < \nabla \psi_\beta > + \frac{1}{V} \int_{A_{\beta\sigma}} n_{\beta\sigma} \psi_\beta \mathrm{d}A \qquad (5-9)$$

式中，$A_{\beta\sigma}$ 表示包含在宏观区域内的 β-α 界面的面积，如图 5-4 所示。

3）基于体积平均的尺度升级方法建立多尺度流动的数学模型

在描述体积平均法的主要数学方程基础上，应用体积平均法对 Navier-Stokes 方程组进行尺度升级，推导出描述流体多尺度流动的数学模型。

（1）连续性方程的尺度升级。

对连续性方程（5-1）进行体积平均可得：

$$\frac{1}{V} \int_{V_\beta} \nabla \cdot v_\beta \mathrm{d}V = < \nabla \cdot v_\beta > = 0 \qquad (5-10)$$

利用空间平均定理，式（5-10）可以表示为：

$$< \nabla \cdot v_\beta > = \nabla \cdot < \nabla \cdot v_\beta > + \frac{1}{V} \int_{A_{\beta\sigma}} n_{\beta\sigma} \cdot v_\beta \mathrm{d}A = 0 \qquad (5-11)$$

由于固体相是不渗透的，故式（5-11）右端的面积分项为零，式（5-11）可以简化为：

$$\nabla \cdot < v_\beta > = 0 \qquad (5-12)$$

式（5-12）是以表相平均速度场形式表示的连续性方程。事实上，也可以使用本相平均速度场表示连续性方程：

$$\nabla \cdot (\varepsilon_\beta < v_\beta >^\beta) = 0 \qquad (5-13)$$

就 $\varepsilon_\beta < v_\beta >^\beta$ 而言，这里使用了式（5-6）表示 $< v_\beta >$。

（2）动量方程的尺度升级。

对动量方程（5-2）进行表相平均可得：

$$< \rho_\beta \frac{\partial v_\beta}{\partial t} > + < \rho_\beta v_\beta \cdot \nabla v_\beta > = - < \nabla p_\beta > + < \rho_\beta g > + < \mu_\beta \nabla^2 v_\beta > \qquad (5-14)$$

式（5-14）左端为惯性项，其中第一项为瞬态项，第二项为传导项；右端三项分别为压力梯度项、重力项和扩散项。假定所研究的流体为不可压缩流体，所以很容易忽略图 5-2 所示的在宏观区域中各处 ρ_β 的变化，因此式（5-14）可以写成：

$$\rho_\beta < \frac{\partial v_\beta}{\partial t} > + \rho_\beta < \nabla \cdot (v_\beta v_\beta) > = - < \nabla p_\beta > + \varepsilon_\beta \rho_\beta g + < \mu_\beta \nabla^2 v_\beta > \qquad (5-15)$$

其中，在重力项中使用了 $<1> = \varepsilon_\beta$。

①传导项的体积平均。

此外，为了将传导惯性项表示为并矢的散度形式，还利用了式（5-3）和式（5-16）。

$$< \nabla \cdot (v_\beta v_\beta) > = (\nabla \cdot v_\beta) v_\beta + (v_\beta \cdot \nabla) v_\beta \qquad (5-16)$$

对于黏度，认为在平均体积中 μ_β 的变化是微不足道的，因此可以将式（5-15）简化为：

$$\rho_\beta < \frac{\partial v_\beta}{\partial t} > + \rho_\beta < \nabla \cdot (v_\beta v_\beta) > = - < \nabla p_\beta > + \varepsilon_\beta \rho_\beta g + \mu_\beta < \nabla^2 v_\beta > \qquad (5-17)$$

由于包含在平均体积内的 β 相的体积与时间无关，可以互换时间微分和空间积分得到：

$$< \frac{\partial v_\beta}{\partial t} > = \frac{1}{v} \int_{V_\beta} \frac{\partial v_\beta}{\partial t} dV = \frac{\partial}{\partial t} \left\{ \frac{1}{v} \int_{V_\beta} v_\beta dV \right\} = \frac{\partial < v_\beta >}{\partial t} \qquad (5-18)$$

使用空间平均定理描述传导项：

$$< \nabla \cdot (v_\beta v_\beta) > = \nabla \cdot < v_\beta v_\beta > + \frac{1}{v} \int_{A_{\beta\sigma}} n_{\beta\sigma} \cdot v_\beta v_\beta dA \qquad (5-19)$$

根据边界条件可知，在界面 $A_{\beta\sigma}$ 上 $v_\beta = 0$，故式（5-19）右端面积分项为零，故式（5-19）可以简化为：

$$< \nabla \cdot (v_\beta v_\beta) > = \nabla \cdot < v_\beta v_\beta > \qquad (5-20)$$

为了消去乘积的平均值，根据速度空间分解定理：

$$v_\beta = < v_\beta >^\beta + \tilde{v}_\beta \qquad (5-21)$$

可以将传导项表示为：

$$< v_\beta v_\beta > = << v_\beta >^\beta < v_\beta >^\beta > + << v_\beta >^\beta \tilde{v}_\beta > + < \tilde{v}_\beta (v_\beta)^\beta > + < \tilde{v}_\beta \tilde{v}_\beta > \qquad (5-22)$$

忽略平均体积内平均速度的变化，式（5-22）可以转化为：

$$< v_\beta v_\beta > = < v_\beta >^\beta < v_\beta >^\beta <1> + < v_\beta >^\beta < \tilde{v}_\beta > + < \tilde{v}_\beta > < v_\beta >^\beta + < \tilde{v}_\beta \tilde{v}_\beta > \qquad (5-23)$$

这个简单化的等式要求强加下列的长度尺度的约束：

$$l_\beta \ll r_0, \quad r_0^2 \ll L^2 \qquad (5-24)$$

其中，l_β 是 β 相的特征长度；r_0 是平均体积的半径；L 是和平均量相关的通用的长度尺度，也即区域的空间特征尺度。这三个长度尺度如图 5-2 所示。它与式（5-24）设定空间偏差等于零是一致的，即

$$< \tilde{v}_\beta > = 0 \qquad (5-25)$$

在这些情况下，式（5-23）可以简化为：

$$< v_\beta v_\beta > = \varepsilon_\beta < v_\beta >^\beta < v_\beta >^\beta + < \tilde{v}_\beta \tilde{v}_\beta > \qquad (5-26)$$

因此，可以得到式（5-20）右端项的表达式为：

$$\nabla \cdot <v_\beta v_\beta> = \nabla \cdot (\varepsilon_\beta <v_\beta>^\beta <v_\beta>^\beta + <\tilde{v}_\beta \tilde{v}_\beta>) \tag{5-27}$$

$$= \nabla \cdot (\varepsilon_\beta <v_\beta>^\beta) <v_\beta>^\beta + \varepsilon_\beta <v_\beta>^\beta \cdot \nabla <v_\beta>^\beta + \nabla \cdot <\tilde{v}_\beta \tilde{v}_\beta>$$

由式（5-13）可知，$\nabla \cdot (\varepsilon_\beta <v_\beta>^\beta) <v_\beta>^\beta = 0$，故式（5-27）可以化简为：

$$\nabla \cdot <v_\beta v_\beta> = \varepsilon_\beta <v_\beta>^\beta \cdot \nabla <v_\beta>^\beta + \nabla \cdot <\tilde{v}_\beta \tilde{v}_\beta> \tag{5-28}$$

将式（5-18）和式（5-28）代入式（5-17），可以得到体积平均的 Navier-Stokes 方程表达式为：

$$\rho_\beta \frac{\partial <v_\beta>}{\partial t} + \rho_\beta \varepsilon_\beta <v_\beta>^\beta \nabla \cdot <v_\beta>^\beta + \rho_\beta \nabla \cdot <\tilde{v}_\beta \tilde{v}_\beta> \tag{5-29}$$

$$= - <\nabla p_\beta> + \varepsilon_\beta \rho_\beta g + \mu_\beta <\nabla^2 v_\beta>$$

又因为 ε_β 与时间无关，可以将式（5-29）左端的局部加速项以本相平均速度的形式表达为：

$$\rho_\beta \varepsilon_\beta \frac{\partial <v_\beta>^\beta}{\partial t} + \rho_\beta \varepsilon_\beta <v_\beta>^\beta \nabla \cdot <v_\beta>^\beta + \rho_\beta \nabla \cdot <\tilde{v}_\beta \tilde{v}_\beta>$$

$$= - <\nabla p_\beta> + \varepsilon_\beta p_\beta g + \mu_\beta <\nabla^2 v_\beta> \tag{5-30}$$

②扩散项的体积平均。

接下来对式（5-30）右端的每一项进行体积平均分析。右端最后一项——扩散项可以表示为：

$$\mu_\beta <\nabla^2 v_\beta> = \mu_\beta <\nabla \cdot \nabla v_\beta> \tag{5-31}$$

对于式（5-31）中 $<\nabla \cdot \nabla v_\beta>$ 项，利用式（5-9）所示空间平均定理可得：

$$<\nabla \cdot \nabla v_\beta> = \nabla \cdot <\nabla v_\beta> + \frac{1}{v} \int_{A_{\beta\sigma}} n_{\beta\sigma} \cdot \nabla v_\beta dA \tag{5-32}$$

对式（5-32）等号右边第一项中 $<\nabla v_\beta>$ 同样运用空间平均定理可得：

$$<\nabla v_\beta> = \nabla <v_\beta> + \frac{1}{v} \int_{A_{\beta\sigma}} n_{\beta\sigma} v_\beta dA \tag{5-33}$$

根据边界条件可知，在界面 $A_{\beta\sigma}$ 上 $v_\beta = 0$，故式（5-33）最后一项为零，所以式（5-32）可简化为：

$$<\nabla \cdot \nabla v_\beta> = \nabla^2 <v_\beta> + \frac{1}{V} \int_{A_{\beta\sigma}} n_{\beta\sigma} \cdot \nabla v_\beta dA \tag{5-34}$$

根据式（5-10）和式（5-21），可知式（5-34）最后一项可表示为：

$$\frac{1}{V} \int_{A_{\beta\sigma}} n_{\beta\sigma} \cdot \nabla v_\beta dA = \nabla <v_\beta>^\beta \frac{1}{V} \int_{A_{\beta\sigma}} n_{\beta\sigma} \cdot 1 dA + \frac{1}{V} \int_{A_{\beta\sigma}} n_{\beta\sigma} \cdot \nabla \tilde{v}_\beta dA \tag{5-35}$$

根据空间平均定理可得：

$$< \nabla 1 > = \nabla < 1 > + \frac{1}{V} \int_{A_{\beta\sigma}} n_{\beta\sigma} \cdot 1 \mathrm{d}A \qquad (5-36)$$

故使用表达式 $<1> = \varepsilon_\beta$ 可以得到：

$$\frac{1}{V} \int_{A_{\beta\sigma}} n_{\beta\sigma} \cdot 1 \mathrm{d}A = - \nabla \varepsilon_\beta \qquad (5-37)$$

所以式（5-35）可以转化为：

$$\frac{1}{V} \int_{A_{\beta\sigma}} n_{\beta\sigma} \cdot \nabla v_\beta \mathrm{d}A = - \nabla \varepsilon_\beta \cdot \nabla < v_\beta >^\beta + \frac{1}{V} \int_{A_{\beta\sigma}} n_{\beta\sigma} \cdot \nabla \tilde{v}_\beta \mathrm{d}A \qquad (5-38)$$

结合式（5-31）、式（5-34）和式（5-38），式（5-29）的最后一项可以表示为：

$$\mu_\beta < \nabla^2 v_\beta > = \mu_\beta (\nabla^2 < v_\beta > - \nabla \varepsilon_\beta \cdot \nabla < v_\beta >^\beta) + \frac{1}{V} \int_{A_{\beta\sigma}} n_{\beta\sigma} \cdot \nabla \mu_\beta \tilde{v}_\beta \mathrm{d}A \qquad (5-39)$$

根据式（5-5），运用基本的张量操作，可以得到式（5-39）右端括号里的第一项为：

$$\nabla^2 < v_\beta > = \nabla \varepsilon_\beta \cdot \nabla < v_\beta >^\beta + \varepsilon_\beta \nabla^2 < v_\beta >^\beta + < v_\beta >^\beta \nabla^2 \varepsilon_\beta + (\nabla \varepsilon_\beta \cdot \nabla) < v_\beta >^\beta \qquad (5-40)$$

将式（5-40）代入式（5-39），可以得到：

$$\mu_\beta < \nabla^2 v_\beta > = \mu_\beta (\varepsilon_\beta \nabla^2 < v_\beta >^\beta + \nabla \varepsilon_\beta \cdot \nabla < v_\beta >^\beta + < v_\beta >^\beta) \nabla^2 \varepsilon_\beta) + \frac{1}{V} \int_{A_{\beta\sigma}} n_{\beta\sigma} \cdot \nabla \mu_\beta \tilde{v}_\beta \mathrm{d}A \qquad (5-41)$$

③压力梯度项的体积平均。

对于压力梯度项，应用空间平均定理和空间分解定理，式（5-30）等号右边第一项可以写成：

$$- < \nabla p_\beta > = - (\nabla < p_\beta > + \frac{1}{V} \int_{A_{\beta\sigma}} n_{\beta\sigma} p_\beta \mathrm{d}A)$$
$$= - \varepsilon_\beta \nabla < p_\beta >^\beta - < p_\beta >^\beta \nabla \varepsilon_\beta - \frac{1}{V} \int_{A_{\beta\sigma}} n_{\beta\sigma} < p_\beta >^\beta \mathrm{d}A - \frac{1}{V} \int_{A_{\beta\sigma}} n_{\beta\sigma} \tilde{p}_\beta \mathrm{d}A \qquad (5-42)$$

根据式（5-36）以及式（5-37）可知：

$$- \frac{1}{v} \int_{A_{\beta\sigma}} n_{\beta\sigma} < p_\beta >^\beta \mathrm{d}A = < p_\beta >^\beta \nabla \varepsilon_\beta \qquad (5-43)$$

将式（5-43）代入式（5-42）可得：

$$- < \nabla p_\beta > = - \varepsilon_\beta \nabla < p_\beta >^\beta - \frac{1}{V} \int_{A_{\beta\sigma}} n_{\beta\sigma} \tilde{p}_\beta \mathrm{d}A \qquad (5-44)$$

所以结合式（5-41）和式（5-44），式（5-30）可以写成：

$$\rho_\beta \varepsilon_\beta \frac{\partial <v_\beta>^\beta}{\partial t} + \rho_\beta \varepsilon_\beta <v_\beta>^\beta \nabla \cdot <v_\beta>^\beta + \rho_\beta \nabla \cdot <\tilde{v}_\beta \tilde{v}_\beta>$$

$$= -\varepsilon_\beta \nabla <p_\beta>^\beta + \varepsilon_\beta \rho_\beta g + \mu_\beta (\varepsilon_\beta \nabla^2 <v_\beta>^\beta + \nabla \varepsilon_\beta \cdot \nabla <v_\beta>^\beta + <v_\beta>^\beta \nabla^2 \varepsilon_\beta) - $$

$$\frac{1}{V} \int_{A_{\beta\sigma}} n_{\beta\sigma} \cdot \boldsymbol{I} \tilde{p}_\beta \mathrm{d}A + \frac{1}{V} \int_{A_{\beta\sigma}} n_{\beta\sigma} \cdot \mu_\beta \nabla \tilde{v}_\beta \mathrm{d}A$$

$$(5\text{-}45)$$

其中，$\boldsymbol{I}$ 为单位张量。式（5-45）是 Navier-Stokes 方程的一个表相平均形式，即每一项表示为多孔介质每个单位体积上的力。

显然，为了获得方程组的封闭形式，需要知道 $\tilde{p}_\beta$ 和 $\tilde{v}_\beta$。一般常用本构假设来获取封闭形式。利用式（5-46）的线性转化以获取与 $\tilde{p}_\beta$ 和 $\tilde{v}_\beta$ 的表达式，其中 $\boldsymbol{M}$ 为张量场，用于将 $\tilde{v}_\beta$ 映射到 v_β。

$$\tilde{v}_\beta = M \cdot <v_\beta>^\beta \tag{5-46}$$

通常通过 $\tilde{p}_\beta$ 和 $\tilde{v}_\beta$ 的偏微分方程组的形式获取封闭形式。这样不仅能够得到 $\tilde{p}_\beta$ 和 $\tilde{v}_\beta$ 表达式的修正形式，而且提供一种方式计算出现在表达式中的系数。在获得封闭形式之前，首先要保证式（5-45）满足式（5-24）给出的尺度限制条件。如图 5-2 所示，$\tilde{v}_\beta$ 对应的长度尺度为 l_β，因此可以估计：

$$\nabla \tilde{v}_\beta = O(\tilde{v}_\beta / l_\beta) \tag{5-47}$$

由式（5-21）给出的空间分解定理和加在 β-σ 界面上的无滑移边界条件，可以得到：

$$\tilde{v}_\beta = O(<v_\beta>^\beta) \tag{5-48}$$

式（5-45）最后一项可以近似估计为：

$$\frac{\mu_\beta}{V_\beta} \int_{A_{\beta\sigma}} n_{\beta\sigma} \cdot \nabla \tilde{v}_\beta \mathrm{d}A = O(\mu_\beta <v_\beta>^\beta / l_\beta^2) \tag{5-49}$$

又因为平均量，如 ε_β、$<p_\beta>^\beta$ 和 $<v_\beta>^\beta$ 是与图 5-2 所示宏观特征长度尺度 L 相关的，所以可以得到如下估计：

$$\mu_\beta \nabla^2 <v_\beta>^\beta = O(\mu_\beta <v_\beta>^\beta / L^2) \tag{5-50}$$

$$\mu_\beta \varepsilon_\beta^{-1} \nabla \varepsilon_\beta \cdot \nabla <v_\beta>^\beta = O(\mu_\beta <v_\beta>^\beta / L^2) \tag{5-51}$$

$$\mu_\beta \varepsilon_\beta^{-1} <v_\beta>^\beta \nabla^2 \varepsilon_\beta = O(\mu_\beta <v_\beta>^\beta / L^2) \tag{5-52}$$

由式（5-24）的约束条件，结合式（5-49）至式（5-52），可以看出所有的黏滞力项都要远远小于式（5-45）最后一项，也即前者对速度场的影响可以忽略不计，因此可以舍去。然而，式（5-50）项代表着 Brinkman 修正项，尽管它对速度场的影响可以忽略不计，但是为了保持方程的完整性以获得关于 $\tilde{p}_\beta$ 和 $\tilde{v}_\beta$ 的封闭形式，在接下来的方程中保留了这一项。因此，式（5-45）可以简化为：

$$\rho_\beta \varepsilon_\beta \frac{\partial <v_\beta>^\beta}{\partial t} + \rho_\beta \varepsilon_\beta <v_\beta>^\beta \nabla \cdot <v_\beta>^\beta + \rho_\beta \nabla \cdot <\tilde{v}_\beta \tilde{v}_\beta>$$

$$= - \varepsilon_\beta \nabla <p_\beta>^\beta + \varepsilon_\beta \rho_\beta g + \mu_\beta \varepsilon_\beta \nabla^2 <v_\beta>^\beta - \qquad (5-53)$$

$$\frac{1}{v} \int_{A_{\beta\sigma}} n_{\beta\sigma} \cdot \boldsymbol{I} \tilde{p}_\beta \mathrm{d}A + \frac{1}{v} \int_{A_{\beta\sigma}} n_{\beta\sigma} \cdot \mu_\beta \nabla \tilde{v}_\beta \mathrm{d}A$$

接下来定义矢量项 $\mu_\beta \boldsymbol{F}$ 为：

$$\mu_\beta \boldsymbol{F} = \frac{1}{v} \int_{A_{\beta\sigma}} n_{\beta\sigma} \cdot \boldsymbol{I} \tilde{p}_\beta \mathrm{d}A - \frac{1}{v} \int_{A_{\beta\sigma}} n_{\beta\sigma} \cdot \mu_\beta \nabla \tilde{v}_\beta \mathrm{d}A \qquad (5-54)$$

对于式（5-53）左端第三项，目前尚未有较好的办法对其进行精确的表征和计算，而且在不受界面区域影响的自由流区域和渗流区域，这一项均为零或很小，所以可以直接忽略。因此，可以将这一项的影响添加到矢量项 $\mu_\beta \boldsymbol{F}$ 中。式（5-53）可以表示为：

$$\rho_\beta \varepsilon_\beta \frac{\partial <v_\beta>^\beta}{\partial t} + \rho_\beta \varepsilon_\beta <v_\beta>^\beta \nabla \cdot <v_\beta>^\beta$$

$$= - \varepsilon_\beta \nabla <p_\beta>^\beta + \varepsilon_\beta \rho_\beta g + \mu_\beta \varepsilon_\beta \nabla^2 <v_\beta>^\beta - \mu_\beta \boldsymbol{F} \qquad (5-55)$$

在此，定义：

$$\mu_\beta \boldsymbol{F} = \mu_\beta \varepsilon_\beta^2 K^{-1} <v_\beta>^\beta \qquad (5-56)$$

所以式（5-56）又可表示为：

$$\rho_\beta \varepsilon_\beta \frac{\partial <v_\beta>^\beta}{\partial t} + \rho_\beta \varepsilon_\beta <v_\beta>^\beta \nabla \cdot <v_\beta>^\beta$$

$$= - \varepsilon_\beta \nabla <p_\beta>^\beta + \varepsilon_\beta \rho_\beta g + \mu_\beta \varepsilon_\beta \nabla^2 <v_\beta>^\beta - \mu_\beta \varepsilon_\beta^2 K^{-1} <v_\beta>^\beta \qquad (5-57)$$

方程（5-57）即为描述 Navier-Stokes 流与 Darcy 流耦合的数学方程，该方程又被称为 Darcy-Brinkman-Stokes 方程（简称 DBS 方程）。

4）基于 REV 的多尺度流动表征

基于表征单元体 REV，分析方程（5-57）可知，ε_β 是每个控制体积单元中孔隙的体积分数，取值范围为 0~1。它被定义为整个区域的一个场，不同位置对应着不同的值。这个变量在自由流动区域和多孔介质区域的值不同：对于一个控制体积单元，$\varepsilon_\beta = 1$ 即表示单元中没有固体，表明控制体积单元对应着自由流动区域；当 $0 < \varepsilon_\beta < 1$ 时，表明控制体积单元对应着多孔介质区域。方程（5-57）右端的最后一项表示固相和液相之间的动量交换项，即达西阻力项。类达西渗透率 K 在不同位置的值也不同。它应该是 ε_β 的函数，比如阻力项 $-\mu_\beta \varepsilon_\beta^2 K^{-1} <v_\beta>^\beta$ 在自由流动区域消失，而在多孔介质区域起主导作用。例如，K 可以用 Kozeny-Carman 关系表示：

$$K^{-1} = K_0^{-1} \frac{(1 - \varepsilon_\beta)^3}{\varepsilon_\beta^2} \qquad (5-58)$$

其中，K_0 为多孔介质自身的渗透率。由此可知，综合考虑方程（5-57）与方程（5-58），局部平均的 Navier-Stokes 方程（5-57）会在不同条件下转化为不同形式。

（1）当 $\varepsilon_\beta = 1$ 时，$<v_\beta>^\beta = v$，此时方程为一般情况下表示自由流区域规律的 Navier-Stokes 方程，方程（5-57）转化为：

$$\rho_\beta \frac{\partial <v_\beta>^\beta}{\partial t} + \rho_\beta <v_\beta>^\beta \nabla \cdot <v_\beta>^\beta = -\nabla <p_\beta>^\beta + \rho_\beta g + \mu_\beta \nabla^2 <v_\beta>^\beta \qquad (5-59)$$

（2）当 $0 < \varepsilon_\beta < 1$ 时，流体阻力项在这个流域中起主导作用，惯性项、Brinkman 修正项的影响可以忽略不计，进一步忽略重力项的影响，方程（5-57）可以转化为：

$$0 = -\varepsilon_\beta \nabla <p_\beta>^\beta - \mu_\beta \varepsilon_\beta^2 K^{-1} <v_\beta>^\beta \qquad (5-60)$$

方程（5-60）进一步变换可以得到：

$$<v_\beta>^\beta = -\frac{K}{\mu_\beta \varepsilon_\beta} \nabla <p_\beta>^\beta \qquad (5-61)$$

因此，方程（5-57）即为单一的描述多尺度多孔介质中 Navier-Stokes 流与 Darcy 流耦合问题的基本方程。根据孔隙度场 ε_β 的取值，方程（5-57）可以转化为方程（5-59）和方程（5-61），用于解决不同尺度流域的流体流动问题。

综上所述，经过尺度升级的连续性方程（5-13）和 DBS 方程（5-57）组成的方程组，构成了多尺度流动模拟计算的基本数学模型。

2. 基于数字岩心的多相流动的数学模型

对于聚合物驱油过程，涉及油、水和聚合物三种流体。聚合物驱油过程在流体力学中可以看成是一个三相流体之间的相互作用过程。但需要注意的是，油水之间和油聚合物之间是互不相溶的，但水和聚合物之间是互溶的。对聚合物驱油过程进行模拟，关键是建立一种描述三相流动的数值模拟计算方法。

多相流动相对于单相流动是更加复杂的物理现象，因此对其进行模拟更加困难。多相流的特点为在多相流中各相之间存在分界面，且该分界面随着流动在不断变化。利用计算流体动力学对多相流动问题进行模拟的关键在于比较精确地模拟出不同流体间的界面，由于在流体流动过程中，界面是不断变化的。人们提出了多种不同的方法来模拟界面的位置和变化。这些方法大致可以分为动网格方法、界面追踪法和体积追踪法。图 5-5 给出了这几种方法对界面描述的示意图。由图 5-5 可以看出：动网格方法中计算网格随着两相流动不断进行调整，界面是由部分网格的面组成，这种方法对界面的描述比较准确，但计算过

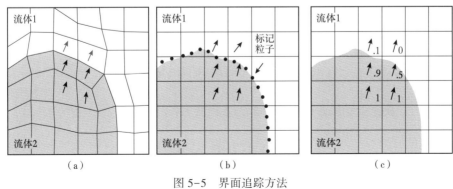

图 5-5　界面追踪方法

程中需要不断对计算网格进行划分和调整，计算效率比较低；界面追踪法是利用一个高度函数或一系列标记粒子/片段对界面进行标记和追踪；体积追踪法是利用一个体积分数或水平集函数对界面进行追踪。界面追踪法和体积追踪法的计算网格都是固定的，但需要解决的问题是发展算法保证在运算过程中，界面能一直比较薄，不发散。在本研究中，采用体积追踪法中的 VOF（volume of fluid）方法对多相流动进行模拟，相对于其他的几种方法，该方法物理图像清晰，计算效率较高。

VOF 方法是计算流体动力学（有限体积方法）中模拟两相或多相流体流动的一种重要方法。VOF 方法最初由 Hirt 和 Nichols 提出，是多相流体模拟中一种新兴的方法。在该方法中，通过有限体积方法离散求解 Navier-Stokes 方程，通过 VOF 方法处理界面移动。该模型中，孔隙尺度上的每一种力，如黏滞力、压力、表面张力、毛管力等都可以被考虑进来，这些力最终可以通过 Navier-Stokes 方程和泊松方程数值求解。

在该方法中有一个核心的指标函数 α，它代表一个网格中某一相流体占据的体积分数。对于两相流体流动有：$\alpha=1$ 表示该网格完全被该相流体占据；$\alpha=0$ 表示该网格完全被其他相流体占据；$0<\alpha<1$ 表示混相处或自由界面。可以看出，在该方法中是由 α 值确定界面位置，而 α 的梯度方向也就确定了界面法线方向。

对于 VOF 方法，由于引入了指标函数 α，其流体力学的控制方程也需要在单相流体力学基本方程的基础上进行调整。以两相流为例，推导在 VOF 方法中涉及的控制方程。在本研究中涉及的油水两相都是不可压缩的均质流体，设两相流体的速度分别为 U_1 和 U_2，密度为 ρ_1 和 ρ_2，黏度为 μ_1 和 μ_2。由于引入了体积分数 α，也可以等价地将两相流动看成是一种流体的流动。该流体的速度 U、密度 ρ 和黏度 μ 与两相流体的关系为式（5-62）。可以看出，该流体的密度和黏度都是随着时间和位置变化的。

$$\rho = \alpha\rho_1 + (1-\alpha)\rho_2$$
$$\mu = \alpha\mu_1 + (1-\alpha)\mu_2 \tag{5-62}$$
$$U = \alpha U_1 + (1-\alpha)U_2$$

在描述两相流动的 VOF 方法中，涉及流体动力学的方程主要包括以下三个：

（1）连续性方程。

这里的连续性方程指的是将两相流体看成一种流体时的质量守恒方程。尽管任意一相流体都是不可压缩的，但在两相流动过程中，如果研究对象取定为一相流体，由于其体积分数 α 是一个变化的量，该相流体的流动可以等价为密度为 $\rho_1\alpha$ 的可压缩流体的流动，对其列连续性方程得到：

$$\frac{\partial(\rho_1\alpha)}{\partial t} + \nabla\cdot(\rho_1\alpha U_1) = 0 \tag{5-63}$$

由于 ρ_1 为常数，可以从方程中提出来，方程变为：

$$\frac{\partial\alpha}{\partial t} + \nabla\cdot(\alpha U_1) = 0 \tag{5-64}$$

同理，对于两相流体，可以得到连续性方程：

168

$$\frac{\partial(1 - \alpha)}{\partial t} + \nabla \cdot \left[(1 - \alpha) \boldsymbol{U}_2 \right] = 0 \tag{5-65}$$

联立式（5-63）、式（5-64）和式（5-65），即可以得到连续性方程：

$$\nabla \cdot \boldsymbol{U} = 0 \tag{5-66}$$

（2）体积分数 α 满足的方程。

以上连续性方程是通过分别列出两相流体的各自连续性方程推导出的，如果在整个研究区域，把两相流体看成是密度可以变化的单相流体，可以得到关于 α 的连续性方程。如果将两相流体看成单相流体，则该流体在任意一个小的控制体积内的密度和速度都与体积分数 α 有关，见式（5-62）。可以对其列出连续性方程：

$$\frac{\partial \rho(\alpha)}{\partial t} + \nabla \cdot \left[\rho(\alpha) \boldsymbol{U} \right] = 0 \tag{5-67}$$

化简该方程可以得到体积分数 α 的连续性方程：

$$\frac{\partial \alpha}{\partial t} + \nabla \cdot (\alpha \boldsymbol{U}) = 0 \tag{5-68}$$

对其进一步推导还可以得到：

$$\frac{\partial \alpha}{\partial t} + \nabla \cdot (\alpha \boldsymbol{U}) + \nabla \cdot \left[\boldsymbol{U}_r \alpha (1 - \alpha) = 0 \right] \tag{5-69}$$

其中，$\boldsymbol{U}_r = \boldsymbol{U}_1 - \boldsymbol{U}_2$ 代表控制体积内两相流体的相对速度，可以推导出该公式中的 $\nabla \cdot [\boldsymbol{U}_r \alpha (1-\alpha)] = 0$。式（5-68）和式（5-69）即为计算流体模拟时，体积分数 α 满足的控制方程。式（5-69）之所以添加后面的一项，是因为这一项可以压缩界面，保证两相界面比较尖锐（薄）。

（3）动量守恒方程。

按照上述思路将两相流动看成一种密度、黏度可变的流体的单相流动，可以得到动量守恒方程，即 Navier-Stokes 方程：

$$\frac{\partial(\rho \boldsymbol{U})}{\partial t} + \nabla \cdot (\rho \boldsymbol{U}\boldsymbol{U}) = -\nabla p + \nabla \cdot \boldsymbol{T} + \rho \boldsymbol{f}_b \tag{5-70}$$

式中，$\boldsymbol{T}$ 代表黏性应力张量；p 为外场压力；$\boldsymbol{f}_b$ 为体积力。

体积力中包括重力、界面张力等。界面张力的处理也是多相流动计算中的一个重点。描述界面张力有很多模型，包括连续表面压力（CSS）模型、连续表面力（CSF）模型和突变表面力（SSF）模型等。其中，在连续表面力模型中，界面张力由式（5-71）求出：

$$\boldsymbol{f}_\sigma = \sigma \kappa \nabla \alpha \tag{5-71}$$

式中，σ 为实验中测出的比界面能；κ 为界面的曲率，由式（5-72）求出。

$$\kappa = -\nabla \cdot \left(\frac{\nabla \alpha}{|\nabla \alpha|} \right) \tag{5-72}$$

3. 基于 VOF 方法的聚合物驱微观模拟的三相流数学模型

对于聚合物驱油过程，涉及油、水和聚合物三种流体。聚合物驱油过程在流体力学中可以看成是一个三相流体之间的相互作用过程。因此，需要将描述两相流流动的 VOF 方法推广到三相流流动。但需要注意的是，这三相之间的相互作用有所不同：油水之间和油聚合物之间被认为是互不相溶的，但水和聚合物之间是互溶的。为了便于介绍三相流数学模型，首先声明一下模型中用到的变量符号：α_o、α_w 和 α_p 分别来代表油、水和聚合物的体积分数；ρ_o、ρ_w 和 ρ_p 分别代表油、水和聚合物的密度；$\boldsymbol{U}_o$、$\boldsymbol{U}_w$ 和 $\boldsymbol{U}_p$ 分别代表油、水和聚合物的速度。显然，对于体积分数应该满足：

$$\alpha_o + \alpha_w + \alpha_p = 1 \tag{5-73}$$

对每种流体都可以写出连续性方程：

$$\frac{\partial(\rho_o\alpha_o)}{\partial t} + \nabla(\rho_o\alpha_o\boldsymbol{U}_o) = 0 \tag{5-74}$$

$$\frac{\partial(\rho_w\alpha_w)}{\partial t} + \nabla\cdot(\rho_w\alpha_w\boldsymbol{U}_w) = 0 \tag{5-75}$$

$$\frac{\partial(\rho_p\alpha_p)}{\partial t} + \nabla\cdot(\rho_p\alpha_p\boldsymbol{U}_p) = 0 \tag{5-76}$$

由于聚合物与水是互溶的，而它们与油之间又都不互溶，可以定义一个聚合物与水的混合溶液的体积分数 $\gamma = 1-\alpha_o$，将聚合物的体积分数设为 $\beta=\alpha_p$，那么水的体积分数为 $\alpha_p = \gamma-\beta$。

如果将三相流体看成一种流体，对于该流体其密度为：

$$\rho = \rho_p\beta + \rho_w(\gamma - \beta) + \rho_o(1 - \gamma) \tag{5-77}$$

而合成流体的质量速度为：

$$\boldsymbol{v} = \frac{1}{\rho}\left[\rho_p\beta\boldsymbol{U}_p + \rho_w(\gamma - \beta)\boldsymbol{U}_w + \rho_o(1 - \gamma)\boldsymbol{U}_o\right] \tag{5-78}$$

对于该合成流体，同样有连续性方程：

$$\frac{\partial\rho}{\partial t} + \nabla\cdot(\rho\boldsymbol{v}) = 0 \tag{5-79}$$

从另外一个角度，还可以把聚合物与水的混合溶液看成一相，把油看成另外一相，这样就可以得到类比于两相流体的连续性方程。聚合物与水的混合溶液的密度 ρ_m、质量速度 $\boldsymbol{v}_m$ 和体积速度 $\boldsymbol{U}_m$ 表达式分别为：

$$\rho_m = \rho_p\frac{\beta}{\gamma} + \rho_w\left(1 - \frac{\beta}{\gamma}\right) \tag{5-80}$$

$$\boldsymbol{v}_m = \frac{1}{\rho_m}\left[\frac{\beta}{\gamma}\rho_p\boldsymbol{U}_p + \left(1 - \frac{\beta}{\gamma}\right)\rho_w\boldsymbol{U}_w\right] \tag{5-81}$$

$$U_{\mathrm{m}} = \frac{\beta}{\gamma} U_{\mathrm{p}} + \left(1 - \frac{\beta}{\gamma}\right) U_{\mathrm{w}} \tag{5-82}$$

对于油、水和聚合物三相流动，可以被看成是聚合物溶液与油的两相流动。该流体体积平均速度应该满足：

$$\nabla \cdot U = 0 \tag{5-83}$$

其中，$U = \gamma U_{\mathrm{m}} + (1 - \gamma) U_{\mathrm{o}}$。

可以看到体积平均速度与质量平均速度是不一致的，两者之间满足如下关系：

$$v = U + \gamma (1 - \gamma) \frac{\rho_{\mathrm{m}} - \rho_{\mathrm{o}}}{\rho} U_{\mathrm{r\gamma}} + \beta_{\mathrm{s}} \frac{\gamma - \beta}{\gamma + \beta_{\mathrm{s}}} \frac{\rho_{\mathrm{m}}}{\rho} U_{\mathrm{r}} \tag{5-84}$$

其中，$U_{\mathrm{r\gamma}} = U_{\mathrm{m}} - U_{\mathrm{o}}$，$U_{\mathrm{r}} = U_{\mathrm{p}} - U_{\mathrm{w}}$。

类比于式（5-79），对于聚合物溶液与油两相流体可以得到关于 γ 的关系式：

$$\frac{\partial \gamma}{\partial t} + \nabla \cdot (\gamma U) + \nabla \cdot \left[\gamma (1 - \gamma) U_{\mathrm{r\gamma}}\right] = 0 \tag{5-85}$$

根据式（5-85）和 U_{r} 定义，可以得到：

$$U_{\mathrm{p}} = U_{\mathrm{m}} + \left(1 - \frac{\beta}{\gamma}\right) U_{\mathrm{r}} = U + (1 - \gamma) U_{\mathrm{r\gamma}} + \left(1 - \frac{\beta}{\gamma}\right) U_{\mathrm{r}} \tag{5-86}$$

将式（5-86）代入式（5-85）中，可以得到关于 β 的一个公式：

$$\frac{\partial \beta}{\partial t} + \nabla \cdot (\beta U) + \nabla \cdot \left[\beta (1 - \beta) U_{\mathrm{r\beta}}\right] = 0 \tag{5-87}$$

其中，$U_{\mathrm{r\beta}} = \dfrac{\gamma (1 - \gamma) U_{\mathrm{r\gamma}} + (\gamma - \beta) U_{\mathrm{r}}}{\gamma (1 - \beta)}$。

这样就将体积分数 γ 和 β 满足的控制方程统一到同一个形式上，便可以利用有限体积法对其进行求解。另外，由于聚合物溶液与水是互溶的，为了体现这一差异，需要在公式上添加一个扩散项，式（5-87）变为：

$$\frac{\partial \beta}{\partial t} + \nabla \cdot (\beta U) + \nabla \cdot \left[\beta (1 - \beta) U_{\mathrm{r\beta}}\right] - D_{\mathrm{diff}} \nabla^2 \beta = 0 \tag{5-88}$$

其中，D_{diff} 是聚合物的扩散常数。

式（5-85）和式（5-88）就是在三相流动过程中，两个独立的体积分数 γ 和 β 满足的控制方程。这两个方程与两相流动过程中的体积分数 α 满足的方程——式（5-68）在形式上是一致的，因此可以用同样的算法进行离散求解。这两个方程与连续性方程（5-69）和动量方程（5-70）就构成了三相流动模拟的基本控制方程组。

三、数值方法

计算流体动力学模拟是通过计算机和数值方法来求解流体力学的控制方程，对流体力学问题进行模拟和分析的过程。其基本思想为：把在时间和空间上连续的物理量的场，如速度场和压力场用一系列有限个离散点上的变量值的集合来代替，通过一定的原则和方式建立起关于这些离散点上场变量之间关系的代数方程组，然后求解代数方程组获得场变量的近似值。通过这种数值模拟，可以得到复杂问题的流场内各个位置上的基本物理量的分布，以及这些物理量随时间的变化。

1. 有限体积法

经过几十年的发展，计算流体动力学目前有多种数值解法。这些方法之间的主要区别在于对控制方程的离散方式。根据离散方式的不同，计算流体动力学大体可以分为有限差分法、有限元法和有限体积法。

有限差分法是应用最早、最经典的计算流体动力学方法，它将求解域划分为差分网格，用有限个网格节点代替连续的求解域，将偏微分方程的导数用差商代替，推导出含有离散点上有限个未知数的差分方程组。有限元方法是 20 世纪 80 年代开始应用的一种数值解法，它吸收了有限差分法中离散处理的内核，又采用了变分计算中选择逼近函数对区域进行积分的合理方法。有限元方法求解速度较有限差分法和有限体积法慢，因此在计算流体动力学问题中应用不是特别广泛。

有限体积法将计算区域划分为一系列控制体积，将待解的微分方程对每一个控制体积积分得出离散方程。在导出离散方程的过程中，需要对界面上的被求函数本身及其导数的分布做出某种形式的假定。用有限体积方法导出的离散方程可以保证具有守恒特性，且离散方程的系数物理意义明确，计算量相对较小。这种方法是目前计算流体动力学模拟中应用最广泛的一种方法。在本书中，采用有限体积法对控制方程进行离散。

2. 计算区域的离散

计算域的离散是计算流体动力学模拟的关键一步。计算区域的离散通常被称为网格划分。合理地划分网格不但能够减少计算量，还能够提高计算精度。目前，网格分为结构网格和非结构网格两类。结构网格在空间上比较规范，网格往往是成行成列的分布，这种网格生成速度快，生成的网格质量也较好，但这种网格适用范围有限，不能用于几何形状复杂的孔隙。非结构化网格，是指没有规则拓扑关系的网格，这类网格中的每个元素都可以是不规则的多面体，其生成过程比较复杂，但却有更好的适应性，尤其对于具有复杂边界的流体动力学计算十分有效。由于岩石的孔隙空间结构复杂，在本书中采用非结构化网格对孔隙空间进行划分。

在对孔隙空间的网格划分过程中，发现不同的划分方式最终得到的网格数目和质量是不同的。在岩石骨架边界处，其几何形状比较复杂，需要网格划分比较精细并且多需要非结构化网格。而对于孔隙内部大块连通区域，利用结构化网格便足以对其进行较好的描述。这种在不同的区域利用不同网格进行划分的方法，可以有效提高网格划分的质量，减少网格的数量，对非均质性比较强的砾岩岩心效果应更加明显。这是下一步研究的重点。

3. 控制方程的离散

流场计算的基本过程是在空间上用有限体积法或其他类似方法将计算域离散成许多小的体积单元。有限体积法将计算区域划分为一系列控制体积，将控制方程对每个控制体积积分，得到离散方程。图 5-6 给出了一个有限体积法中二维问题的计算网格，在此基础上介绍一下如何对控制方程进行离散。用 P 来标识一个广义的节点，其东西两侧的相邻节点分别用 E 和 W 标识，南北两侧的相邻节点分别用 S 和 N 标识，与各个节点对应的控制体积也用相应的字符标识。图中蓝色部分标出了节点 P 处的控制体积。控制体积的东西南北四个界面分别用 e、w、s 和 n 标识。控制体积在 x 与 y 方向的宽度分别为 Δx 和 Δy。

前面推导出的所有控制方程可以统一写成式（5-89）的形式，方程中从左到右每一项分别被称为瞬态项、对流项、扩散项和源项。对于不同的控制方程，ϕ 代表不同的物理量，Γ 和 S 有不同的形式。

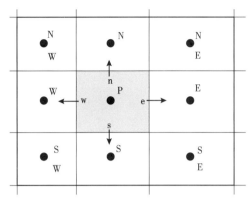

图 5-6 二维问题的计算网格及控制体积

$$\frac{\partial(\rho\phi)}{\partial t} + \mathrm{div}(\rho\phi\boldsymbol{u}) = \mathrm{div}(\Gamma\cdot\mathrm{grad}\phi) + S \qquad (5-89)$$

针对图 5-6 所示的计算网格，在控制体积 P 及时间段 Δt（时间从 t 到 $t+\Delta t$）上积分控制方程为：

$$\int_{t}^{t+\Delta t}\int_{\Delta V}\frac{\partial(\rho\phi)}{\partial t}\mathrm{d}V\mathrm{d}t + \int_{t}^{t+\Delta t}\int_{\Delta V}\mathrm{div}(\rho\phi\boldsymbol{u})\mathrm{d}V\mathrm{d}t$$
$$= \int_{t}^{t+\Delta t}\int_{\Delta V}\mathrm{div}(\Gamma\cdot\mathrm{grad}\phi)\mathrm{d}V\mathrm{d}t + \int_{t}^{t+\Delta t}\int_{\Delta V}S\mathrm{d}V\mathrm{d}t \qquad (5-90)$$

针对式（5-89）中的每一项，其离散方式如下：

（1）瞬态项。

在处理瞬态项时，假定物理量 ϕ 在整个控制体积 P 上均具有节点处的值 ϕ_{P}，同时假定密度 ρ 在时间段 Δt 上的变化量极小，则瞬态项可以写成如下形式：

$$\int_{t}^{t+\Delta t}\int_{\Delta V}\frac{\partial(\rho\phi)}{\partial t}\mathrm{d}V\mathrm{d}t = \int_{\Delta V}\left[\int_{t}^{t+\Delta t}\frac{\partial(\rho\phi)}{\partial t}\mathrm{d}t\right]\mathrm{d}V \qquad (5-91)$$
$$= \rho_{\mathrm{P}}^{0}(\phi_{\mathrm{P}} - \phi_{\mathrm{P}}^{0})\Delta V$$

（2）源项。

源项可以被写成线性化的形式：

$$\int_{t}^{t+\Delta t}\int_{V}S\mathrm{d}V\mathrm{d}t = \int_{t}^{t+\Delta t}S\Delta V\mathrm{d}t = \int_{t}^{t+\Delta t}(S_{\mathrm{C}} + S_{\mathrm{P}}\phi_{\mathrm{P}})\Delta V\mathrm{d}t \qquad (5-92)$$

（3）对流项。

根据高斯散度定理，体积分转变为面积分后可以得到式（5-93），其中 A 是控制体积界面的面积。注意对流项中离散界面上的 ϕ 值可以根据实际的计算情况选取多种插值形式。

$$\int_{t}^{t+\Delta t}\int_{\Delta V}\mathrm{div}(\rho\phi\boldsymbol{u})\mathrm{d}V\mathrm{d}t = \int_{t}^{t+\Delta t}\left[(\rho u)_{e}A_{e}\phi_{e} - (\rho u)_{w}A_{w}\phi_{w} + (\rho u)_{n}A_{n}\phi_{n} - (\rho u)_{s}A_{s}\phi_{s}\right]\mathrm{d}t$$

$$(5-93)$$

（4）扩散项。

同样根据高斯散度定理，将体积分转变成面积分后，得到式（5-94）。对于扩散项中离散界面上的 ϕ 值始终需要使用中心差分格式。

$$\int_t^{t+\Delta t}\int_{\Delta V}\mathrm{div}\left(\Gamma\cdot\mathrm{grad}\phi\right)\mathrm{d}V\mathrm{d}t = \int_t^{t+\Delta t}\left[\Gamma_eA_e\frac{\phi_E-\phi_P}{(\delta x)_e}-\Gamma_wA_w\frac{\phi_P-\phi_w}{(\delta x)_w}+\right.$$
$$\left.\Gamma_nA_n\frac{\phi_N-\phi_P}{(\delta x)_n}-\Gamma_sA_s\frac{\phi_P-\phi_S}{(\delta x)_s}\right]\mathrm{d}t \tag{5-94}$$

对于源项、对流项和扩散项中都引入全隐式时间积分方案：

$$\int_t^{t+\Delta t}\phi_P\mathrm{d}t = \phi_P\Delta t \tag{5-95}$$

4. 初始条件和边界条件

初始条件与边界条件是计算流体动力学模拟有确定合理解的前提，控制方程和相应的初始条件与边界条件的组合构成对一个物理过程完整的数学描述。边界条件是在求解区域边界上所求解的变量或其导数随时间和地点的变化规律。初始条件是指所研究对象在过程开始时刻各个求解变量的空间分布情况。表 5-1 给出了模拟方法中设置的初始条件，表 5-2 给出了模拟方法中设置的主要边界条件。目前，主要研究了入口定速度情况下多相流动的规律和机理，下一步也将研究定压差条件下驱油过程及机理。

表 5-1　多相流动模拟过程中的初始条件

名称	初始条件
压力，Pa	0
速度，m/s	(0, 0, 0)
体积分数	不同的过程有不同初始值：（1）油驱水过程初态设置为充满水；（2）水驱油过程初态设置为油驱水过程的末态；（3）多相流动过程初态设置为水驱油过程的末态；（4）后续水驱油过程初态设置为多相流动过程的末态

表 5-2　多相流动模拟过程中的边界条件

名称	速度边界，m/s	压力边界，Pa	流体体积分数边界
入口	固定值 例如： (0.003, 0, 0)	根据设定速度值计算得出	固定值，根据不同的模拟过程设定不同：（1）油驱水过程，油的体积分数为1，其余两相为0；（2）水驱油过程，水的体积分数为1，其余两相为0；（3）多相流动过程，聚合物体积分数为1，其余两相为0；（4）后续水驱过程，水体积分数为1，其余两相为0
出口	梯度为0	0（固定值）	梯度为0
岩石壁面	固定值 (0, 0, 0)	根据设定速度值计算得出	值为0，润湿角为90°
岩心其他边界	固定值 (0, 0, 0)	根据设定速度值计算得出	值为0，润湿角为90°

四、求解方法

1. 多相流动模拟的数值求解流程

前面建立了与控制方程相应的离散方程，即代数方程组。但是，除了如已知速度场求温度分布这类简单的问题外，所生成的离散方程不能直接用来求解，还必须对离散方程进行调整，并且对各未知量（速度、压力、温度等）的求解顺序及方式进行特殊处理。图 5-7 给出了编制的基于数字岩心的多相流动模拟程序的基本求解流程图。在计算中，首先根据上一时间步的结果计算出三种流体的相对速度。然后进行两个独立的体积分数的求解，根据求解的体积分数更新质量流量，之后离散动量方程，利用 PISO 算法求解动量方程得到压力和速度，最后根据这些结果更新流体的密度、黏度等性质，为下一时间步的求解做准备。在求解过程中用到了在计算流体动力学中广泛使用的数值计算方法——PISO 算法。

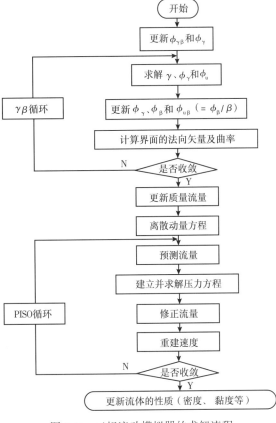

图 5-7　三相流动模拟器的求解流程

2. 计算流体力学的 PISO 算法

PISO 算法是英文 Pressure Implicit with Splitting of Operators 的缩写，意为压力的隐式算子分割算法。PISO 算法是 Issa 于 1986 年提出来的，起初是针对非稳态可压流动的无迭代计算所建立的一种压力速度计算程序，后来在稳态问题的迭代计算中也较广泛地使用了该算法。PISO 算法包含一个预测步和两个修正步，在完成了第一步修正后寻求二次改正值，目的是使它们更好地同时满足动量方程和连续性方程。PISO 算法由于使用了预测—修正—再修正三步，从而可以加快单个迭代中的收敛速度。

PISO 算法要求解两次压力修正方程，因此它需要额外的存储空间来计算二次压力修正方程中的源项。尽管该方法涉及较多的计算，但对比发现，它的计算速度很快，总体效率比较高。对于瞬态问题，PISO 算法有明显的优势。计算过程如下：

（1）预测步。

利用猜测的压力场 p^*，求解动量离散方程，得到速度分量 u^* 与 v^*。

（2）第一修正步。

该修正步给出一个速度场 (u^{**}, v^{**})，使其满足连续方程。记为：

$$p^{**} = p^* + p', \quad u^{**} = u^* + u', \quad v^{**} = v^* + v' \tag{5-96}$$

这组公式用于定义修正后的速度 u^{**} 和 v^{**}，即

$$u_{i, J}^{**} = u_{i, J}^* + d_{i, J}(p'_{I-1, J} - p'_{I, J}) \tag{5-97}$$

$$v_{I,j}^{**} = v_{I,j}^{*} + d_{I,j}(p_{I,J-1}' - p_{I,J}') \tag{5-98}$$

将式（5-97）和式（5-98）代入连续性方程，可以得到压力修正方程：

$$a_{I,J}p_{I,J}' = a_{I+1,J}p_{I+1,J}' + a_{I-1,J}p_{I-1,J}' + \alpha_{I,J+1}p_{I,J+1}' + a_{I,J-1}p_{I,J-1}' + b_{I,J}' \tag{5-99}$$

求解该方程，产生第一个压力修正值 p'。一旦压力修正值已知，就可以通过式（5-97）与式（5-98）获得速度分量 u^{**} 和 v^{**}。

（3）第二修正步。

u^{**} 和 v^{**} 的动力离散方程是：

$$a_{i,J}u_{i,J}^{**} = \sum a_{nb}u_{nb}^{*} + (p_{I,J-1}^{**} - p_{I,J}^{**})A_{i,J} + b_{i,J} \tag{5-100}$$

$$a_{I,j}v_{I,j}^{**} = \sum a_{nb}v_{nb}^{*} + (p_{I,J-1}^{**} - p_{I,J}^{**})A_{I,j} + b_{I,j} \tag{5-101}$$

再次求解动量方程，可以得到两次修正的速度场 u^{**} 和 v^{**}

$$a_{i,J}u_{i,J}^{***} = \sum a_{nb}u_{nb}^{**} + (p_{I,J-1}^{***} - p_{I,J}^{***})A_{i,J} + b_{i,j} \tag{5-102}$$

$$a_{I,j}v_{I,j}^{***} = \sum a_{nb}v_{nb}^{**} + (p_{I,J-1}^{***} - p_{I,J}^{***})A_{I,j} + b_{I,j} \tag{5-103}$$

现在，从式（5-102）中减去式（5-100），从式（5-103）中减去式（5-101），有：

$$u_{i,J}^{***} = u_{i,J}^{**} + \frac{\sum a_{nb}(u_{nb}^{**} - u_{nb}^{*})}{a_{i,J}} + d_{i,J}(p_{I-1,J}'' - p_{I,J}'') \tag{5-104}$$

$$v_{I,j}^{***} = u_{I,j}^{**} + \frac{\sum a_{nb}(v_{nb}^{**} - v_{nb}^{*})}{a_{I,j}} + d_{I,j}(p_{I,J-1}'' - p_{I,J}'') \tag{5-105}$$

其中，记号 p'' 是压力的二次修正值。有了该记号，p^{***} 可表示为：

$$p^{***} = p^{**} + p'' \tag{5-106}$$

将式（5-104）和式（5-105）代入连续性方程，可以得到二次压力修正方程：

$$a_{I,J}p_{I,J}'' = a_{I+1,J}p_{I+1,J}'' + a_{I-1,J}p_{I-1,J}'' + a_{I,J+1}p_{I,J+1}'' + a_{I,J-1}p_{I,J-1}'' + b_{I,J}'' \tag{5-107}$$

其中，$a_{I,J} = a_{I+1,J} + a_{I-1,J} + a_{I,J+1} + a_{I,J-1}$。同样，可以写出各系数如下：

$$a_{I+1,J} = (\rho dA)_{i+1,J} \tag{5-108}$$

$$a_{I-1,J} = (\rho dA)_{i,J} \tag{5-109}$$

$$a_{I,J+1} = (\rho dA)_{I,j+1} \tag{5-110}$$

$$a_{I,J-1} = (\rho dA)_{I,j} \tag{5-111}$$

$$b_{I,J}'' = \left(\frac{\rho A}{a}\right)_{i,J}\sum a_{nb}(u_{nb}^{**} - u_{nb}^{*}) - \left(\frac{\rho A}{a}\right)_{i+1,J}\sum a_{nb}(u_{nb}^{**} - u_{nb}^{*}) +$$
$$\left(\frac{\rho A}{a}\right)_{I,j}\sum a_{nb}(v_{nb}^{**} - v_{nb}^{*}) - \left(\frac{\rho A}{a}\right)_{I,j+1}\sum a_{nb}(v_{nb}^{**} - v_{nb}^{*}) \tag{5-112}$$

现在，求解式（5-107）就可以得到二次压力修正值 p''。这样，通过式（5-111）就可得到二次修正的压力场：

$$p^{***} = p^{**} + p'' = p^{*} + p' + p'' \tag{5-113}$$

最后，求解式（5-104）和式（5-105）就得到二次修正的速度场。

在瞬态问题的非迭代计算中，压力场 p^{***} 与速度场（u^{***}，v^{***}）被认为是准确的。对于稳态流动的迭代过程，PISO 算法的实施过程如图 5-8 所示。PISO 算法要进行两次压力修正，因此需要额外的空间进行数据存储，但是它的计算速度很快，总体效率很高。PISO 算法是一种无迭代的瞬态计算程序。

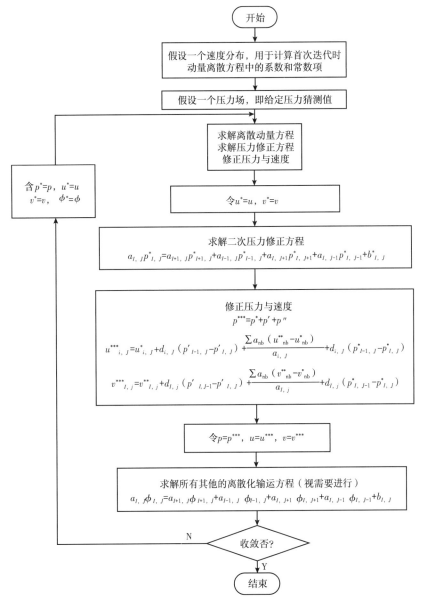

图 5-8　PISO 算法的实施流程图

以上为稳态问题中使用的 PISO 算法，而在瞬态问题中使用 PISO 算法，可在每个时间步内调用 PISO 算法计算出速度场与压力场。计算流程如图 5-9 所示。当然还需要注意，与稳态问题的计算相区别，在瞬态计算的每个时间步内，利用 PISO 算法计算时不需要迭代。PISO 算法的精度取决于时间步长，在预测修正过程中，压力修正与动量方程计算所达到的精度分别是 3（Δt^3）和 4（Δt^4）的量级。可以看出，使用越小的时间步长，可取得越高的计算精度。当步长比较小时，不进行迭代也可保证计算有足够的精度。

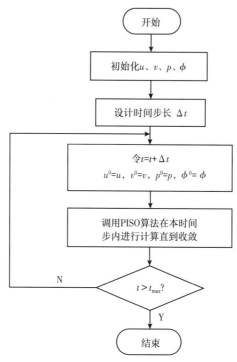

图 5-9　瞬态 PISO 算法的实施流程

第二节　基于数字岩心的流动模拟的实现

一、基于数字岩心的流动模拟的流程

1. 单相流动模拟

1）流体多尺度流动模拟的基本流程

将自由（Navier-Stokes）流与渗流（Darcy 流）耦合的动量方程（DBS 方程），即式（5-113）改写成表相平均的形式［式（5-114）］，如果认为流体相 β 为不可压缩流体，式（5-114）可以进一步转化成式（5-115）。式（5-113）即为耦合流动所遵守的核心动量方程，其中<v_β>和<p_β>为所研究的表征单元体内的速度和压力的平均值（表相平均）；ρ_β 为 β 相流体的密度；v_β 为 β 相流体的运动学黏度；ε_β 代表孔隙度，即为所研究表征单元体内 β 相所占的体积分数；K 代表渗透率，即为所研究表征单元体的渗透率。从式（5-115）还可以看出，利用 DBS 方程描述多孔介质流动的前提是已知表征单元体的孔隙度 ε_β 和渗

透率 K。

$$\rho_\beta \frac{\partial <v_\beta>}{\partial t} + \frac{\rho_\beta}{\varepsilon_\beta} <v_\beta> \nabla \cdot <v_\beta> = -\nabla <p_\beta> + \rho_\beta \varepsilon_\beta g + \mu_\beta \nabla^2 <v_\beta> - \mu_\beta \varepsilon_\beta K^{-1} <v_\beta>$$

$$(5-114)$$

$$\frac{\partial <v_\beta>}{\partial t} + \frac{1}{\varepsilon_\beta} <v_\beta> \nabla \cdot <v_\beta> = -\frac{\nabla <p_\beta>}{\rho_\beta} + \varepsilon_\beta g + v_\beta \nabla^2 <v_\beta> - v_\beta \varepsilon_\beta K^{-1} <v_\beta>$$

$$(5-115)$$

图 5-10 显示了流动模拟中用到的多尺度数字岩心，其中左侧的大岩心为粗尺度岩心，通过第三章介绍的多阈值方法可以将其划分为三类区域，即孔隙区域、岩石区域和微孔隙区域。这三个小岩心分别为精细尺度下建立的岩心。微孔隙区域岩心在高精度扫描下仍然存在内部结构，仍然是一个多孔介质。

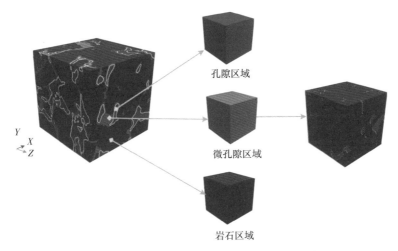

图 5-10　流动模拟中用到的多尺度数字岩心示意图

下面举例说明如何在多尺度岩心的基础上进行流动模拟。图 5-11 显示了基于数字岩心的流体多尺度流动的模拟流程。这里涉及两个尺度岩心：粗尺度岩心和精细尺度岩心。

对粗尺度的数字岩心，利用流体动力学方法进行流动模拟。其计算过程为选择合理的方法对计算区域和 DBS 方程组进行离散，将流体流动遵循的积分方程转化成代数方程，再进一步进行数值计算。数值计算过程中的控制体积是根据粗尺度岩心的分辨率进行选择。根据控制体积内部结构的不同，可以将其分成三类：一是控制体积内完全是孔隙空间；二是控制体积内完全是岩石；三是控制体积内包含微孔隙（既有孔隙，也有岩石）。DBS 方程在这三类控制体积上都是适用的。区别在于对于第一、第二类控制体积，其孔隙度和渗透率都很明确。孔隙空间内的孔隙度为 1，渗透率为无穷大；岩石空间内的孔隙度为 0，渗透率为 0。而对于第三类控制体内（微孔隙区域）的孔隙度和渗透率，则需要利用精细尺度岩心得到。粗尺度下结构不清楚的微孔隙区域在精细尺度下可以被识别得比较清楚。利用对微孔隙区域进行高精度 CT 得到的数字岩心进行计算流体力学模拟，可以得到该区域的孔隙度和渗透率。

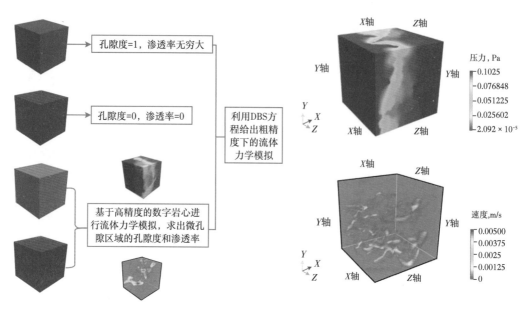

图 5-11　基于数字岩心的流体多尺度流动的模拟流程示意图

通过这样一个过程，就实现了一次尺度升级。该尺度升级过程可以根据岩心建立情况在多个尺度上迭代进行，这样就可以实现多尺度流动的模拟。

这里还需要指出的是，在这种尺度升级处理中，相当于将微孔隙区域做了一定的平均，将整个微孔隙区域看成具有平均属性（孔隙度及渗透率）的多孔介质，这些属性是由微孔隙区域的流动模拟得到的。但是在实际研究过程中，发现当选定的微孔隙区域不同时，得到的计算结果差异可能比较大，而这些结果又会显著地影响整个岩心的渗流规律。因此，需要研究微孔隙区域的属性对多尺度流动模拟的影响。

2）多尺度流动模拟的计算方法

在基于数字岩心的流体多尺度流动的模拟中，采用计算流体力学直接模拟的方法。该方法和基于孔隙网络模型的逾渗理论方法以及格子玻尔兹曼方法是目前基于数字岩心的储层流体流动模拟的最主流的三种方法。三种方法都有各自的优缺点。计算流体动力学方法一方面能够比较精确地考虑多尺度数字岩心的复杂孔隙结构，另一方面也具有比较好的数值计算效率。结合本书中多尺度流动的研究内容，选取计算流体动力学方法进行流体多尺度流动的模拟。

计算流体动力学模拟是通过计算机和数值方法来求解流体力学的控制方程，对流体力学问题进行模拟和分析的过程。其基本思想为：把在时间和空间上连续的物理量的场，如速度场和压力场用一系列有限个离散点上的变量值的集合来代替，通过一定的原则和方式建立起关于这些离散点上场变量之间关系的代数方程组，然后求解代数方程组获得场变量的近似值。通过这种数值模拟，可以得到复杂问题的流场内各个位置上的基本物理量的分布，以及这些物理量随时间的变化。经过几十年的发展，计算流体动力学目前有多种数值解法。这些方法之间的主要区别在于对控制方程的离散方式不同。根据离散方式的不同，计算流体动力学大体可以分为有限差分法、有限元法和有限体积法。

本研究选择利用有限体积法（Finite Volume Method，FVM）离散能够统一描述自由流—渗流的 DBS 方程。有限体积法是近年发展非常迅速的一种离散化方法，其特点是计算效率高，能够处理复杂网格结构并能够保证计算区域的守恒规律。有限体积法的基本思路是：将计算区域划分为网格，并使每个网格点周围有一个互不重复的控制体积；将待解的微分方程（控制方程）对每一个控制体积分，从而得到一组离散方程。其中的未知数是网格点上的因变量，为了求出控制体的积分，必须假定因变量值在网格点之间的变化规律。从积分区域的选取方法看来，有限体积法属于加权余量法中的子域法，从未知解的近似方法看来，有限体积法属于采用局部近似的离散方法。简言之，子域法加离散，就是有限体积法的基本方法。

为了完成有限体积法的模拟计算，本研究选用非常优秀的开源软件 OpenFOAM 作为计算平台。OpenFOAM 是 CFD 领域最著名，被使用最广的开源软件。其所有源代码都是公开的，人们可以根据自己需求，在开源协议的基础上自主地修改使用这些代码。但需要指出的是，开源软件虽然具有比较高的灵活性，但一般来说其学习成本相对于商业软件要高，另外也需要对其模拟结果及模拟精度进行详细的研究和验证。

OpenFOAM 是在 Linux 平台下基于 C++的面向对象的计算流体力学（CFD）软件包，软件采用有限容积方法。其前身 FOAM（Field Operation and Manipulation 的缩写），是 Hrvoje Jasak 在 Imperial College London 机械工程系博士阶段所写，后来开放源代码并更名为 OpenFOAM。该软件架构设计优越，可以针对具体问题编写专门求解程序。由于采用了面向对象编程技术，新模型的加入变得轻松自如，解决了商业软件修改困难的问题，因此该软件受到科研工作者的青睐，是许多 CFD 开发人员或科研工作者常用的工具。

OpenFOAM 就是一个 C++类库，用于创建可执行文件，比如应用程序（Application）。应用程序分成求解器（Solver）与工具（Utilities）两类。其中，求解器是为了解决特定的流体力学问题而设计的；工具则是为了执行包括数据操作等任务而设计的。OpenFOAM 包含了大量的求解器和工具，可以研究的问题非常广泛。OpenFOAM 的一个特点是用户可以通过一些必要的知识（数学、物理和编程技术等）创建新的求解器和工具。利用 OpenFOAM 进行流体力学模拟，一般需要对数据前处理和后处理。OpenFOAM 本身包含前处理和后处理接口，以确保不同环境之间数据传输的一致性。OpenFOAM 结构如图 5-12 所示。

在 OpenFOAM 计算平台的基础上，结合数字岩心技术，采用 C++语言编写模拟计算程序，实现多尺度数字岩心中流体流动的模拟计算和结果分析。

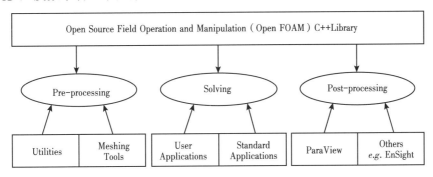

图 5-12　OpenFOAM 结构示意图

2. 多相流动模拟

在多相流动模拟的研究中，以 OpenFOAM 为基础编写了油、水两相及油、水、聚合物三相流动模拟程序。该模拟程序可以应用到数字岩心上，来研究聚合物驱油的规律。

1）数字岩心孔隙空间的非结构化网格划分

图 5-13 显示了二维数字岩心的网格划分情况。左边的图像是岩心的一张 CT 图像，在其基础上生成了一个二维数字岩心，其中黑色代表岩石骨架，白色代表孔隙。右边的图像是对孔隙空间进行网格划分后的结果。图 5-14 显示了三维数字岩心的网格划分情况。左图中红色部分代表岩石骨架，蓝色的代表孔隙。右边图像为对连通孔隙空间划分的网格。可以看出，由于采用了非结构化网格，特别是在小孔隙部分，微观孔隙的复杂结构得到了很好的模拟。

（a）二维岩心示意图

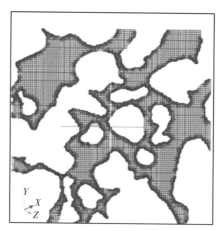

（b）二维岩心孔隙空间的网格划分

图 5-13　二维数字岩心的网格划分

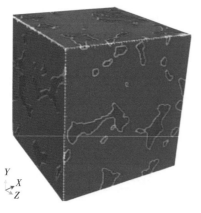

（a）三维岩心示意图

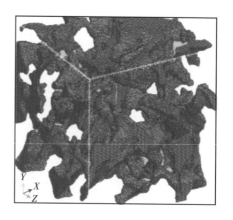

（b）三维岩心孔隙空间的网格划分

图 5-14　三维数字岩心的网格划分

2）基于 OpenFOAM 的油、水、聚合物溶液三相流动模拟

在本研究中，以 OpenFOAM 中的 interFoam 求解器为基础编制了数字岩心三相流动模拟程序。interFoam 求解器是 OpenFOAM 官方提供的两相流动求解器，它采用基于有限体积的 VOF 方法来模拟两相流动。在该求解器中，除了需要求解压力、速度场外，还需要求解一个体积分数场 α，它的物理意义即为在某个网格内含有的水的体积分数。

在两相流动求解器 interFoam 的基础上，编制了三相流动求解器进行聚合物驱油的模拟。该求解器用来模拟油、水和聚合物溶液三相的流动，该求解器的理论基础为前文中推导的三相流动的数学模型。需要注意的是，聚合物相与油是不互溶的，但与水是完全互溶的，程序中需要引入扩散率系数来表示聚合物在水中扩散的快慢。另外，由于涉及三种流体，需要引入三个体积分数来描述流体的流动，分别是 $\alpha_水$、$\alpha_油$ 和 $\alpha_{聚合物}$。它们分别代表网格内水、油和聚合物三种流体的体积分数。

3）数字岩心模拟计算结果的后处理

通过计算流体动力学程序，能够得到任意时刻数字岩心每个网格内的速度、压力和体积分数。利用图形显示软件 paraView，给出了驱替过程中各种物理场的动态变化，通过这些场的变化，可以分析在驱替过程中流体的活塞驱替、填充、分离等微观行为。另外，也编制了一系列的后处理程序，利用模拟结果计算了一些在驱替过程中常用的动态参数，例如，出入口压力差、饱和度、出口含水（油）率、累计产量等。通过对这些参数的比较与分析，研究了流体性质及岩石属性对水驱油及聚合物驱油的影响。

二、基于数字岩心的流动模拟的表征技术

1. 单相流动的表征

1）基于二维数字岩心的多尺度流动的表征

从三维多尺度岩心 2017-MCEG 中选取适当的图片，建立一个多尺度二维数字岩心，大小为 2000μm×2000μm，如图 5-15 所示。为了更好地研究微孔隙区域对流动的影响，在这个研究中将整个岩心分成孔隙区域和微孔隙区域两部分。其中，红色区域为孔隙区域，其平均孔隙度为 1；蓝色区域为微孔隙区域，其平均孔隙度小于 1。

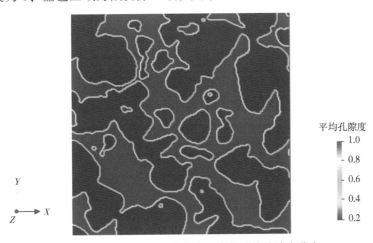

图 5-15 二维多尺度数字岩心中的平均孔隙度分布

图 5-16 给出了微孔隙区域的孔隙度为 0.5、渗透率为 20D 时岩心中的压力分布。左侧为入口，右侧为出口。从左向右，可以明显看出压力的梯度。微孔隙区域也有渗流，同样会引起压差，因此在整个岩心区域都存在压力分布。孔隙区域的压力变化要大于微孔隙区域的压力变化。

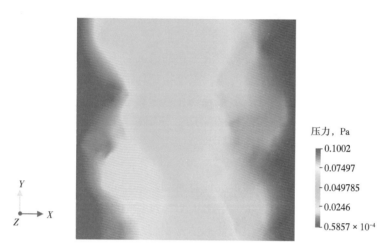

图 5-16　二维多尺度数字岩心中的压力分布

图 5-17 显示了岩心中速度大小的分布，该图的半透明背景为岩心的孔隙及微孔隙分布。孔隙区域内的速度要大于微孔隙区域内的速度。孔隙区域内半径越细的地方速度越大，半径越粗的地方速度相对要小。微孔隙区域的速度虽然小但并不为零，说明在微孔隙区域同样有流体流动。图中的红色圈中是连接两个孔隙区域的微孔隙区域，可以明显看出该区域内有流动，这说明微孔隙区域的渗流将孔隙区域的自由流动连接起来。图中绿色圈中的孔隙区域与入口之间是没有通路的，但由于微孔隙区域的渗流，可以明显看出该区域内存在流动。图 5-18 显示了岩心中速度的分布，图中箭头的方向为速度的方向，颜色代表了速度的大小。该图也显示了孔隙区域与微孔隙区域不同的流动特征及微孔隙区域对岩心中流动的影响。图 5-19 显示了岩心中流体流动时的流线，可以明显看出流线通过了微

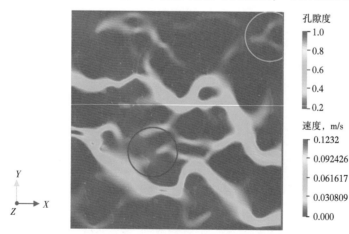

图 5-17　二维多尺度数字岩心中的速度大小分布

孔隙区域，说明流体流过了这些区域。

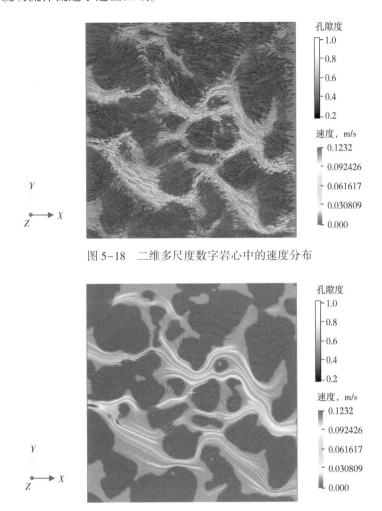

图 5-18　二维多尺度数字岩心中的速度分布

图 5-19　二维多尺度数字岩心中的流线分布

2）基于三维数字岩心的多尺度流动的表征

图 5-20 为在 3 级 CT 图像基础上建立的多尺度数字岩心 2017-MCEG 的示意图。该岩心是根据玛 18 井区的选样岩心 2017-MY14 的多尺度 CT 图像建立的多尺度岩心。图 5-20（a）为利用 1 级尺度（粗尺度）CT 图像建立的多尺度岩心，该尺度岩心的分辨率约为 20μm/pixel；图 5-20（b）为利用 2 级尺度（中尺度）CT 图像建立的岩心，该尺度岩心的分辨率约为 2μm/pixel；图 5-20（c）为利用 3 级尺度（精细尺度）CT 图像建立的岩心，该尺度岩心的分辨率约为 0.2μm/pixel。这三个尺度的岩心中，红色都代表孔隙区域，蓝色代表岩石区域，粉色代表微孔隙区域，上一级尺度岩心的微孔隙区域的结构可以在下一级的精细尺度岩心中给出。通过阈值划分可以得到，在 1 级尺度岩心中，孔隙区域的体积分数为 4.3%，微孔隙区域的体积分数为 40.5%。在 2 级尺度岩心中，孔隙区域的体积分数为 16.8%，微孔隙区域的体积分数为 19.4%。在 3 级尺度的岩心中，孔隙区域的体积分数为 15.3%。

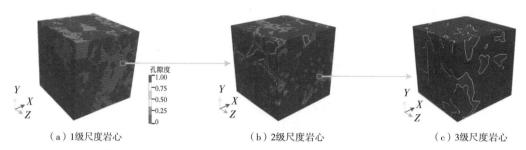

（a）1级尺度岩心　　　　　　　（b）2级尺度岩心　　　　　　　（c）3级尺度岩心

图 5-20　选样岩心 2017-MCEG 的多尺度三维数字岩心示意图

逐级考虑精细尺度岩心时，岩心中的速度分布如图 5.21 所示。图 5-21（a）给出了只考虑 1 级尺度岩心中的孔隙部分，而将其微孔隙区域划为岩石时的速度分布；图 5-21（b）给出了综合考虑 1 级和 2 级尺度的岩心，但 2 级尺度岩心的微孔隙区域被划为岩石时的速度分布；图 5-21（c）给出了综合考虑 3 级尺度岩心结构后给出的岩石中速度的分布。从图 5-21 中可以明显看到，对于选样岩心 2017-MCEG，当只考虑 1 级尺度的岩心时，流体在岩心中基本上是不流动的，只有当考虑精细尺度岩心给出微孔隙区域结构时，岩心才具有一定的流动性，建立的岩心尺度越精确，其流动性越好。

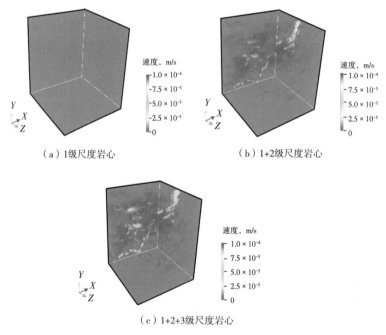

（a）1级尺度岩心　　　　　　　　（b）1+2级尺度岩心

（c）1+2+3级尺度岩心

图 5-21　逐级考虑精细尺度岩心时 2017-MCEG 岩心中的速度分布

2. 多相流动的表征

本章中分别在一个二维数字岩心和一个三维数字岩心上进行了完整的聚合物驱油过程模拟，全面地阐述了基于数字岩心的聚合物驱油微观模拟的表征技术。在这里之所以用一个二维岩心和一个三维岩心同时来展示模拟过程，是因为：（1）三维岩心中孔隙的连通性比较复杂，难以用平面图进行直观描述，而相对来说，二维岩心的孔隙结构清晰，更利于讨论岩心结构对流体流动的影响；（2）三维岩心中，岩石面的流体流动速度一般为零，而取截面后三维岩心一般难以连通，因此很难通过三维岩心了解驱替过程中的速度分布变化，但二维岩心的上下两个表面可以设置为空，这样就可以清晰地看到岩心孔隙中速度的变化。

为了更加详细完整地讨论聚合物驱油的过程，将聚合物驱模拟过程分为如下 4 个过程，分别进行模拟。

（1）油驱水过程。岩心孔隙中初始完全饱和水，从入口注油，油驱水达到稳定状态。这个过程实质上是模拟的石油成藏的过程。通过这个过程可以得到束缚水状态下饱和油的数字岩心。

（2）水驱油过程。以（1）过程的末态为初态，进行水驱油，注入水量约为 2PV。这个过程模拟的是水驱油的过程。通过这个过程可得到水驱后油在岩心孔隙结构中的分布。

（3）聚合物驱油过程。以（2）过程的末态为初态，进行聚合物溶液驱油。对于二维岩心，注入聚合物溶液的量约为 0.2PV；对于三维岩心，注入聚合物溶液的量约为 0.3PV。通过这个过程可以研究聚合物注入后的流动及分布。

（4）后续水驱过程。以（3）过程的末态为初态，进行聚合物驱后的水驱过程，注入水量约为 1PV。经过该过程后，可以讨论聚合物驱油对原油采收率的影响。

下面将就这 4 个过程分别进行讨论：一方面研究每个过程中压力、速度、浓度及黏度等物理场，通过直观的图像来给出聚合物驱油中重要物理量的变化，理解聚合物驱油的机理；另一方面研究每个过程中的出入口压差、油水饱和度、出口含水率及累计产油量等一些动态注采参数变化，理解聚合物驱油对实际生产的影响。为了将聚合物驱油过程更加完整地展示出来，将聚合物驱油及后续水驱过程中场动态变化放到一起讨论，将水驱油、聚合物驱油及后续水驱过程中的动态曲线放到一起讨论。

1）基于二维数字岩心的聚合物驱油微观模拟技术

为了验证基于数字岩心的聚合物驱油微观模拟方法，同时更加直观地研究驱替过程中各种物理场的分布，在二维数字岩心上进行了聚合物驱油过程的数值模拟。模拟结果经过可视化处理后，得到了聚合物驱油各个阶段的浓度、黏度、速度、压力等物理量的动态变化，计算了出入口压差、剩余油饱和度、出口含水率及采收率等多个重要注采参数的变化。

基于二维岩心的油驱水过程中油水两相的分布随时间的变化如图 5-22 所示。

图 5-22（a）为注油量为 0.01PV 时的状态，这时岩心孔隙中完全充满了水。图 5-22（b）为注油量为 0.10PV 时油水两相的分布，可以看出由于油水并不相溶，红色表示的油逐渐进入岩石孔隙中。图 5-22（c）为注油量为 0.2PV 时油水两相的分布，可以明显地看出油可以通过上下两个通道进入岩心中。图 5-22（d）为注油量为 0.5PV 时油水两相的分布，可以看出这时油已经流通了整个岩心，右边出口已经开始出油，但还有部分水随着油的流动被驱替出来。图 5-22（e）和图 5-22（f）分别为注油量为 0.7PV 和 1.1PV 时油水两相的分布，可以看出这时油水的分布基本趋于稳定，油缓慢占据更多的孔隙空间，这时图中的绿色表示的即为岩心中的束缚水。在图 5-22（f）中可以看到，束缚水主要存在于以下类型的孔隙中：（1）末端孔隙，如图 5-22（f）中的 1 处所示，末端孔隙位于岩心的边角处，在其周围有比较好的流动通道，这就造成在其封闭段，由于压力梯度接近于零，水无

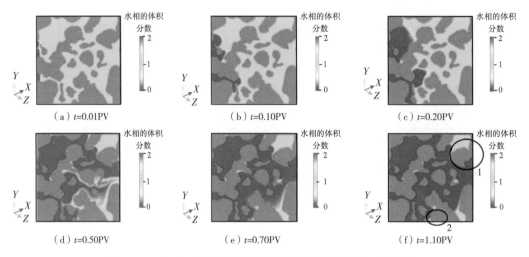

图 5-22　基于二维岩心的油驱水过程中油水两相随时间变化

法流出；（2）连通大孔隙的边角部分，如图 5-22（f）中的 2 处所示。大孔隙存在流场，但是在曲率较大的边角部分，受周围孔隙结构的影响，会有一部分水无法采出。但在连通孔隙的"桥接"孔隙里，束缚水较少。对于尺度较大岩心，末端孔隙比例会减小，因此，束缚水主要由孔隙形状与结构决定。

　　图 5-23 显示了基于二维岩心的油驱水过程中黏度分布随时间的变化。由于油与水不相溶并且油的黏度大于水的黏度，因此黏度分布的变化基本上与油水两相的变化基本相同。从图 5-23 中可以明显看出，黏度大的油相（绿色）在油驱水过程中的变化。

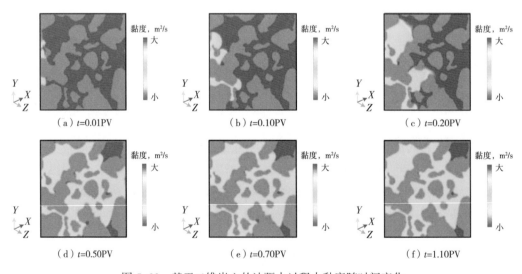

图 5-23　基于二维岩心的油驱水过程中黏度随时间变化

　　图 5-24 显示了基于二维岩心的油驱水过程中压力分布随时间的变化（模拟中右端出口的压力始终设置为 0）。可以看出，压力在较大孔隙内的梯度较小，在较细喉道上的梯度很大，压降都损失在了小孔喉处。由于岩心中下半部分的喉道明显更细，造成了左下方

的压力要远高于左上方。从左（入口）到右（出口）压力逐渐减小。另外，由于油的黏度要大于水的黏度，随着注油量的增加，岩心中的压力梯度逐渐增大。而对于前面提到的是末端孔隙和较大孔隙的边角部分中的压力梯度基本为零，这就造成了这部分水难以被驱替出来。

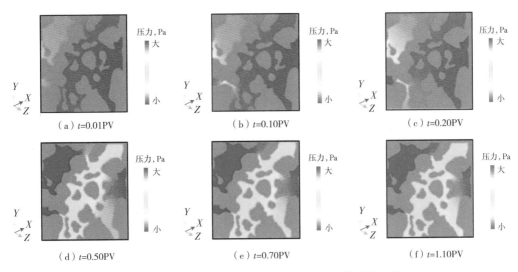

图 5-24　基于二维岩心的油驱水过程中压力随时间变化

图 5-25 显示了基于二维岩心的油驱水过程中速度大小分布随时间的变化。从图 5-25 中可以明显地看出，流体在岩心上下各有一个通道流通。在较大孔隙中，流体流动的速度较小；在较细喉道中，流体流动的速度很大。由于在本书中设定的初始条件是入口端油的速度固定，因此速度分布随时间的变化不大。

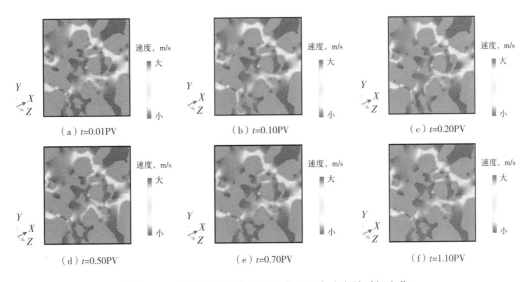

图 5-25　基于二维岩心的油驱水过程中速度随时间变化

图 5-26 显示了基于二维岩心的水驱油过程中油水两相分布随时间的变化，图 5-27 显示了基于二维岩心的水驱油过程中黏度分布随时间的变化。图 5-26（a）为注水量为 0.01PV 时的油水两相分布，可以看出这时水开始从左端进入岩心；图 5-26（b）为注油量为 0.10PV 时的油水两相分布，可以看出水经过上下两个通道进入岩心中。由于左端是恒速注入，下面通道的半径较小，水的推进速度明显更快。图 5-26（c）为注水量为 0.20PV 时的油水两相分布，这时由于下面通道的水进入一个相对大的孔隙空间，其推进速度也有所下降，而上面通道的水经过了一个较细的喉道，推进速度加快。

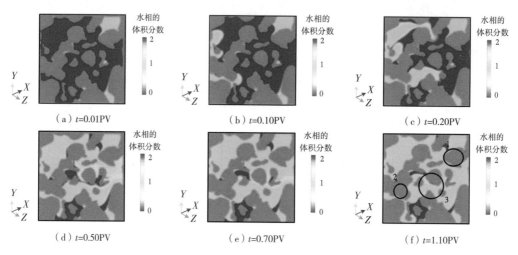

图 5-26　基于二维岩心的水驱油过程中油水两相随时间变化

图 5-26（d）为注水量为 0.50PV 时的油水两相分布，可以看出这时上下两个通道的水都到达出口。图 5-26（e）和图 5-26（f）分别为注水量为 0.70PV 和 1.10PV 时的油水两相分布，可以看出，这时水已经形成了流通通道，水在流动的过程中逐渐将更多的油给驱替出来，这时油的产率已经比较低。从图 5-26（f）中可以看出，在某些比较尖锐的边角以及岩心的中部区域仍然留有不少油，这部分油即为残余油。可以看出，残余油的存在与孔隙结构和孔隙连通性密切相关，残余油主要存于以下类型的孔隙中：Ⅰ末端孔隙。末端孔隙位于岩心的边角处，虽然在其周围有比较好的水的流动通道，但该区域内压力梯度接近于零，油无法流出，见图 5-26（f）中 1 处。Ⅱ连通大孔隙的边角部分。大孔隙存在流场，其中的主要原油都可以被采出，但是在曲率较大的边角部分，受周围孔隙结构的影响，会有一部分油无法采出，见图 5-26（f）中 2 处。Ⅲ连通孔隙的"桥接"孔隙。"桥接"孔隙的两端首先被波及，但"桥接"孔隙两端的压差很小，不足以启动这部分孔隙中的原油，见图 5-26（f）中 3 处。对于这三类残余油，其成因不同，在不同岩心中的比例也不同。对于该二维岩心，Ⅱ类残余油占比最小，Ⅲ类残余油占比最大。对于Ⅲ类残余油，改变孔隙中的流场分布，有可能被采出来。例如，通过注入聚合物改变压力在孔隙中的分布，就可以增加波及系数，将残余油驱替出来。在下一部分，将具体讨论聚合物的注入及聚合物黏度变化对残余油分布及采收的影响。

从图 5-27 可以看出，由于油和水的黏度存在明显差异，黏度变化基本上与油水两相的变化是一致的。但由于水的黏度较小，水驱油过程中水会在油中间流动，从黏度分布上可以明显地看出这个趋势。

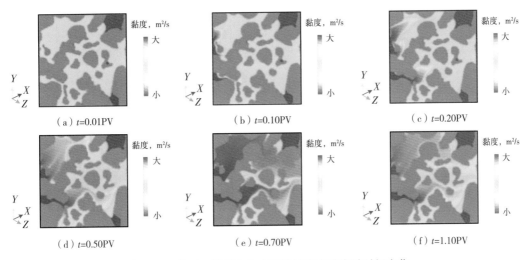

图 5-27　基于二维岩心的水驱油过程中黏度随时间变化

　　图 5-28 显示了基于二维岩心的水驱油过程中压力分布随时间的变化。由于油的黏度大于水的黏度，随着注水量的增加，可以明显看到岩心的整体压力逐渐减小。压力在较大孔隙内的梯度较小，在较细喉道上的梯度很大。另外，由于下方入口处的孔隙喉道都比较细，水的流动更快，因此整体来说，岩心下半部分的压力变化相对于上半部分更快。

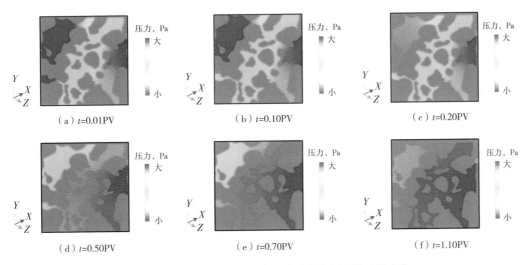

图 5-28　基于二维岩心的水驱油过程中压力随时间变化

　　图 5-29 显示了基于二维岩心的水驱油过程中速度大小的分布。由于在本模拟中设定的是入口处速度恒定，岩心中流体的流动速度在较细的喉道内较大，在大孔隙空间速度较小，通过速度图像可以看出，在该岩心流动的流体形成了上下两个并行的通道，最终在出口处汇合在一起。残余油存在的区域流速都几乎为零。这里需要特别指出的是，对于上面提到的Ⅲ类残余油，也就是图 5-29（f）中圈出的区域，这部分油由于恰好处于上下两个

通道之间，其速度非常小近似等于 0，经过水驱后最终在该部分形成残余油。

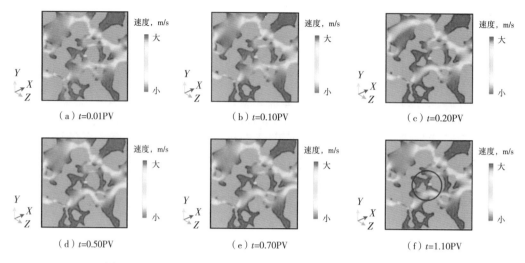

（a）t=0.01PV　　　　　（b）t=0.10PV　　　　　（c）t=0.20PV
（d）t=0.50PV　　　　　（e）t=0.70PV　　　　　（f）t=1.10PV

图 5-29　基于二维岩心的水驱油过程中的速度大小随时间变化

图 5-30 显示了基于二维岩心的聚合物驱油过程中油、水、聚合物三相分布随时间的变化。

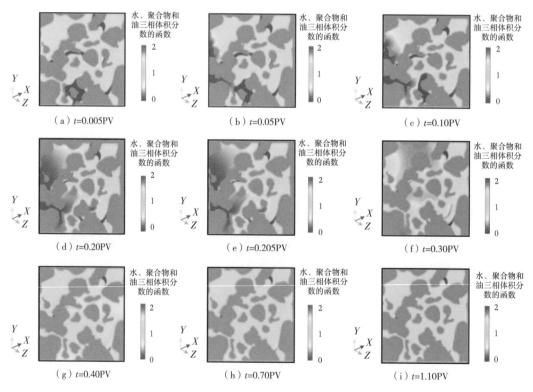

（a）t=0.005PV　　　　（b）t=0.05PV　　　　（c）t=0.10PV
（d）t=0.20PV　　　　（e）t=0.205PV　　　　（f）t=0.30PV
（g）t=0.40PV　　　　（h）t=0.70PV　　　　（i）t=1.10PV

图 5-30　基于二维岩心的聚合物驱油过程中油、水、聚合物三相随时间变化
（红色代表油，绿色代表水，蓝色代表聚合物）

聚合物驱油过程包含了注入聚合物以及后续水驱的过程。对于二维岩心，模拟了注入0.20PV 聚合物和后续注入 0.90PV 水的过程。水驱后岩石孔隙中大部分为水，小部分为残余油。图 5-30（a）为注聚合物量为 0.005PV 时油、水、聚合物两相的分布，聚合物开始从左端进入岩心。图 5-30（b）为注聚合物量为 0.05PV 时油、水、聚合物三相的分布，聚合物已经进入岩石孔隙中并逐渐溶解到孔隙中的水中，由于岩心下方的喉道较细，聚合物推进的速度更快。图 5-30（c）为注聚合物量为 0.10PV 时三相的分布，这时更多的聚合物溶液被注入岩心孔隙中，由于聚合物溶液的黏度更大，使得岩心下部的Ⅲ类残余油开始被驱替出来。图 5-30（d）为注聚合物量为 0.20PV 时三相的分布，这时岩心下部的残余油基本上都被驱替出来，逐渐向出口端流动，而且聚合物溶液通过下方通道波及岩心的中部，开始将该区域的Ⅲ类残余油也驱替出来。图 5-30（e）为注液量为 0.205PV 时油、水、聚合物三相的分布，在聚合物溶液注入 0.20PV 后，开始从入口处注入水进行后续水驱。图 5-30（f）为注液量为 0.30PV 时三相的分布，随着注入水量的增多，开始稀释注入的聚合物溶液，但由于聚合物溶液逐渐抵达岩心的右半部分，位于岩心右上角和右下角的Ⅱ类残余油也开始被波及，部分该类残余油也被驱替出去。图 5-30（g）、图 5-30（h）和图 5-30（i）分别为注液量为 0.40PV、0.70PV 和 1.10PV 时的三相分布，在这个过程中聚合物溶液逐渐被驱替出岩心，伴随着聚合物更多的残余油也被驱替出去。可以看出，聚合物驱后油的分布明显少于聚合物驱前油的分布。通过图 5-30（a）与图（5-30）（i）的对比可以看出：（1）聚合物驱油主要是由于聚合物溶液黏度的变化，使得波及面积增大，更多的残余油被驱替出来，从而提高了采收率；（2）聚合物溶液可以明显地提高Ⅲ类残余油采收效果，只能部分地提高Ⅰ类和Ⅱ类残余油的采收效果。

图 5-31 至图 5-34 分别显示了基于二维岩心的聚合物驱油过程中聚合物溶液浓度、黏度、压力和速度随时间的变化。在本研究中，初始注入的聚合物浓度为 1500mg/L，其初始黏度为 50mPa·s。图 5-31（a）至图 5-31（d）给出的是注入 0.20PV 聚合物溶液过程中浓度的变化，随着聚合物溶液注入量的增加，左端的聚合物溶液逐渐向右边扩散，岩石孔隙内的聚合物浓度逐渐增大，由于聚合物溶液溶于水，可以在图中看到其浓度的梯度分布。图 5-31（e）至图 5-31（i）显示了聚合物驱后水驱的过程，随着水注入量的增加，聚合物溶液在被驱动的同时也逐渐被稀释。总的来说，由于聚合物注入增加了水相黏度，使得聚合物溶液波及以前水驱波及不到的地方，提高了原油采收率。聚合物明显波及图 5-31（f）中圈出的部分，而这部分是水驱油过程中所波及不到的。

由于聚合物溶液的黏度较高，且聚合物溶液的黏度随浓度的增加而增加，随着聚合物溶液的注入，岩心左半部分的黏度逐渐增加。当聚合物溶液停止注入、开始注水时，由于聚合物的浓度减小，使得其在被驱替的同时黏度也逐渐减小。从图 5-32（i）可以看出，岩心右下部分的黏度仍然高于水的黏度，说明这部分流体仍然是有一定浓度的聚合物溶液，随着水的持续注入，这部分聚合物溶液将逐渐被稀释，降低到水的黏度范围。

从图 5-33（a）到图 5-33（d）可以看出，随着聚合物溶液的注入，岩心中左半部分的压力逐渐升高。通过图 5-33（e）到图 5-33（i）可以看出，当聚合物溶液停止注入、开始注水时，岩心中的压力并非立即降低，而是有一定的延迟，这是由于聚合物溶液需要逐渐通过较细喉道，而当较细喉道中主要是浓度比较高的聚合物溶液时，其压力梯度较大。从图 5-34 可知，聚合物驱油过程中速度的分布与水驱过程中的类似：在岩心上下各

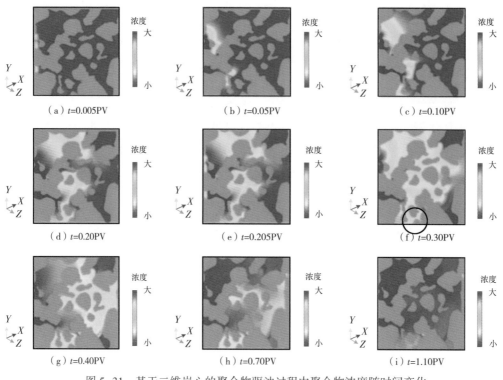

图 5-31　基于二维岩心的聚合物驱油过程中聚合物浓度随时间变化

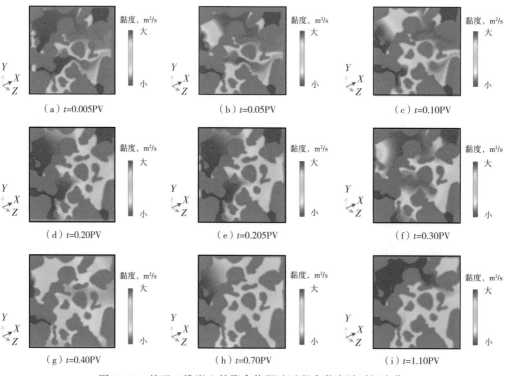

图 5-32　基于二维岩心的聚合物驱油过程中黏度随时间变化

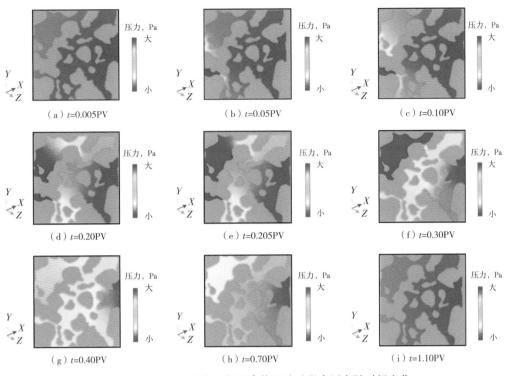

图 5-33　基于二维岩心的聚合物驱油过程中压力随时间变化

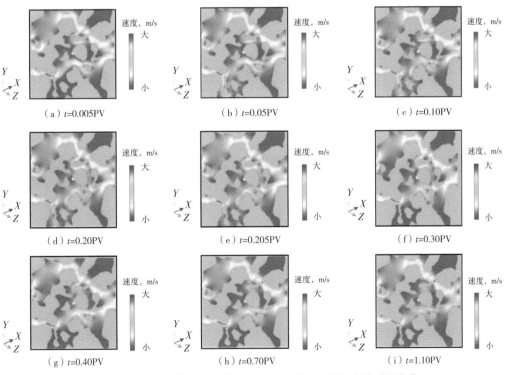

图 5-34　基于二维岩心的聚合物驱油过程中速度大小随时间变化

有一个通道流通；在较大孔隙中流体流动的速度较小，在较细喉道中流体流动的速度很大；速度分布随时间的变化不大。

2）基于三维数字岩心的聚合物驱油微观模拟技术

在本节中，在三维数字岩心上进行了聚合物驱油的数值模拟，同样得到了聚合物驱油各个阶段的浓度、黏度、速度、压力等物理量的动态变化，之后计算了出入口压差、剩余油饱和度、出口含水率及采收率等多个重要注采参数的变化，并比较了三维岩心模拟结果与二维岩心结果的异同。

图 5-35 和图 5-36 分别显示了基于三维岩心的油驱水过程中油水两相分布和黏度分布随时间的变化。

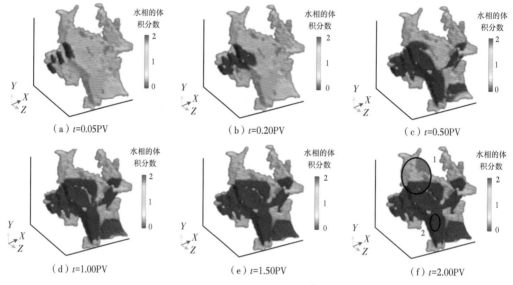

（a）t=0.05PV　　　　　　（b）t=0.20PV　　　　　　（c）t=0.50PV

（d）t=1.00PV　　　　　　（e）t=1.50PV　　　　　　（f）t=2.00PV

图 5-35　基于三维岩心的油驱水过程中油水两相随时间变化

图 5-35（a）为注油量为 0.05PV 的状态，这时岩心孔隙中大部分充满了水，这块岩心左面有数个注入口。图 5-35（b）为注油量为 0.20PV 时油水两相的分布，岩心中已经进入了部分油，岩心中左上角的孔隙由于离入口较远，很难被注入的油波及。图 5-35（c）为注油量为 0.5PV 时油水两相的分布，油已经从出口流出，出口处明显形成了两个通道，而从入口到出口通道形成后，油主要开始沿着这些通道流动，并在流动的过程中逐渐将更多的水驱替出去。图 5-35（d）和图 5-35（e）分别为注油量为 1.00PV 和 1.50PV 时油水两相的分布，油在其流通通道内逐渐占据更多的岩心孔隙空间，油的饱和度逐渐缓慢增加。图 5-35（f）为注油量为 2.00PV 时油水两相的分布，这时油水分布基本达到了稳定状态，出口的出水量降到了很低，可以看出岩心中还有很大一部分［图 5-35（f）中 1 处］由水占据，这部分即为岩心中的束缚水。对于该块岩心来说，束缚水产生的原因主要是在岩心的右上方并没有流动的出口，当下方油通道打通后，这部分水即形成岩石中的束缚水，这部分孔隙即为末端孔隙。另外，束缚水同样也处在某些大孔隙的边角处［图 5-35（f）中 2 处］。从图5-36 中可知，黏度分布的变化与油水两相分布的变化基本一致，这与二维岩心下的结果一致。

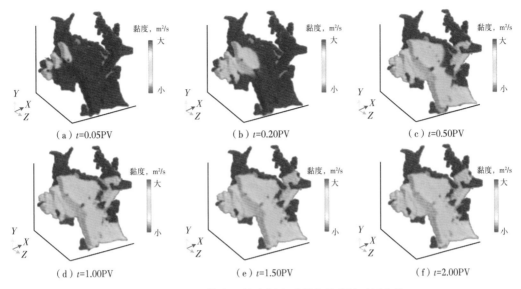

图5-36　基于三维岩心的油驱水过程中黏度随时间变化

图5-37显示了基于三维岩心的油驱水过程中压力分布随时间的变化。可以看出，压力分布也类似于二维岩心的结果：压力近似呈块状分布；从入口到出口压力逐渐减小；随着注油量的增加，压力逐渐增大。不过由于三维岩心的复杂性，在图中难以看到连接几个大块孔隙空间的细喉道。从另一方面讲，可以通过岩心的压力分布判断岩心中孔隙及喉道的半径大小。由于三维岩心中，流体在孔隙表面（岩石表面）的流动速度都为零，在这里就不再展示。

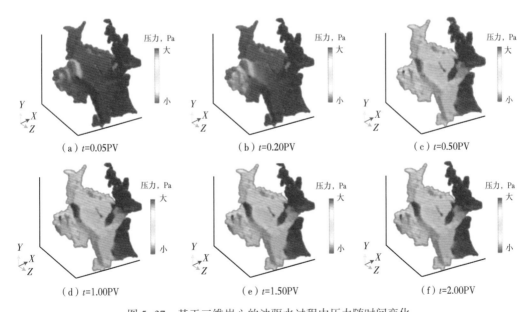

图5-37　基于三维岩心的油驱水过程中压力随时间变化

图 5-38 和图 5-39 分别显示了基于三维岩心的水驱油过程中油水两相分布和黏度分布随时间的变化。

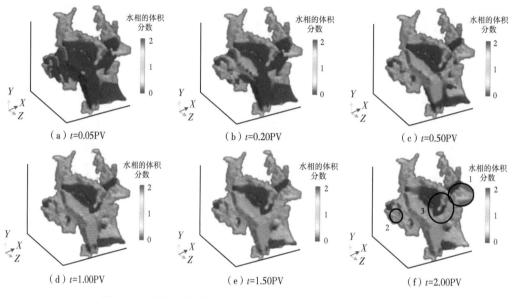

图 5-38　基于三维岩心的水驱油过程中油水两相随时间变化

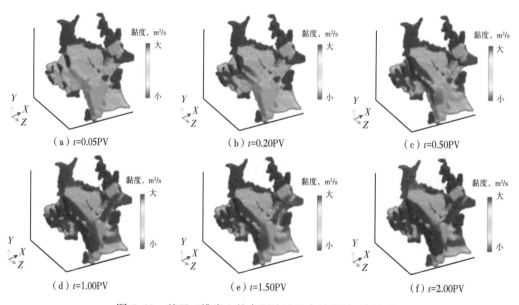

图 5-39　基于三维岩心的水驱油过程中黏度随时间变化

在图 5-38 的岩心中，水主要沿着下方的通道驱油，水大约在注水量为 0.30PV 时突破，之后逐渐将通道周边的油给驱替出来，注水量达到 0.50PV 后，油的产率已经降得比较低，继续水驱驱油效果不明显，如图 5-38（d）至图 5.38（f）所示。可以看到，经过 2.00PV 的注水后，岩石孔隙中仍然留有不少油，这部分即为水驱的残余油。在三维岩心中，也存在如下三类残余油：Ⅰ末端孔隙中残余油，见图5-38（f）中1处；Ⅱ连通大孔隙的边角部分的残余油，见图5-38（f）中2处；Ⅲ连通孔隙的"桥接"孔隙中的残余油，见图5-38（f）中3处。对于该块岩心，Ⅲ类残余油比例最大，Ⅰ类和Ⅱ类残余油比例相对较小。从图5-39可以看出，由于油水是不相溶的，油的黏度明显要高于水的黏度，因此黏度分布的变化与油水两相分布的变化基本一致。

图5-40显示了基于三维岩心的水驱油过程中压力分布随时间的变化。类似于二维岩心的结果，在三维岩心中，压降主要在喉道和小孔隙处，并且随着注水量的增加，压力逐渐减小。

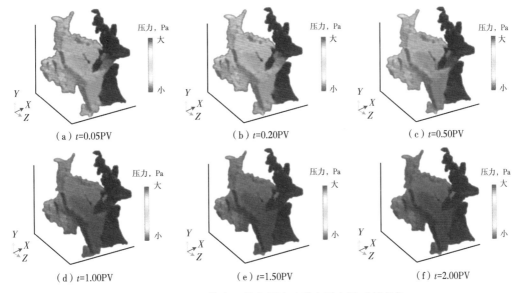

图5-40　基于三维岩心的水驱油过程中压力随时间变化

通过后处理程序，利用驱替过程的计算数据进行统计，同样可以得到水驱油中重要的生产动态曲线，包括出入口压差、平均含水（油）饱和度、出口含水（油）率及出口油（水）产量等。但为了与聚合物驱油统一讨论，将在下文给出水驱及聚合物驱的生产动态曲线并对其进行深入讨论。

基于三维岩心，模拟了注入0.30PV聚合物溶液和后续1.00PV水的过程。图5-41至图5-44分别显示了聚合物驱油过程中油、水和聚合物三相分布、聚合物浓度分布、聚合物溶液黏度分布和压力随时间的变化。图5-41（a）至图5-41（d）显示了注入聚合物溶液的过程，其对应的注入量分别为0.005PV、0.10PV、0.20PV和0.30PV。图5-41（e）至图5-41（i）显示了后续水驱的过程，其对应的注液量分别为0.305PV、0.40PV、0.50PV、0.80PV和1.30PV。可以看出，聚合物驱油过程中三相分布的变化与二维岩心下的结果类似：聚合物驱通过增加黏度，增大了波及面积，明显提高了采收率。通过对比聚合物驱油初态和末态，可以看出对于该岩心，聚合物驱油可以明显地将"桥接孔隙"中（Ⅲ类）残余油驱替出来，原因是：由于聚合物的注入，改变了孔隙内的流场，打破了"桥接孔隙"两端的压力平衡，从而将残余油采出。由于流场改变，Ⅰ类和Ⅱ类残余油也会随着聚合物的注入部分地被驱替出来，但效果不如Ⅲ类残余油。

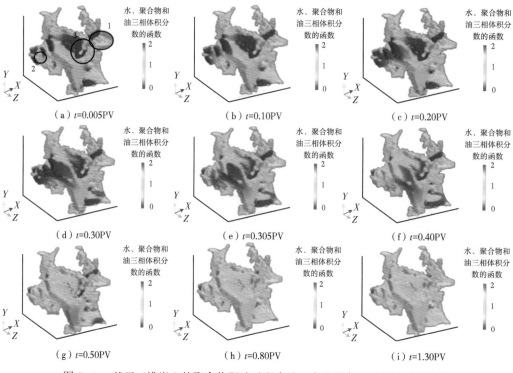

图 5-41　基于三维岩心的聚合物驱油过程中油、水和聚合物三相随时间变化

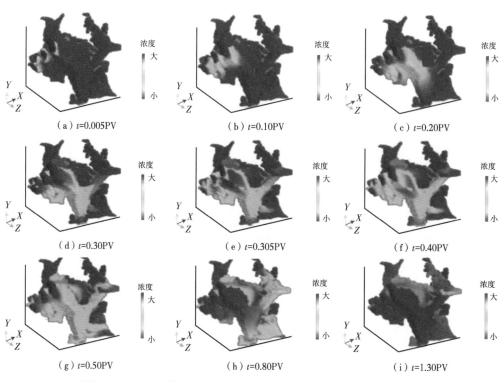

图 5-42　基于三维岩心的聚合物驱油过程中聚合物浓度随时间变化

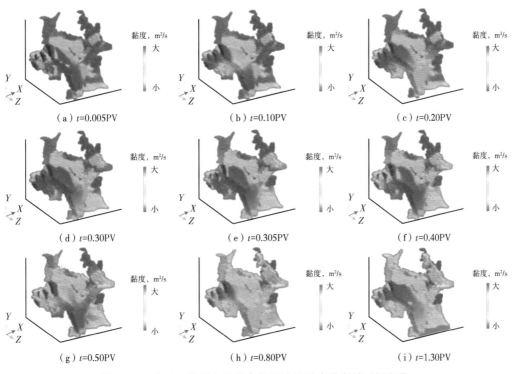

图 5-43　基于三维岩心的聚合物驱油过程中黏度随时间变化

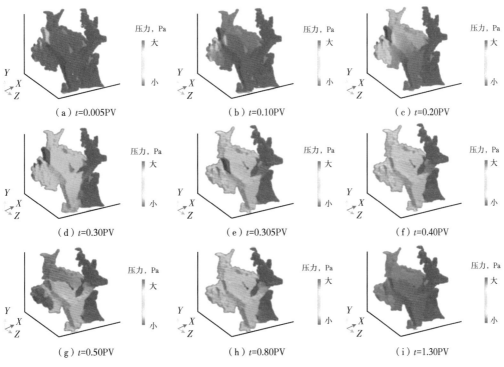

图 5-44　基于三维岩心的聚合物驱油过程中压力随时间变化

图 5-42 显示了基于三维岩心的聚合物驱油过程中聚合物浓度分布随时间的变化。与二维岩心下的结果类似，聚合物浓度经历了一个先逐渐增大、再逐渐减小的过程。经过 1.30PV 后，岩心中仍然有不少聚合物溶液残留。图 5-43 显示了基于三维岩心的聚合物驱油过程中流体黏度分布随时间的变化。由于聚合物溶液存在着正向的黏浓关系，使得流体黏度的变化与聚合物浓度变化的结果比较相似，孔隙中流体的黏度也经历了一个先逐渐增大、再逐渐减小的过程。从图 5-43（i）可以更明显地看出，岩心中仍然有不少聚合物溶液，使得很大一部分区域的黏度都比水的黏度高出约一个量级。图 5-44 显示了基于三维岩心的聚合物驱油过程中压力分布随时间的变化。这个结果与二维岩心下的结果是一致的。这里就不再详细讨论。

3）主要结论

（1）二维岩心和三维岩心聚合物驱油的模拟计算表明：基于数字岩心的聚合物驱油模拟方法和所研制的模拟计算程序，可以实现油驱水、水驱油、聚合物驱油及后续水驱 4 个完整过程的模拟计算；采用所研究的数字岩心聚合物驱油微观模拟的表征技术，在每个过程中都可以直观地展示出油、水和聚合物在驱替过程中的变化，给出压力、速度、黏度和聚合物浓度等物理场的动态变化，分析水驱油及聚合物驱油过程中的流体流动规律。

（2）在二维岩心和三维岩心聚合物驱油模拟的基础上，分别给出了油驱水、水驱油及聚合物驱油各个过程中速度、压力、浓度、黏度等物理场的变化。结果表明：在较大孔隙中流体流动的速度较小，在较细喉道中流体流动的速度很大；在较大孔隙内的压力梯度较小，在较细喉道上的压力梯度较大；黏度与聚合物的浓度呈现正相关关系。

（3）通过油驱水过程的模拟，讨论了油驱水后束缚水的分布。结果表明：束缚水主要存在于末端孔隙和连通大孔隙的边角部分。

（4）通过水驱油过程的模拟，讨论了水驱油后残余油的分布。结果表明：残余油主要存在于末端孔隙、连通大孔隙的边角部分和连通孔隙的"桥接"孔隙。

（5）通过聚合物驱油及后续水驱过程的模拟，讨论了聚合物驱油过程中残余油的变化。结果表明：聚合物驱增大了波及范围，明显地提高了连通孔隙的"桥接"孔隙中残余油的采收效果，部分地提高了末端孔隙中残余油和连通大孔隙的边角部分残余油的采收效果。

三、基于数字岩心的流动模拟结果的分析

1. 单相流动模拟结果分析

1）二维岩心中单相流动模拟分析

基于该二维岩心模型，比较分析了微孔隙区域的孔隙度及渗透率对多尺度流动的影响。图 5-45 显示了微孔隙区域具有不同渗透率时岩心中的速度分布。在这些模拟中微孔隙区域的孔隙度保持不变为 3%，岩心的总孔隙度为 42.2%。可以看出，随着微孔隙区域渗透率的增加，岩心的连通性在逐渐变好，其微孔隙区域的速度逐渐增加。

表 5-3 给出了微孔隙区域具有不同渗透率时岩心渗透率的计算结果。可以看出，随着微孔隙区域渗透率的增加，岩心总的渗透率也逐渐增加。为了对比，在表 5-3 中最后一行列出了不考虑微孔隙区域时的模拟结果。图 5-46 显示了微孔隙区域具有不同渗透率时岩心渗透率的变化。

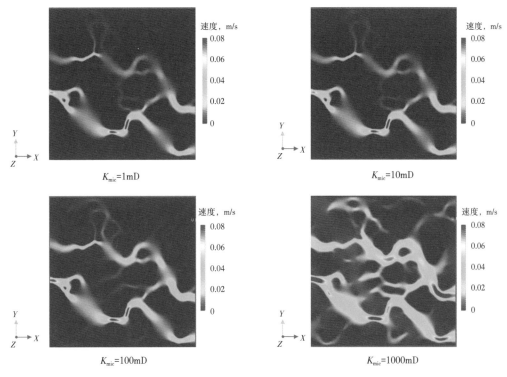

图 5-45 微孔隙区域具有不同渗透率时岩心中的速度分布

K_{mic}—微孔隙区域渗透率

表 5-3 二维多尺度数字岩心渗透率与微孔隙区域渗透率的关系

微孔隙区域平均孔隙度 %	微孔隙区域平均渗透率 m^2	岩心 X 方向的渗透率 m^2	岩心孔隙度 %
3.00	1.00×10^{-12}	1.85×10^{-10}	42.2
3.00	1.00×10^{-13}	6.78×10^{-11}	42.2
3.00	1.00×10^{-14}	4.87×10^{-11}	42.2
3.00	1.00×10^{-15}	4.65×10^{-11}	42.2
0	0	4.63×10^{-11}	40.4

图 5-47 显示了微孔隙区域具有不同孔隙度时岩心中的速度分布。在这些模拟中，微孔隙区域的渗透率保持不变为 10^{-13} m^2。可以看出，随着微孔隙区域平均孔隙度的减小，岩心的连通性在逐渐变好，其微孔隙区域的速度逐渐增加。

表 5-4 给出了微孔隙区域具有不同孔隙度时岩心渗透率的计算结果。可以看出，随着微孔隙区域孔隙度增加，岩心总的渗透率逐渐减小。为了对比，在表 5-4 中最后一行列出了不考虑微孔隙区域时的模拟结果。图 5-48 显示了微孔隙区域具有不同孔隙度时岩心渗透率的变化。

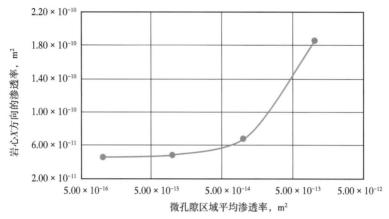

图 5-46　二维多尺度数字岩心渗透率与微孔隙区域渗透率的关系

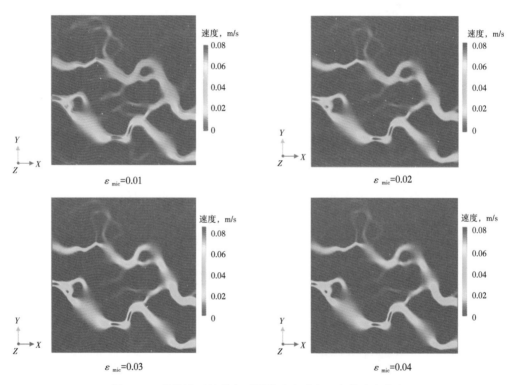

图 5-47　微孔隙区域具有不同孔隙度时岩心中的速度分布

ε_{mic}—微孔隙区域孔隙度

表 5-4　二维多尺度数字岩心渗透率及孔隙度与微孔隙区域孔隙度的关系

微孔隙区域平均孔隙度 %	微孔隙区域平均渗透率 m^2	岩心 X 方向的渗透率 m^2	岩心孔隙度 %
1.0	1.00×10^{-13}	1.04×10^{-10}	41.0
2.0	1.00×10^{-13}	7.75×10^{-11}	41.6
3.0	1.00×10^{-13}	6.78×10^{-11}	42.2

续表

微孔隙区域平均孔隙度 %	微孔隙区域平均渗透率 m²	岩心 X 方向的渗透率 m²	岩心孔隙度 %
4.0	1.00×10⁻¹³	6.27×10⁻¹¹	42.8
50.0	1.00×10⁻¹³	4.77×10⁻¹¹	70.2
0	0	4.63×10⁻¹¹	40.4

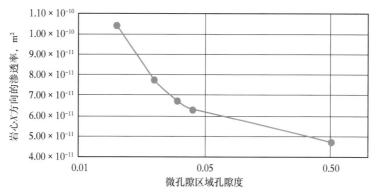

图 5-48　二维多尺度数字岩心渗透率与微孔隙区域孔隙度的关系

2）三维岩心中单相流动模拟分析

表 5-5 给出了逐级考虑精细尺度岩心时多尺度岩心的孔隙度和渗透率的计算结果。可以看出，随着多尺度岩心涉及的尺度越精确，其越能表征出岩心的结构，计算得到的岩心孔隙度和渗透率都越来越接近于实验测量值。1 级尺度岩心计算给出的孔隙度仅为 4.3%，而渗透率几乎为 0，说明在 1 级尺度下，各个孔隙之间几乎不连通。考虑 2 级尺度岩心后，孔隙度升高到 11.1%，渗透率提高到 12.2mD，说明 2 级尺度岩心作为微孔隙将 1 级尺度岩心下的大孔隙连接起来。同样，考虑 3 级尺度岩心后，孔隙度升高到 12.3%，渗透率提高到 20.7mD，这已经比较接近于实验测量值 20.9mD。比较 3 个结果可以看出，对于 2017-MCEG 岩心，2 级尺度岩心所对应的微孔隙区域对孔隙度和渗透率的贡献都是最大的。如果不考虑多尺度岩心，很难对该岩心中的流动进行正确地模拟。

表 5-5　逐级考虑精细尺度时 2017-MCEG 岩心的孔隙度与渗透率

项目	1 级尺度岩心孔隙度 %	2 级尺度岩心孔隙度 %	2 级尺度岩心渗透率 m²	3 级尺度岩心孔隙度 %	3 级尺度岩心渗透率 m²	计算孔隙度 %	计算渗透率 m²
1 级尺度岩心	4.30	0	0	0	0	4.30	1.37×10⁻¹⁹
1+2 级尺度岩心	11.10	16.80	1.13×10⁻¹⁴	0	0	11.10	1.22×10⁻¹⁴
1+2+3 级尺度岩心	12.30	20.20	2.02×10⁻¹⁴	15.30	7.87×10⁻¹⁴	12.30	2.07×10⁻¹⁴
实验测量数据	—	—	—	—	—	1.70	2.09×10⁻¹⁴

图 5-49 显示了在综合考虑三级尺度岩心的基础上进行多尺度流动模拟得到的各种场的分布。图 5-49（a）为压力分布。左侧为入口，右侧为出口，从左向右可以明显看出压力的梯度。由于微孔隙区域也有渗流，同样会引起区域两端的压差，因此在整个岩心区域都存在压力分布。相同尺度下孔隙区域的压力变化要大于微孔隙区域的压力变化，因此不同区域压力分布呈现不均匀性。由图 5-49（b）和图 5-49（c）可以看出，微孔隙区域存在明显的流动，微孔隙区域可以将一些原本不连通的孔隙区域连通。

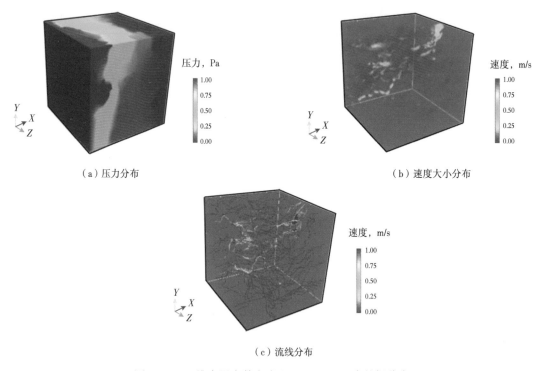

（a）压力分布   （b）速度大小分布

（c）流线分布

图 5-49　三维多尺度数字岩心 2017-MY14 中的场分布

为了验证在不同渗透率数量级条件下多尺度流动模拟计算方法的适用性，在渗透率为 20.9mD 的选样岩心 2017-MY14 的模拟基础上，又分别选取了渗透率为 5.22mD 的选样岩心 2017-MY02 和渗透率为 0.503mD 的选样岩心 2017-MY03，开展了多尺度流动模拟计算。

表 5-6 给出了逐级考虑精细尺度时 2017-MY02 岩心的孔隙度和渗透率的计算结果。可以看出，随着多尺度岩心涉及的尺度越精确，其越能表征出岩心的结构，计算得到的岩心孔隙度和渗透率都越来越接近于实验测量值。1 级尺度岩心计算给出的孔隙度仅为 3.8%，而渗透率几乎为 0，说明在 1 级尺度下，各个孔隙之间几乎不连通。考虑 2 级尺度岩心后，孔隙度升高到 8.72%，渗透率提高到 3.28mD，说明 2 级尺度岩心作为微孔隙将 1级尺度岩心下的大孔隙连接起来。同样，考虑 3 级尺度岩心后，孔隙度升高到 10.5%，渗透率提高到 4.66mD。比较 3 个结果可以得出，对于 2017-MY02 岩心，2 级尺度岩心所对应的微孔隙区域对渗透率的贡献最大，约为 68.3%，3 级尺度岩心所对应的微孔隙区域对渗透率的贡献相对较小，约为 31.7%。

表 5-6　逐级考虑精细尺度岩心时 2017-MY01 岩心的孔隙度与渗透率

项目	1级尺度岩心孔隙度, %	2级尺度岩心孔隙度, %	2级尺度岩心渗透率, m²	3级尺度岩心孔隙度, %	3级尺度岩心渗透率, m²	计算孔隙度 %	计算渗透率 m²
1级尺度岩心	3.80	0	0	0	0	3.80	5.16×10^{-19}
1+2级尺度岩心	8.72	11.38	1.25×10^{-15}	0	0	8.72	3.18×10^{-15}
1+2+3级尺度岩心	10.50	14.95	2.53×10^{-15}	13.00	1.35×10^{-15}	10.50	4.66×10^{-15}
实验测量数据	—	—	—	—	—	9.90	5.22×10^{-15}

图 5-50 显示了选样岩心 2017-MY02 的多尺度三维数字岩心。图 5-51 显示了在综合考虑三级岩心的基础上进行多尺度流动模拟得到的该块岩心内各种场的分布。

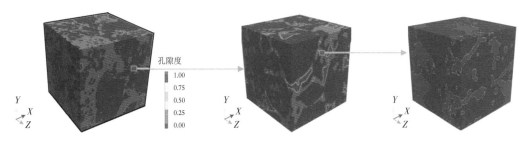

图 5-50　选样岩心 2017-MY02 的多尺度三维数字岩心示意图

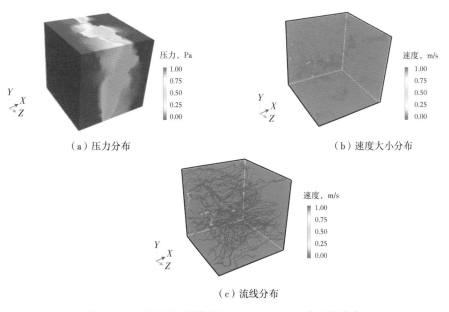

（a）压力分布　　　　　　　　　　　（b）速度大小分布

（c）流线分布

图 5-51　三维多尺度数字岩心 2017-MY02 中的场分布

表 5-7 给出了逐级考虑精细尺度岩心时 2017-MY03 岩心的孔隙度和渗透率的计算结果。可以看出，随着多尺度岩心涉及的尺度越精确，其越能表征出岩心的结构，计算得到的岩心孔隙度和渗透率都越来越接近于实验测量值。1级尺度岩心计算给出的孔隙度仅为

2.6%，而渗透率为 0，说明在 1 级尺度下，各个孔隙之间几乎不连通。考虑 2 级尺度岩心后，孔隙度升高到 6.70%，渗透率提高到 0.211mD，说明 2 级尺度岩心作为微孔隙将 1 级尺度岩心下的大孔隙连接起来。同样，考虑 3 级尺度岩心后，孔隙度升高到 10.8%，渗透率提高到 0.526mD。比较 3 个结果可以得出，对于 2017-MY02 岩心，3 级尺度岩心所对应的微孔隙区域对渗透率的贡献最大，约为 59.8%，2 级尺度岩心所对应的微孔隙区域对渗透率的贡献相对较小，约为 40.2%。

表 5-7　逐级考虑精细尺度岩心时 2017-MY03 岩心的孔隙度与渗透率

项目	1级尺度岩心孔隙度，%	2级尺度岩心孔隙度，%	2级尺度岩心渗透率，m^2	3级尺度岩心孔隙度，%	3级尺度岩心渗透率，m^2	计算孔隙度 %	计算渗透率 m^2
1级尺度岩心	2.60	0	0	0	0	2.60	1.65×10^{-19}
1+2级尺度岩心	6.70	13.08	1.12×10^{-16}	0	0	6.70	2.11×10^{-16}
1+2+3级尺度岩心	10.80	22.12	4.89×10^{-16}	21.01	3.46×10^{-16}	10.80	5.26×10^{-16}
实验测量数据	—	—	—	—	—	10.30	5.03×10^{-16}

图 5-52 显示了选样岩心 2017-MY03 的多尺度三维数字岩心。图 5-53 显示了在综合考虑三级岩心的基础上进行多尺度流动模拟得到的该块岩心内各种场的分布。

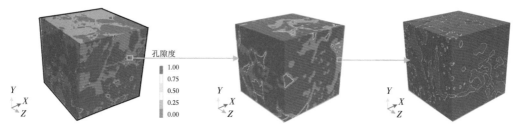

图 5-52　选样岩心 2017-MY03 的多尺度三维数字岩心示意图

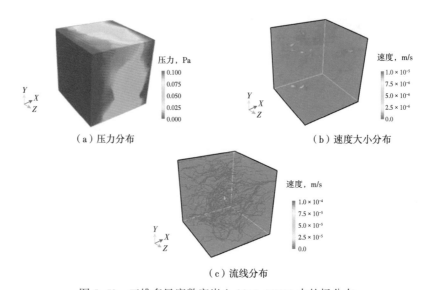

（a）压力分布　　　　　　　（b）速度大小分布

（c）流线分布

图 5-53　三维多尺度数字岩心 2017-MY03 中的场分布

2. 多相流动模拟结果分析

1）二维数字岩心聚合物驱油过程的动态曲线

（1）油驱水过程中的动态曲线。

图 5-54 显示了基于二维岩心的油驱水过程中的出入口压差、含水（油）饱和度、出口含水（油）率及累计油（水）产量随累计注油量的变化。其中，图 5-54（a）显示了出入口压差的动态变化，压差随着注油量逐渐升高，这是由于油的黏度大于水的黏度。图 5-54（b）显示了饱和度的动态变化，随着注油量增加，含水饱和度逐渐降低，含油饱和度逐渐升高。但两条曲线最终都逐渐达到饱和，岩心中的流体流动基本达到稳定状态。这时的含水饱和度即为束缚水饱和度，在注入油量达到 1.2PV 时，岩心中束缚水饱和度为 11.08%。

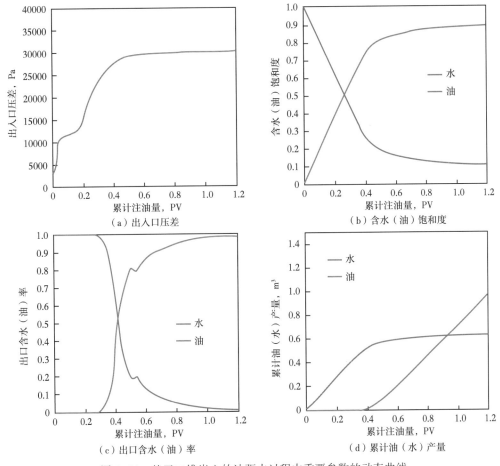

图 5-54 基于二维岩心的油驱水过程中重要参数的动态曲线

图 5-54（c）为出口含水（油）率的动态曲线，在驱替过程中出口含油率逐渐增加，而出口含水率逐渐减小，注入油量达到 1.2PV 时的出口含水率降低到 1.39%，并趋于稳定，说明这时岩心中油水流动达到了稳定状态。这里需要注意的是，含水（油）率曲线在早期存在波动的原因是由于在驱替过程中，会形成一些大的水滴逐渐剥离排出的情况，由于模拟的岩心尺度较小，又是二维岩心，这些油滴对出口流量的影响较大，就使得含水（油）

209

率曲线波动较大，这种波动在真实的三维岩心或岩心尺度较大时会减小。图 5-54（d）为累计油（水）产量的动态曲线。累计油产量在开始一段时间为 0，这是由于油还没有突破，突破后油产量就一直增加。而累计水产量则从开始就一直增加，到后期逐渐达到饱和。

（2）水驱油及聚合物驱油过程的动态曲线。

为了与聚合物驱油实验类比，将水驱油过程及聚合物驱油过程的生产动态曲线统一到一起考虑。在真实的生产或实验中，一般会先对油藏或岩心进行水驱，当水驱的含水率达到一定标准后进行聚合物驱油。通过后处理程序，利用水驱油和聚合物驱油过程的计算数据进行统计，得到了基于二维岩心的生产动态曲线。

图 5-55 显示了基于二维岩心的水驱及聚合物驱过程中的出入口压差、含水（油）饱和度、出口含水（油）率及出口油（水）产量随累计注水量的变化。其中，图 5-55（a）显示了出入口压差的动态变化，可以看出在水驱过程中出入口压差逐渐降低，这是由于油的黏度大于水，水驱油过程中岩心中的油量逐渐减小，压差也减小。在聚合物驱油过程中，出入口压差整体上呈现先增大后减小的趋势，这是由于聚合物的黏度远大于水，注入聚合物过程中压差增加，聚合物驱后注水的过程中聚合物浓度降低，黏度降低，压差逐渐降低。

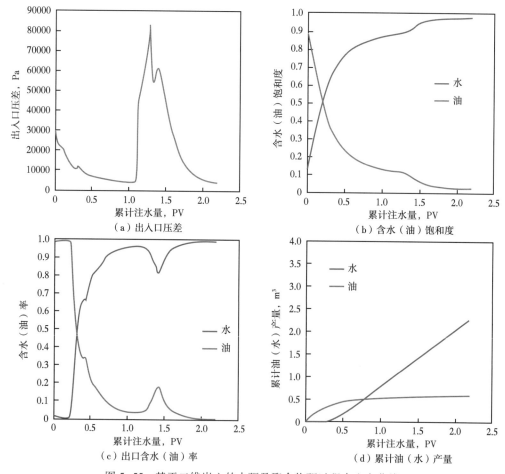

图 5-55　基于二维岩心的水驱及聚合物驱过程中生产曲线

图 5-55（a）中 1.3PV 附近的小凸起是由于岩心的结构造成的，凸起对应的是聚合物溶液被驱替经过了较细的喉道，这时引起的压力梯度较大，压差也会随着升高，在有些岩心中是没有这个小凸起的。图 5-55（b）显示了岩心中含水（油）饱和度的动态变化，两者之和为 1，随着水驱的进行，岩心含水饱和度逐渐增大，最终随着流体流动的稳定而达到饱和，这时的含油饱和度对应于水驱后的残余油饱和度。在注入聚合物溶液后，由于聚合物溶液的黏度大，增加了波及面积，使得更多的油被驱替出来，岩心的含水饱和度进一步增加。可以明显地看出含水饱和度有一个阶跃性的升高。图 5-55（c）为出口含水（油）率变化曲线。含水率和含油率之和为 1，在注水量约等于 0.2PV 时，水开始突破，水突破后含水率急剧升高，在 1PV 时已经升高到 90% 以上，并保持稳定。当注入聚合物溶液后，含水率首先降低，然后再逐渐增加最终达到饱和，形成了一个下凹的结构，再次达到饱和后的含水率要高于水驱后的含水率。含水率降低代表着通过注入聚合物使得更多的油从出口被驱替出来，当这部分油被驱替完后含水率又再次上升到稳定状态。图 5-55（d）为出口累计产油（水）量的动态曲线。可以看出，累计水产量在开始一段时间为 0，这是由于水还没有突破，水突破后水产量就一直增加。而累计油产量则在开始阶段增加较快，随着水突破，产油量越来越少，累计产油量逐渐达到饱和。注入聚合物后，由于更多的油被驱替出来，油产量将再次升高，并在随后达到稳定。

图 5-56 为基于二维岩心的水驱及聚合物驱过程中的采收率曲线。由图 5-56 可以看出，水驱初期采收率提高较快，当含水率达到一定程度后，水驱采收率逐渐达到饱和。聚合物溶液注入后，采收率再次增加，而后达到饱和，有一个阶跃式的提高。表 5-8 给出了各个阶段的一些重要参数值。岩心经过油驱水后得到的水饱和度即为初始岩心的束缚水饱和度为 11.08%，水驱油后水饱和度升高到 86.89%，聚合物驱油后升高到 97.30%；水驱油后的出口含水率为 95.90%，聚合物驱油后升高到 99.22%；水驱后的采收率为 85.19%，

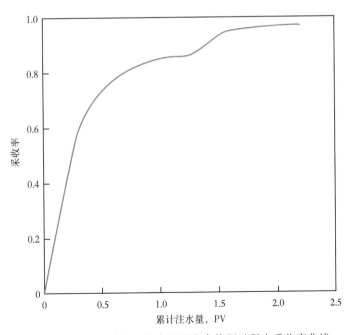

图 5-56 基于二维岩心的水驱及聚合物驱过程中采收率曲线

聚合物驱油后的采收率升高到 96.90%，提高了 11.71 个百分点。

表 5-8 基于二维岩心的水驱及聚合物驱过程中的重要参数

参数	压差，Pa	水饱和度，%	出口含水率，%	采收率，%
油驱水后	—	11.08	—	—
水驱油后	4260	86.89	95.90	85.19
聚合物驱油后	4668	97.30	99.22	96.90

2）三维岩心的聚合物驱油的动态曲线

（1）油驱水过程的动态曲线。

图 5-57 显示了基于三维岩心的油驱水过程中的出入口压差、含水（油）饱和度、出口含水（油）率及累计油（水）产量随累计注油量的变化。

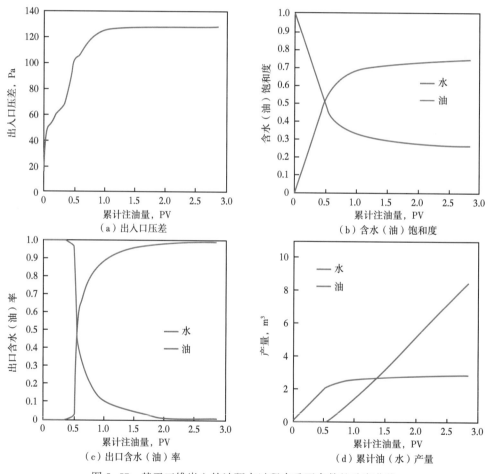

（a）出入口压差　　　　　　　（b）含水（油）饱和度

（c）出口含水（油）率　　　　　（d）累计油（水）产量

图 5-57　基于三维岩心的油驱水过程中重要参数的动态曲线

从图 5-57 可以看出，这些曲线与基于二维岩心的相应曲线是非常类似的。区别之处在于，对于三维岩心，这些曲线都更加平滑，这是由于三维岩心中水滴被排出时，占比相对较小，引起的振荡也就较小。当注入油达到 1.93PV 时，岩心中束缚水饱和度为

27.68%，出口含水率降到2.41%。

通过这一步油驱水的模拟，得到了稳定的含油岩心。这是进行后续水驱及聚合物驱研究的基础。对于二维岩心，最终得到的岩心中束缚水饱和度为11.08%，含油饱和度为88.92%；对于三维岩心，最终得到的岩心中束缚水饱和度为26.27%，含油饱和度为73.73%。通过比较发现，三维岩心的束缚水饱和度更高。这是由于三维岩心孔隙结构比二维岩心更加复杂，其末端孔隙更多，大孔隙的边角更加复杂。当然，对于不同的岩心，由于其孔隙结构的差异，其束缚水饱和度也差异比较大。

（2）水驱油及聚合物驱油过程的动态曲线。

图5-58显示了基于三维岩心的水驱油过程中的出入口压差、含水（油）饱和度、出口含水（油）率及出口油（水）产量随累计注液量的变化。

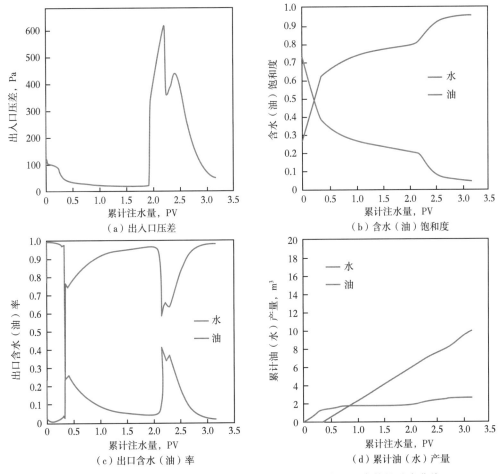

图5-58　基于三维岩心的水驱油及聚合物驱油过程中重要参数的动态曲线

从图5-58可以看出，这些曲线与基于二维岩心的相应曲线非常类似。对于所研究的这块岩心，其出入口压差曲线整体呈现出先降低后增加再降低的趋势，在后续水驱压差降低的过程中同样存在一个凸起，说明该三维岩心也存在较细的连通喉道。其含水饱和度曲线在聚合物驱过程中增加得更多，说明聚合物将更多的残余油驱替出来。其出口含水率曲

213

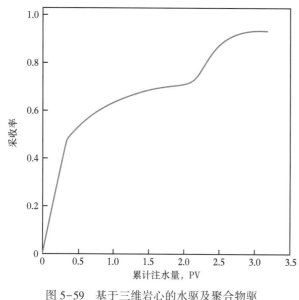

图 5-59　基于三维岩心的水驱及聚合物驱
过程中的采收率曲线

线在聚合物驱过程中下降得更多，也说明了这时聚合物驱油效果更好。另外，含水率曲线在下陷部分的形状说明三维真实岩心的结构比二维岩心的更加复杂。

图 5-59 为基于三维岩心的水驱及聚合物驱过程中的采收率曲线。其与二维岩心下的曲线类似，区别在于对于三维岩心水驱后采收率更低，而聚合物驱油对采收率提高得更多。这是由于所研究的这块三维岩心相对于二维岩心结构更复杂，残余油更多，聚合物驱的效果也更好。表 5-9 给出了各个阶段的一些重要参数值。岩心经过油驱水后得到的水饱和度即为初始岩心的束缚

水饱和度，为 26.27%，水驱油后水饱和度升高到 78.63%，聚合物驱油后升高到 95.09%；水驱油后的出口含水率为 95.74%，聚合物驱油后升高到 98.26%；水驱后的采收率为 71.00%，聚合物驱油后的采收率升高到 93.31%，采收率提高了 22.31 个百分点。

表 5-9　基于三维岩心的水驱及聚合物驱过程中的重要参数

参数	压差，Pa	水饱和度，%	出口含水率，%	采收率，%
油驱水后	—	26.27	—	—
水驱油后	19.02	78.63	95.74	71.00
聚合物驱油后	49	95.09	98.26	93.31

3）主要结论

根据二维岩心和三维岩心聚合物驱油的模拟数据，采用所研制的后处理程序，绘制出入口压差、剩余油饱和度、出口含水率及采收率等参数的生产动态曲线。结果表明，模拟计算曲线与实验测量曲线的变化规律一致，能够反映出聚合物驱油的基本规律。

第三节　准噶尔盆地复杂储层典型岩心的流动模拟及分析

一、准噶尔盆地复杂储层单尺度岩心多相流动模拟及分析

为了研究岩石的孔隙结构对水驱油规律的影响，在八区 530 井区 21 块数字岩心和百 21 井区 17 块数字岩心的基础上，分别进行了油驱水、水驱油过程的模拟计算。结合模拟结果及岩心的微观孔隙结构，分析八区 530 井区、百 21 井区典型砾岩油藏岩石水驱油规律，研究岩石的孔渗参数以及孔隙喉道半径、配位数、孔喉比及孔隙形状因子等 7 个微观孔隙结构参数对束缚水饱和度及水驱采收率等的影响。

基本模拟过程为：对于每一块岩心，先通过油驱水模拟建立起初始岩心的油水饱和度，这个过程的注油量一般要求达到 3PV 以上，出口端的含水率降低到 2%以下；在通过油驱水过程建立起初始岩心后，在入口端以 0.0003m/s 的速度注入约 2PV 的水，对岩心进行水驱，经过水驱后，岩心出口的含水率都能达到 95%。在计算工作站上 8 个任务并行运算，每块岩心油驱水过程的平均耗时约为 12 小时，水驱油过程的平均耗时约为 8 小时，共需要 20 多个小时。

1. 复杂储层单尺度岩心水驱油规律的数字岩心分析

对八区 530 井区的 21 块数字岩心分别进行了油驱水、水驱油过程的模拟计算。对每块岩心，得到其压力、速度、体积分数（水、油）、黏度等重要参数的分布及变化，进而计算出其束缚水饱和度、水驱采收率等重要参数。将这些参数与数字岩心的微观孔隙结构（孔隙半径、形状因子、孔喉比、配位数等）相结合，分析 7 个不同微观孔隙结构参数对水驱油规律的影响。选取了两块典型岩心，详细分析了不同类型岩心中的水驱油规律。

这里需要指出的是，结合具体的计算能力，在水驱及后续聚合物驱油的模拟中使用的岩心是从前面建立的岩心上采用 REV 方法截取的，虽然这些岩心比原始的岩心要小，但 REV 研究表明这些岩心的孔隙结构能够反映原始数据岩心的孔隙结构，它们的孔隙半径、喉道半径、配位数等重要孔隙结构参数的平均值及分布都相近。表 5-10 给出了八区 530 井区数字岩心的孔隙结构参数值及水驱模拟过程中的束缚水饱和度和水驱采收率等。需要说明的是，在利用 2015-SZ06 岩心进行油驱水模拟的过程中，其残差难以降低到合理范围之内，造成计算发散，将其舍去。

通过前面对数字岩心的分析已知，八区 530 井区含砾岩石与不含砾岩石的孔隙结构参数具有一定差异。因此，在后续的水驱规律的研究中将含砾砂岩与不含砾岩心加以区别，以便更好地分析不同的岩石类型对水驱规律的影响。

表 5-10 八区 530 井区岩心的孔隙结构参数及水驱参数

岩心编号	2015-SZ01	2015-SZ02	2015-SZ03	2015-SZ04	2015-SZ05
岩性	含砾中—细砂岩	含砾中—细砂岩	含砾中砂岩	含砾中砂岩	含砾中—细砂岩
孔隙度,%	17.91	14.38	21.70	19.35	11.53
渗透率，mD	55.28	18.16	524.68	175.76	10.62
孔隙半径平均值，μm	6.09	2.82	17.60	6.18	2.90
喉道半径平均值，μm	3.22	1.57	8.73	3.27	1.56
孔隙配位数平均值	2.96	2.60	3.20	3.13	2.25
孔喉比平均值	2.69	2.45	2.84	2.68	2.68
孔隙形状因子平均值	0.0237	0.0232	0.0217	0.0235	0.0241
束缚水饱和度,%	26.67	29.93	14.84	22.72	37.61
水驱油后产水率,%	95.43	93.21	94.57	95.28	97.28
水驱油后油饱和度,%	19.43	22.44	19.84	27.70	21.45
水驱油采收率,%	73.90	67.99	77.53	64.18	65.85

岩心编号	2015-SZ07	2015-SZ08	2015-SZ09	2015-SZ10	2015-SZ11
岩性	中—细砂岩	中砂岩	中—细砂岩	中—细砂岩	含砾中—细砂岩
孔隙度，%	19.56	18.99	20.60	13.66	15.68
渗透率，mD	140.07	118.31	247.28	23.71	33.16
孔隙半径平均值，μm	9.21	8.65	10.04	2.81	2.80
喉道半径平均值，μm	4.79	4.90	5.27	1.52	1.53
孔隙配位数平均值	3.23	2.68	3.25	2.45	2.63
孔喉比平均值	2.68	2.65	2.65	2.65	2.64
孔隙形状因子平均值	0.0229	0.0237	0.0229	0.0238	0.0236
束缚水饱和度，%	33.92	38.39	31.65	26.27	26.37
水驱油后产水率，%	97.00	96.72	95.24	95.74	94.09
水驱油后油饱和度，%	14.90	19.89	25.97	21.37	25.88
水驱油采收率，%	77.53	68.97	62.33	71.00	64.89
岩心编号	2015-SZ12	2015-SZ13	2015-SZ14	2015-SZ15	2015-SZ16
岩性	含砾中砂岩	含砾粗砂岩	细砂岩	细砂岩	含砾粗砂岩
孔隙度，%	22.02	8.13	15.40	11.95	20.67
渗透率，mD	424.20	12.98	8.18	3.77	348.21
孔隙半径平均值，μm	15.15	7.06	2.34	2.90	15.17
喉道半径平均值，μm	7.60	3.87	1.27	1.56	7.80
孔隙配位数平均值	3.25	2.22	2.61	2.29	3.10
孔喉比平均值	2.85	2.62	2.63	2.68	2.82
孔隙形状因子平均值	0.0216	0.0242	0.0236	0.0240	0.0221
束缚水饱和度，%	7.56	28.93	26.63	27.83	12.47
水驱油后产水率，%	94.48	93.21	93.77	94.37	92.55
水驱油后油饱和度，%	22.92	24.44	13.43	20.23	20.61
水驱油采收率，%	75.07	67.99	81.78	68.97	76.74
岩心编号	2015-SZ17	2015-SZ18	2015-SZ19	2015-SZ20	2015-SZ21
岩性	中砂岩	中—细砂岩	细砂岩	细砂岩	细砂岩
孔隙度，%	11.08	20.58	16.68	10.74	11.63
渗透率，mD	19.01	303.08	34.76	0.31	1.14
孔隙半径平均值，μm	3.45	12.78	2.51	0.84	2.15
喉道半径平均值，μm	1.85	6.20	1.37	0.45	1.15
孔隙配位数平均值	2.21	3.42	2.72	2.17	2.26
孔喉比平均值	2.69	2.81	2.61	2.70	2.69
孔隙形状因子平均值	0.0241	0.0219	0.0235	0.0242	0.0241
束缚水饱和度，%	50.47	33.50	18.36	54.82	45.30
水驱油后产水率，%	97.99	93.26	93.86	97.74	94.79
水驱油后油饱和度，%	10.88	27.91	18.24	4.09	10.38
水驱油采收率，%	80.88	58.04	77.93	91.08	82.18

1) 岩石孔渗参数对水驱油规律的影响

图 5-60 显示了束缚水饱和度随孔隙度的变化。可以看出，对于八区 530 井区的岩心，其束缚水饱和度为 7.56% ~ 54.81%。含砾岩心的孔隙度为 8.13% ~ 22.02%，束缚水饱和度为 7.56% ~ 37.61%；不含砾岩心的孔隙度为 10.74% ~ 20.60%，束缚水饱和度为 18.36% ~ 54.81%。含砾岩心的孔隙度平均值大于不含砾岩心，束缚水饱和度平均值要小于不含砾岩心。整体上来看，束缚水饱和度随岩心孔隙度的增加而减小。这是由于束缚水大多处在孔隙空间的边角处，孔隙度比较大的岩心的孔隙空间更大，孔隙空间不规则边角所占的比例相对就会减小，也就使得其束缚水饱和度减小。

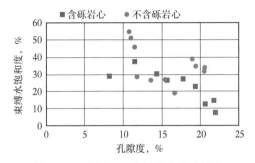

图 5-60 八区 530 井区岩心的束缚水饱和度随孔隙度的变化

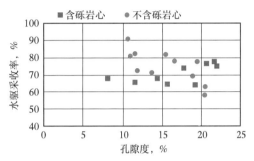

图 5-61 八区 530 井区岩心的水驱采收率随孔隙度的变化

图 5-61 显示了水驱采收率随孔隙度的变化，从图中可以得到含砾岩心的水驱采收率范围为 64.18% ~ 77.53%，范围较小，水驱采收率随孔隙度的增加而减小。这是由于孔隙空间越大，水驱替油就越容易，水驱采收率越高。不含砾岩心的水驱采收率范围为 58.04% ~ 91.08%，范围较大，水驱采收率随孔隙度的增加而减小。原因为：不含砾岩心的孔隙较多，平均孔隙体积较小，而束缚水多处在末端孔隙或孔隙的边角处。孔隙度越小，其平均孔隙体积越小，束缚水对孔隙和喉道的光滑作用更加明显，油更容易被驱替出来，水驱采收率更高。

图 5-62 显示了束缚水饱和度随渗透率的变化。含砾岩心的束缚水饱和度随渗透率增大而减小。岩心渗透率增大的范围为 10.62 ~ 524.68mD，束缚水饱和度减小的范围为 7.56% ~ 37.61%。这是由于渗透率越高，平均孔隙半径越大，孔隙间连通性越好，处于孔隙空间末端或边角的束缚水比例就越小。不含砾岩心的束缚水饱和度分布范围比较大，与渗透率的相关性比较弱，说明不含砾岩心的孔隙结构更加复杂。

图 5-63 显示了水驱采收率随渗透率的变化。对于含砾岩心，水驱采收率随岩心的渗透率增大而增大，岩心渗透率为 10.62 ~ 524.68mD，水驱采收率为 64.18% ~ 77.53%。这是由于含砾岩心的孔隙空间比较大，渗透率越大，水驱替油就越容易，水驱采收率越高。对于不含砾岩心，水驱采收率随岩心的渗透率增大而减小，岩心渗透率增大的范围为 0.31 ~ 303.08mD，水驱采收率的范围为 58.04% ~ 91.08%。分析原因为：不含砾岩心的孔隙空间相对较小，渗透率越小，其孔隙空间越小，而束缚水多处在末端孔隙或孔隙的边角处，对小孔隙和喉道的光滑作用更加明显，其中的油更容易被驱替出来，水驱采收率更高。

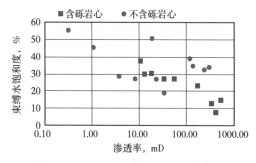

图 5-62　八区 530 井区岩心的束缚水
饱和度随渗透率的变化

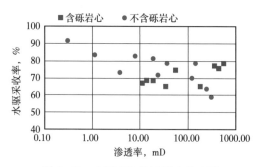

图 5-63　八区 530 井区岩心的水驱
采收率随渗透率的变化

2) 岩石微观孔隙结构对水驱油规律的影响

图 5-64 和图 5-65 显示了束缚水饱和度随孔隙半径平均值及喉道半径平均值的变化，两幅图给出的变化趋势基本相同。含砾岩心的束缚水饱和度随孔隙半径平均值及喉道半径平均值增大而减小。孔隙半径平均值及喉道半径平均值的范围分别为 2.80~17.60μm 和 1.53~8.73μm，束缚水饱和度减小的范围为 7.56%~37.61%。这是由于平均孔隙半径越大，处于孔隙空间末端或边角的束缚水比例就越小。不含砾岩心的束缚水饱和度分布范围比较大，与孔隙半径平均值及喉道半径平均值的相关性比较弱，说明不含砾岩心的孔隙结构更加复杂。

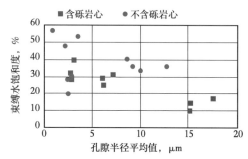

图 5-64　八区 530 井区岩心的束缚水
饱和度随孔隙半径平均值的变化

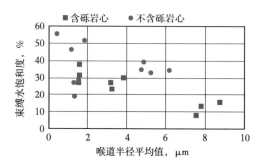

图 5-65　八区 530 井区岩心的束缚水
饱和度随喉道半径平均值的变化

图 5-66 和图 5-67 显示了水驱采收率随孔隙及喉道半径平均值的变化。对于含砾岩心，水驱采收率随孔隙及喉道半径平均值的增大而增大，这是由于含砾岩心的孔隙空间比较大，孔隙及喉道半径平均值越大，水驱替油就越容易，水驱采收率越高。对于不含砾岩心，水驱采收率随孔隙及喉道半径平均值的增大而减小，孔隙及喉道半径平均值的范围分别为 0.84~12.78μm 和 0.45~6.20μm，水驱采收率减小的范围为 91.08%~58.04%。分析原因为：不含砾岩心的孔隙及喉道半径整体较小，而束缚水多处在末端孔隙或者孔隙的边角处，半径平均值越小，束缚水对孔隙和喉道的光滑作用更加明显，油更容易被驱替出来，水驱采收率更高。

图 5-68 显示了束缚水饱和度随配位数平均值的变化。整体上来看，束缚水饱和度随着配位数平均值的增大而减小。配位数平均值的范围为 2.17~3.41，束缚水饱和度的范围

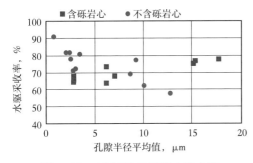

图 5-66　八区 530 井区岩心的水驱
采收率随孔隙半径平均值的变化

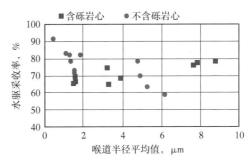

图 5-67　八区 530 井区岩心的水驱
采收率随喉道半径平均值的变化

为 55.81%~7.56%。这是因为：配位数越大说明岩心中孔隙的连通性越好，末端孔隙更少，则束缚水饱和度更小。

图 5-69 显示了水驱采收率随配位数平均值的变化。可以看到，对于八区 530 井区的岩心，随着配位数平均值的增加，水驱采收率整体并没有明显的变化趋势。这是由于水驱采收率是一个由孔隙半径，喉道半径、配位数、束缚水饱和度等多种因素共同作用的结果，而对这些岩心配位数并不起主要作用。

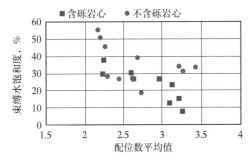

图 5-68　八区 530 井区岩心的束缚水
饱和度随配位数平均值的变化

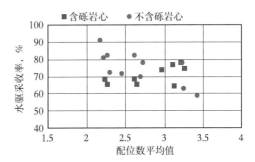

图 5-69　八区 530 井区岩心的水驱
采收率随配位数平均值的变化

孔喉比是反映孔隙与喉道交替变化特征的参数。图 5-70 显示了束缚水饱和度随孔喉比平均值的变化。可以看出，对于八区 530 井区岩心，孔喉比平均值的范围为 2.45~2.85，相对来说不含砾岩心的孔喉比平均值分布更宽一些。随着孔喉比平均值的增加，束缚水饱和度并没有一个明显的变化趋势。

图 5-71 显示了水驱采收率随孔喉比平均值的变化。可以看到，对于八区 530 井区的岩心，随着孔喉比平均值的增加，水驱采收率整体并没有表现出明显的变化趋势，这说明孔喉比并不是影响八区 530 井区岩心水驱采收率的主要因素。

孔隙形状因子是表征孔隙形状的一个物理量，形状因子越小代表孔隙的边角越多，孔隙的表面越粗糙，形状因子越大，说明孔隙越光滑。等边三角形、四方形及圆形的孔隙形状因子分别为 0.048、0.071 和 0.080。图 5-72 显示了束缚水饱和度随孔隙形状因子平均值的变化。对于八区 530 井区的岩心，其形状因子平均值范围为 0.0215~0.0242，低于等边三角形的形状因子，说明其孔隙形状是比较不规则的，具有较多的边角。随着孔隙形状

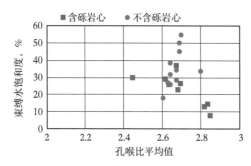

图 5-70　八区 530 井区岩心的束缚水饱和度
随孔喉比平均值的变化

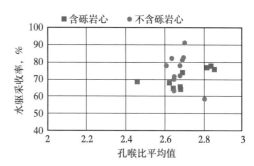

图 5-71　八区 530 井区岩心的水驱采收率
随孔喉比平均值的变化

因子的增大，束缚水饱和度并没有一个明显的变化趋势。

图 5-73 显示了水驱采收率随孔隙形状因子平均值的变化。对于八区 530 井区的岩心，随着孔隙形状因子平均值的增加，水驱采收率并没有一个明显的变化趋势。这说明孔隙形状因子不是影响八区 530 井区岩心水驱采收率的主要因素。

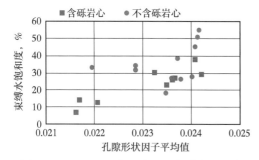

图 5-72　八区 530 井区岩心的束缚水饱和度
随孔隙形状因子平均值的变化

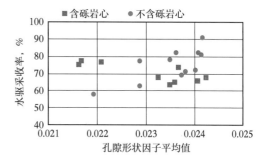

图 5-73　八区 530 井区岩心的水驱采收率
随孔隙形状因子平均值的变化

图 5-74 和图 5-75 显示了束缚水饱和度随孔隙长度平均值及喉道长度平均值的变化，两幅图给出的变化趋势基本相同。含砾岩心的束缚水饱和度随孔隙长度平均值及喉道长度平均值增大而减小。孔隙长度平均值及喉道长度平均值的范围分别为 9.79~55.96μm 和 11.06~52.47μm，束缚水饱和度减小的范围为 7.56%~37.61%。这是由于平均孔隙长度

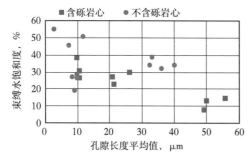

图 5-74　八区 530 井区岩心的束缚水饱和度
随孔隙长度平均值的变化

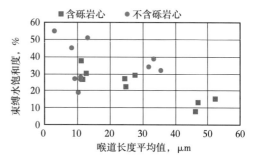

图 5-75　八区 530 井区岩心的束缚水饱和度
随喉道长度平均值的变化

越大，处于孔隙空间末端或边角的束缚水比例就越小。不含砾岩心的束缚水饱和度分布范围比较大，与孔隙长度平均值及喉道长度平均值的相关性比较弱，说明不含砾岩心的孔隙结构更加复杂。

图 5-76 和图 5-77 显示了水驱采收率随孔隙长度平均值及喉道长度平均值的变化。对于含砾岩心，水驱采收率随孔隙长度平均值及喉道长度平均值的增大而增大，这是由于含砾岩心的孔隙空间比较大，孔隙长度平均值及喉道长度平均值越大，水驱替油就越容易，水驱采收率越高。对于不含砾岩心，水驱采收率随孔隙长度平均值及喉道长度平均值的增大而减小，孔隙长度平均值及喉道长度平均值的范围分别为 2.79~40.20μm 和 3.16~38.13μm，水驱采收率减小的范围为 58.04%~91.08%。分析原因为：不含砾岩心的孔隙长度及喉道长度整体较小，而束缚水多处在末端孔隙或孔隙的边角处，长度平均值越小，束缚水对孔隙和喉道的光滑作用更加明显，油更容易被驱替出来，水驱采收率更高。

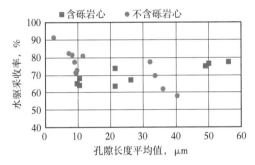

图 5-76　八区 530 井区岩心的水驱采收率
随孔隙长度平均值的变化　　　　

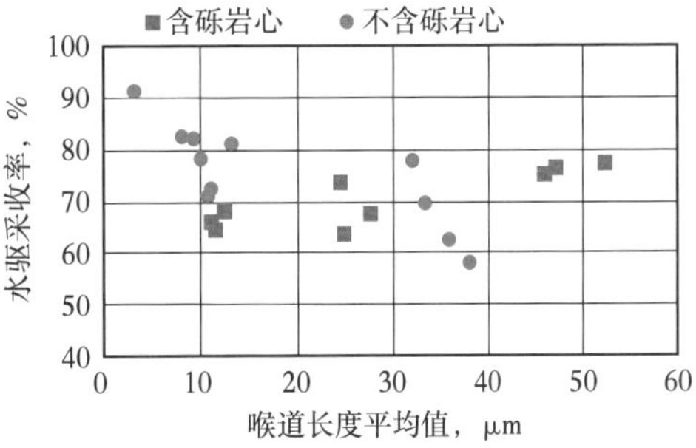

图 5-77　八区 530 井区岩心的水驱采收率
随喉道长度平均值的变化

3）束缚水对水驱油规律的影响

水驱采收率除与岩心的孔隙结构有关之外，还与岩心初始状态的束缚水饱和度有关。图 5-78 显示了水驱采收率随束缚水饱和度的变化。整体来说，对于八区 530 井区的岩心，随着束缚水饱和度的增加，水驱采收率有增加的趋势。随着束缚水饱和度的增加，束缚水占据更多的岩石孔隙的边角区域，这使得油所处的空间更光滑，使得油更容易被驱替出来。

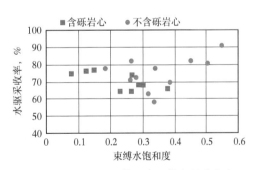

图 5-78　八区 530 井区岩心的水驱采收率
随束缚水饱和度的变化

4）主要结论

通过对八区 530 井区 21 块数字岩心进行油驱水及水驱油过程的模拟，得到了驱替过程中物理场的动态变化，计算了其束缚水饱和度及水驱采收率，并分析了岩心的孔渗参数、孔隙结构参数与束缚水饱和度、水驱采收率的关系，取得了以下认识：

（1）孔隙度和渗透率对八区 530 井区的含砾岩心与不含砾岩心的束缚水饱和度及水驱采收率的影响不同。对于含砾数字岩心，随着孔隙度从 8.13% 增加到 22.02%，渗透率从 10.62mD 增加到 524.68mD，束缚水饱和度从 37.61% 下降到 7.56%，水驱采收率从

64.18%增加到77.53%；对于不含砾数字岩心，随着孔隙度从10.74%增加到20.60%，束缚水饱和度从54.81%下降到18.36%；随着渗透率从0.31mD增加到303.08mD，水驱采收率从91.08%下降到58.04%。八区530井区岩心的平均水驱采收率为72.89%。

（2）从孔隙度和渗透率对束缚水饱和度的影响来看，随着孔隙度和渗透率增大，束缚水饱和度减小，但不含砾数字岩心的束缚水饱和度高于含砾数字岩心的束缚水饱和度，约为其2倍。

（3）从孔隙度和渗透率对水驱采收率的影响来看，随着孔隙度和渗透率增大，不含砾数字岩心的水驱采收率减小；而含砾数字岩心的增大，但是不含砾数字岩心的水驱采收率高于含砾数字岩心的，不含砾数字岩心的水驱采收率平均为74.88%，含砾数字岩心的水驱采收率平均为70.46%，平均约高出4.4%。

（4）在所分析的7个微观孔隙结构参数中，孔隙半径和喉道半径、孔隙长度和喉道长度是影响八区530井区数字岩心束缚水饱和度和水驱采收率的主要参数。随着孔隙半径和喉道半径以及孔隙长度和喉道长度的增大，含砾和不含砾数字岩心的束缚水饱和度均减小，不含砾数字岩心的水驱采收率减小，含砾数字岩心的水驱采收率增大。

（5）对于八区530井区的不含砾岩心，随着孔隙半径平均值从0.84μm增加到12.78μm，喉道半径平均值从0.45μm增加到6.20μm，孔隙长度平均值从2.79μm增加到40.20μm，喉道长度平均值从3.16μm增加到38.13μm，束缚水饱和度从54.81%下降到18.36%，水驱采收率从91.08%下降到58.04%。

（6）对于八区530井区的含砾岩心，随着孔隙半径平均值从2.80μm增加到17.60μm，喉道半径平均值从1.53μm增加到8.73μm，孔隙长度平均值从9.79μm增加到55.96μm，喉道长度平均值从11.06μm增加到52.47μm，束缚水饱和度从37.61%下降到7.56%，水驱采收率从64.18%增加到77.53%。

2. 复杂储层单尺度岩心聚合物驱油规律的数字岩心分析

表5-11给出了八区530井区数字岩心的孔隙结构参数值及聚合物驱油模拟过程中得到的聚合物驱油采收率及采收率提高等参数。在聚合物驱的模拟过程中，2015-SZ06岩心由于渗透率过低，在PISO算法中其残差难以降低到合理范围之内，造成模拟速度非常缓慢，将其舍去，但这不会影响整体研究结果。在聚合物驱油规律的研究中，将含砾岩心与不含砾岩心加以区别，以便更好地分析不同的岩石类型对聚合物驱油规律的影响。参考微观孔隙结构参数对水驱油影响的模拟分析结果，主要研究了孔隙度和渗透率以半径孔隙半径、喉道半径、配位数、孔喉比及孔隙形状因子等参数对聚合物驱油规律的影响。

表5-11　八区530井区岩心的孔隙结构参数及聚合物驱油结果参数

岩心编号	2015-SZ01	2015-SZ02	2015-SZ03	2015-SZ04	2015-SZ05
岩性	含砾中—细砂岩	含砾中—细砂岩	含砾中砂岩	含砾中砂岩	含砾中—细砂岩
孔隙度，%	17.91	14.38	21.70	19.35	11.53
渗透率，mD	55.28	18.16	524.68	175.76	10.62
孔隙半径平均值，μm	6.09	2.82	17.60	6.18	2.90
喉道半径平均值，μm	3.22	1.57	8.73	3.27	1.56
孔隙配位数平均值	2.96	2.60	3.20	3.13	2.25

岩心编号	2015-SZ01	2015-SZ02	2015-SZ03	2015-SZ04	2015-SZ05
岩性	含砾中—细砂岩	含砾中—细砂岩	含砾中砂岩	含砾中砂岩	含砾中—细砂岩
孔喉比平均值	2.69	2.45	2.84	2.68	2.68
孔隙形状因子平均值	0.0237	0.0232	0.0217	0.0235	0.0241
聚合物驱油后产水率,%	98.47	98.17	97.76	96.41	97.85
聚合物驱油采收率,%	94.92	87.39	91.39	85.42	86.72
聚合物驱油后油饱和度,%	4.17	8.86	8.14	11.42	8.56
采收率提高值,%	21.02	19.39	13.86	21.24	20.86
岩心编号	2015-SZ07	2015-SZ08	2015-SZ09	2015-SZ10	2015-SZ11
岩性	中—细砂岩	中砂岩	中—细砂岩	中—细砂岩	含砾中—细砂岩
孔隙度,%	19.56	18.99	20.60	13.66	15.68
渗透率,mD	140.07	118.31	247.28	23.71	33.16
孔隙半径平均值,μm	9.21	8.65	10.04	2.81	2.80
喉道半径平均值,μm	4.79	4.90	5.27	1.52	1.53
孔隙配位数平均值	3.23	2.68	3.25	2.45	2.63
孔喉比平均值	2.68	2.65	2.65	2.65	2.64
孔隙形状因子平均值	0.0229	0.0237	0.0229	0.0238	0.0236
聚合物驱油后产水率,%	97.99	97.39	97.13	98.26	97.16
聚合物驱油采收率,%	89.85	87.84	85.28	93.31	89.68
聚合物驱油后油饱和度,%	6.74	7.78	10.35	4.91	7.49
采收率提高值,%	12.33	18.87	22.95	22.30	24.79
岩心编号	2015-SZ12	2015-SZ13	2015-SZ14	2015-SZ15	2015-SZ16
岩性	含砾中砂岩	含砾粗砂岩	细砂岩	细砂岩	含砾粗砂岩
孔隙度,%	22.02	8.13	15.40	11.95	20.67
渗透率,mD	424.20	12.98	8.18	3.77	348.21
孔隙半径平均值,μm	15.15	7.06	2.34	2.90	15.17
喉道半径平均值,μm	7.60	3.87	1.27	1.56	7.80
孔隙配位数平均值	3.25	2.22	2.61	2.29	3.10
孔喉比平均值	2.85	2.62	2.63	2.68	2.82
孔隙形状因子平均值	0.0216	0.0242	0.0236	0.0240	0.0221
聚合物驱油后产水率,%	97.80	98.17	98.35	98.88	96.87
聚合物驱油采收率,%	91.29	86.79	93.42	89.16	93.69
聚合物驱油后油饱和度,%	7.96	9.86	4.87	7.83	5.68
采收率提高值,%	16.23	18.79	11.64	17.20	16.94

岩心编号	2015-SZ17	2015-SZ18	2015-SZ19	2015-SZ20	2015-SZ21
岩性	中砂岩	中细砂岩	细砂岩	细砂岩	细砂岩
孔隙度，%	11.08	20.58	16.68	10.74	11.63
渗透率，mD	19.01	303.08	34.76	0.31	1.14
孔隙半径平均值，μm	3.45	12.78	2.51	0.84	2.15
喉道半径平均值，μm	1.85	6.20	1.37	0.45	1.15
孔隙配位数平均值	2.21	3.42	2.72	2.17	2.26
孔喉比平均值	2.69	2.81	2.61	2.70	2.69
孔隙形状因子平均值	0.0241	0.0219	0.0235	0.0242	0.0241
聚合物驱油后产水率，%	99.10	98.55	96.84	99.41	99.05
聚合物驱油采收率，%	96.71	80.55	91.43	96.54	95.47
聚合物驱油后油饱和度，%	3.43	12.93	7.18	1.63	3.26
采收率提高值，%	15.83	22.52	13.50	5.46	13.29

1）孔渗参数对聚合物驱油规律的影响

图 5-79 显示了聚合物驱采收率随孔隙度的变化，图 5-80 显示了采收率提高随孔隙度的变化。八区 530 井区岩心的聚合物驱采收率范围为 80.55%～96.71%，绝大部分达到 85% 以上。对于含砾岩心，采收率提高值的范围为 13.86%～24.79%；对于不含砾岩心，采收率提高值的范围为 5.46%～22.95%。含砾岩心的采收率提高值整体上高于不含砾岩心，说明其聚合物驱油效果更好。无论聚合物驱采收率，还是采收率提高值，随孔隙度的增加并没有明显的变化趋势。

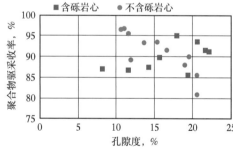

图 5-79　八区 530 井区岩心的聚合物驱
采收率随孔隙度的变化

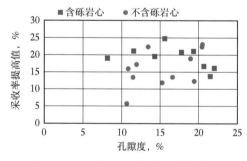

图 5-80　八区 530 井区岩心的采收率
提高值随孔隙度的变化

图 5-81 显示了聚合物驱采收率随渗透率的变化，图 5-82 显示了采收率提高值随渗透率的变化。对于含砾岩心，随着岩心的渗透率增大，聚合物驱采收率增大，采收率提高值减小。岩心渗透率的范围为 10.62～524.68mD，聚合物驱采收率的范围为 85.42%～94.92%，采收率提高值范围为 13.86%～24.79%。对于不含砾岩心，随着岩心的渗透率增大，聚合物驱采收率减小，采收率提高值增大。岩心渗透率范围为 0.31～303.08mD，聚合物驱采收率的范围为 80.55%～96.71%，采收率提高值范围为 5.46%～22.95%。

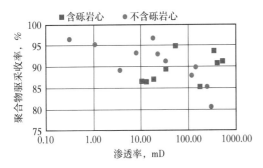

图 5-81 八区 530 井区岩心的聚合物驱
采收率随渗透率的变化

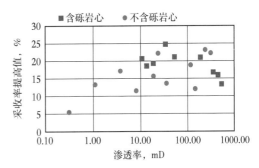

图 5-82 八区 530 井区岩心的采收率
提高值随渗透率的变化

2) 微观孔隙结构对聚合物驱油规律的影响

(1) 孔隙半径及喉道半径对聚合物驱油规律的影响。

图 5-83 和图 5-84 显示了聚合物驱采收率随孔隙半径平均值及喉道半径平均值的变化，图 5-85 和图 5-86 显示了采收率提高值随孔隙半径平均值及喉道半径平均值的变化。对于含砾岩心，随着岩心的孔隙半径平均值及喉道半径平均值增大，聚合物驱采收率增大，采收率提高值减小。孔隙半径平均值及喉道半径平均值的范围分别为 $2.80 \sim 17.60 \mu m$ 和 $1.53 \sim 8.73 \mu m$，聚合物驱采收率的范围为 $85.42\% \sim 94.92\%$，采收率提高值范围为 $13.86\% \sim 24.79\%$。对于不含砾岩心，随着岩心的孔隙半径平均值及喉道半径平均值增大，聚合物驱采收率减小，采收率提高值增大。孔隙半径平均值及喉道半径平均值的范围分别为 $0.84 \sim 12.78 \mu m$ 和 $0.45 \sim 6.20 \mu m$，聚合物驱采收率的范围为 $80.55\% \sim 96.71\%$，采收率提高值范围为 $5.46\% \sim 22.95\%$。

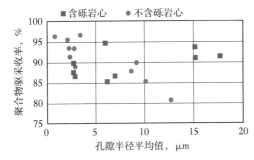

图 5-83 八区 530 井区岩心的聚合物驱采收率
随孔隙半径平均值的变化

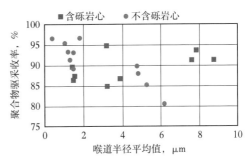

图 5-84 八区 530 井区岩心的聚合物驱采收率
随喉道半径平均值的变化

聚合物驱采收率随着孔隙半径平均值及喉道半径平均值的增加而减小，来源于束缚水对孔隙边角的平滑作用。而采收率提高值增加是因为：孔隙半径及喉道半径增大，毛管力减小，克服毛管力驱替原油就越容易，聚合物更容易在孔隙空间中流动，其波及效果更充分，使得采收率提高值增加。对于含砾岩心，聚合物驱采收率随孔隙半径平均值及喉道半径平均值的增加而增大，采收率提高值随孔隙半径平均值及喉道半径平均值的增加变化不大。

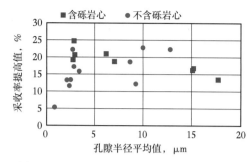

图 5-85　八区 530 井区岩心的采收率提高值
随孔隙半径平均值的变化

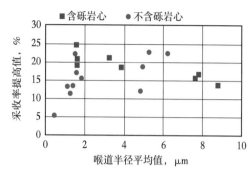

图 5-86　八区 530 井区岩心的采收率
提高值随喉道半径平均值的变化

（2）配位数对聚合物驱油规律的影响。

图 5-87 显示了聚合物驱采收率随配位数平均值的变化，图 5-88 显示了采收率提高值随配位数平均值的变化。可以看到，对于八区 530 井区的岩心，聚合物驱采收率和采收率提高值与配位数平均值没有明显的相关性。这说明配位数并不是影响八区 530 井区岩心聚合物驱油的主要因素。

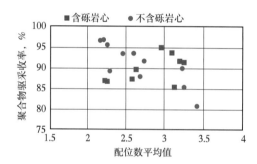

图 5-87　八区 530 井区岩心的聚合物驱采收率
随配位数平均值的变化

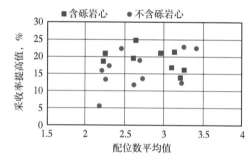

图 5-88　八区 530 井区岩心的采收率
提高值随配位数平均值的变化

（3）孔喉比对聚合物驱油规律的影响。

图 5-89 显示了聚合物驱采收率随孔喉比平均值的变化，图 5-90 显示了采收率提高值随孔喉比平均值的变化。可以看到，对于八区 530 井区的岩心，聚合物驱采收率和采收率提高值与孔喉比平均值没有明显的相关性。这说明孔喉比并不是不含砾岩心聚合物驱油的主要因素。

（4）孔隙形状因子对聚合物驱油规律的影响。

图 5-91 显示了聚合物驱采收率随孔隙形状因子平均值的变化，图 5-92 显示了采收率提高值随孔隙形状因子平均值的变化。可以看到，对于八区 530 井区的岩心，聚合物驱采收率和采收率提高值与孔隙形状因子平均值没有明显的相关性。这说明孔隙形状因子并不是不含砾岩心聚合物驱油的主要因素。

（5）孔隙长度及喉道长度对聚合物驱油规律的影响。

图 5-93 和图 5-94 显示了聚合物驱采收率随孔隙长度平均值及喉道长度平均值的变

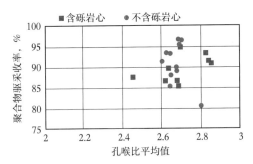

图 5-89　八区 530 井区岩心的聚合物驱采收率
随孔喉比平均值的变化

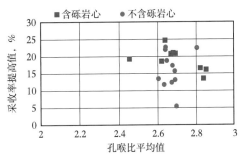

图 5-90　八区 530 井区岩心的采收率
提高值随孔喉比平均值的变化

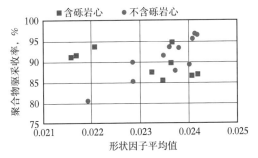

图 5-91　八区 530 井区岩心的聚合物驱采收率
随隙形状因子平均值的变化

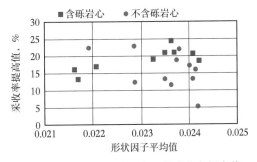

图 5-92　八区 530 井区岩心的采收率提高值
随隙形状因子平均值的变化

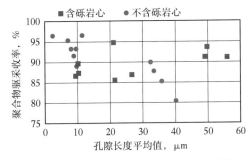

图 5-93　八区 530 井区岩心的聚合物驱采收率
随孔隙长度平均值的变化

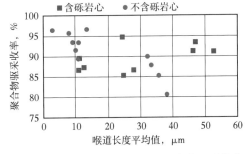

图 5-94　八区 530 井区岩心的聚合物驱采收率
随喉道长度平均值的变化

化，图 5-95 和图 5-96 显示了采收率提高值随孔隙长度平均值及喉道长度平均值的变化。对于含砾岩心，随着岩心的孔隙长度平均值及喉道长度平均值增大，聚合物驱采收率增大，采收率提高值减小。孔隙长度平均值及喉道长度平均值的范围分别为 9.79~55.96μm 和 11.06~52.47μm，聚合物驱采收率的范围为 85.42%~94.92%，采收率提高值范围为 13.86%~24.79%。对于不含砾岩心，随着岩心的孔隙长度平均值及喉道长度平均值增大，聚合物驱采收率减小，采收率提高值增大。孔隙长度平均值及喉道长度平均值的范围分别为 2.79~40.20μm 和 3.16~38.13μm，聚合物驱采收率的范围为 80.55%~96.71%，采收率提高值范围为 5.46%~22.95%。

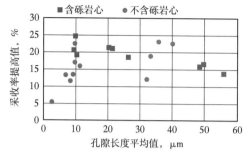

图 5-95　八区 530 井区岩心的采收率提高值
　　　　　 随孔隙长度平均值的变化

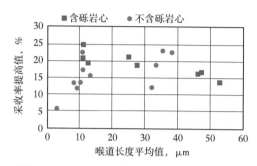

图 5-96　八区 530 井区岩心的采收率提高值
　　　　　 随喉道长度平均值的变化

3) 主要结论

通过对八区 530 井区 20 块岩心进行聚合物驱油全过程的模拟，得到了驱替过程中物理场的动态变化，计算了其聚合物驱采收率及采收率提高值，并分析了岩心的孔渗参数、孔隙结构参数与聚合物驱采收率、采收率提高值的关系，取得了以下认识：

（1）八区 530 井区岩心的聚合物驱采收率范围为 80.55%~96.71%，95% 的岩心采收率达到 85% 以上，平均值为 90.34%。相对于水驱采收率，含砾岩心的聚合物驱采收率提高值的范围为 13.86%~24.79%；不含砾岩心的聚合物驱采收率提高值范围为 5.46%~22.95%。含砾岩心的采收率提高值平均为 19.24%，整体上高于不含砾岩心的采收率提高值（平均为 15.99%），说明含砾岩心的聚合物驱油效果更好。

（2）孔隙度对八区 530 井区岩心的聚合物驱油效果影响的整体趋势为：聚合物驱采收率随孔隙度增加而减小，采收率提高值随孔隙度增加而增大。孔隙度从 8.13% 增加到 22.02%，聚合物驱采收率从 96.54% 减小到 89.68%，采收率提高值从 5.46% 增大到 24.79%。

（3）渗透率对八区 530 井区不含砾岩心和含砾岩心的聚合物驱油效果影响的变化趋势不同。含砾岩心的聚合物驱采收率随渗透率增加没有明显的变化趋势；不含砾岩心的聚合物驱采收率随渗透率增加而减小。含砾岩心的聚合物驱采收率提高值随渗透率增加而降低，渗透率从 10.62mD 增加到 524.68mD，采收率提高值从 24.79% 降低到 13.68%；不含砾岩心的聚合物驱采收率随渗透率增加而上升，渗透率从 0.31mD 增加到 3053.09mD，采收率提高值从 5.46% 上升到 22.95%。

（4）孔隙和喉道的半径及长度是影响八区 530 井区岩心聚合物驱采收率和采收率提高值的主要微观结构参数，但对含砾岩心和不含砾岩心的影响变化趋势不同。

（5）孔隙结构参数对八区 530 井区含砾岩心聚合物驱效果影响的变化趋势为：随着孔隙半径平均值从 2.80μm 增加到 17.60μm，喉道半径平均值从 1.53μm 增加到 8.73μm，孔隙长度平均值从 9.79μm 增加到 55.96μm，喉道长度平均值从 11.06μm 增加到 52.47μm，聚合物驱采收率从 85.42% 上升到 94.92%，采收率提高值从 24.79% 降低到 13.86%。

（6）孔隙结构参数对八区 530 井区不含砾岩心聚合物驱效果影响的变化趋势为：随着孔隙半径平均值从 0.84μm 增加到 12.78μm，喉道半径平均值从 0.45μm 增加到 6.20μm，孔隙长度平均值从 2.79μm 增加到 40.20μm，喉道长度平均值从 3.16μm 增加到 38.13μm，聚合物驱采收率从 96.71% 下降到 80.55%，采收率提高值从 5.46% 上升到 22.95%。

二、准噶尔盆地复杂储层多尺度岩心单相流动模拟及分析

1. 复杂储层岩石中流体多尺度流动的模拟及分析流程

结合第四章对玛 18 井区砂砾岩储层岩石多尺度结构特征的分析，为了能够精确地模拟出玛 18 井区砂砾岩储层岩石的多尺度流动特征，统一地将岩心分为四相，每一相主要对应了一种尺度的孔隙结构，进而在四相岩心的基础上进行了多尺度流动模拟，并分析各种尺度孔隙对流动的影响。

1）多尺度数字岩心尺度等级的划分

在玛 18 井区砂砾岩储层岩石多尺度结构特征分析的基础上，为了重点分析原油流动的多尺度流动特征，将多尺度数字岩心划分为孔隙相（常规孔隙相）、微孔隙相 1、微孔隙相 2 和岩石相。岩石相为非孔隙相，孔隙相、微孔隙相 1 和微孔隙相 2 分别对应了不同尺度的孔隙，各数字岩心的孔隙相、微孔隙相 1 和微孔隙相 2 的分布各不相同。孔隙相中对应的孔隙平均半径大于 $3\mu m$，被记为 P1 尺度孔隙结构；微孔隙相 1 中对应的孔隙平均半径为 $0.2 \sim 3\mu m$，被记为 P2 尺度孔隙结构；微孔隙相 2 中对应的孔隙平均半径小于 $0.2\mu m$，被记为 P3 尺度孔隙结构，见表 5-12。在下面的讨论中，主要用 P1、P2 和 P3 代表不同尺度的孔隙。

表 5-12　数字岩心各相对应的尺度名称及孔隙平均半径分布

相名称	尺度名称	孔隙平均半径分布，μm
孔隙相	P1 尺度	>3
微孔隙相 1	P2 尺度	0.2~3
微孔隙相 2	P3 尺度	<0.2

图 5-97（a）显示了利用该方法得到的多尺度数字岩心 MT-11，其中红色代表 $3\mu m$ 以上的 P1 尺度的孔隙结构，橙色代表 $0.2 \sim 3\mu m$ 的 P2 尺度的孔隙结构，黄色代表小于 $0.2\mu m$ 的 P3 尺度的孔隙结构，蓝色的为岩石。图 5-97（b）至图 5-97（d）分别显示了岩心中各尺度孔隙的分布。

2）多尺度流动模拟

图 5-98（a）显示了 MT-11 岩心中多尺度流动的压力分布，图 5-98（b）至图 5-98（d）分别显示了各尺度孔隙内的压力分布。图 5-99（a）显示了 MT-11 岩心中多尺度流动的速度分布，图 5-99（b）至图 5-99（d）分别显示了各尺度孔隙内的速度分布。可以看出，不同尺度孔隙内的压力分布基本一致，而速度分布具有较大的差异。

为了表示出岩心中各相中流动行为的差异，可以利用式（5-116）算出不同尺度孔隙中的渗流速度。其中，v_p 为 p 尺度内单位体积内的速度，V_p 为 p 尺度所占的体积。在多尺度流动模拟中，不同尺度孔隙内的流动行为不同，其对岩心流量的贡献也不同，进一步可以利用式（5-117）算出不同尺度孔隙对原油在多尺度岩心中流动时流量的贡献率，该贡献率表征了多尺度岩心中不同尺度的孔隙对原油产量的影响。

$$\bar{v}_p = \frac{1}{V_p} \int_{V_p} v_p \mathrm{d}V \tag{5-116}$$

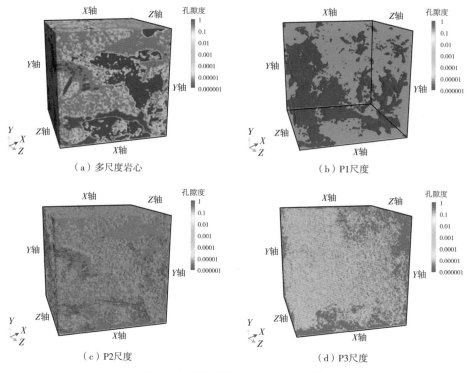

（a）多尺度岩心　　　　　　　　　　　（b）P1尺度

（c）P2尺度　　　　　　　　　　　　（d）P3尺度

图 5-97　多尺度岩心 MT-11 示意图

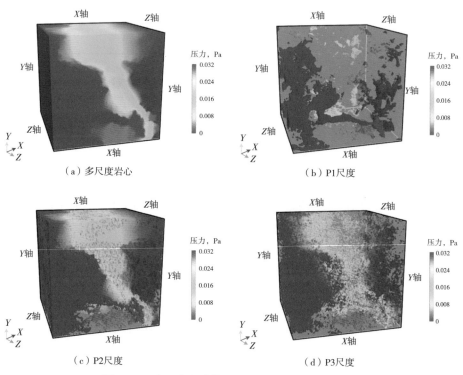

（a）多尺度岩心　　　　　　　　　　　（b）P1尺度

（c）P2尺度　　　　　　　　　　　　（d）P3尺度

图 5-98　多尺度流动模拟下 MT-11 岩心中压力分布

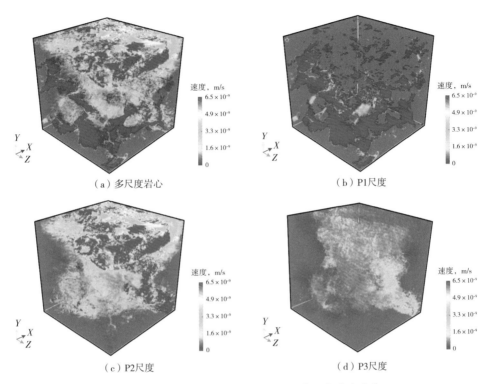

图 5-99　多尺度流动模拟下 MT-11 岩心中速度分布

$$f_p = \frac{\dfrac{1}{V_p}\displaystyle\int_{V_p} v_p \mathrm{d}V}{\dfrac{1}{V}\displaystyle\int_{V} v_p \mathrm{d}V} \tag{5-117}$$

表 5-13 给出了 MT-11 岩心中个各尺度孔隙内的渗流速度及对流量的贡献率。可以看出，对于该块岩心，P1 尺度孔隙中的渗流速度最大，其值要比其他两个尺度孔隙中的渗流速度大 1~2 个数量级，但 P1 尺度孔隙对流量的贡献只占 60.56%，P2 和 P3 尺度孔隙对流量也有不小的贡献，可以达到约 39.44%。

表 5-13　MT-11 岩心各尺度孔隙内的流动信息

项目	P1 尺度	P2 尺度	P3 尺度
渗流速度，m/s	7.68×10^{-8}	7.46×10^{-10}	2.29×10^{-11}
对流量的贡献率，%	60.56	36.58	2.86

2. 复杂储层岩心微观孔隙结构对原油多尺度流动的影响

1）砂砾岩原油多尺度流动模拟的参数统计分析

针对玛 18 井区不同岩性、不同层位砂砾岩储层 14 块多尺度的数字岩心，分别进行了多尺度流动模拟。图 5-100 到图 5-113 分别给出了岩心示意图、压力分布图、速度分布图及流线图。

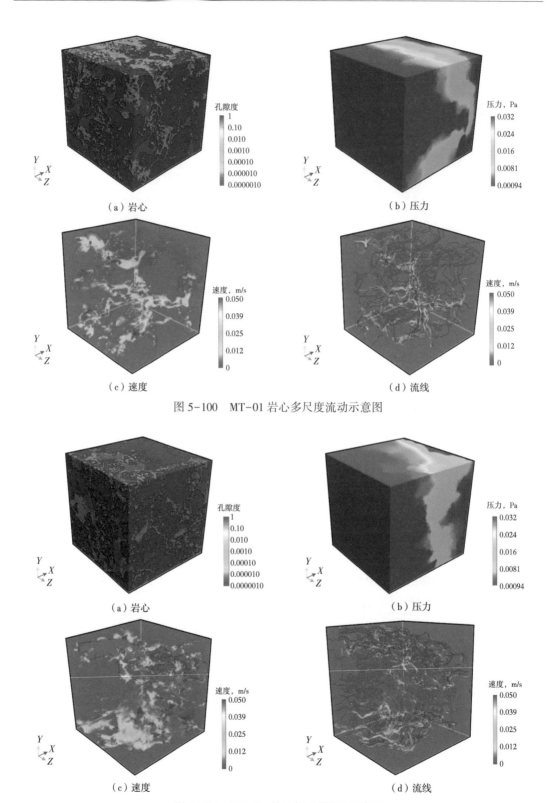

（a）岩心　　　　　　　　　　　　　　　　　（b）压力

（c）速度　　　　　　　　　　　　　　　　　（d）流线

图 5-100　MT-01 岩心多尺度流动示意图

（a）岩心　　　　　　　　　　　　　　　　　（b）压力

（c）速度　　　　　　　　　　　　　　　　　（d）流线

图 5-101　MT-02 岩心多尺度流动示意图

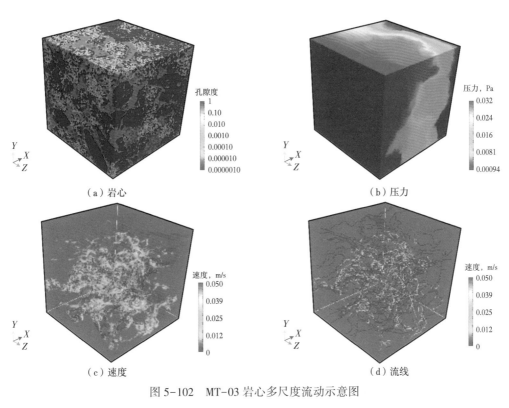

图 5-102　MT-03 岩心多尺度流动示意图

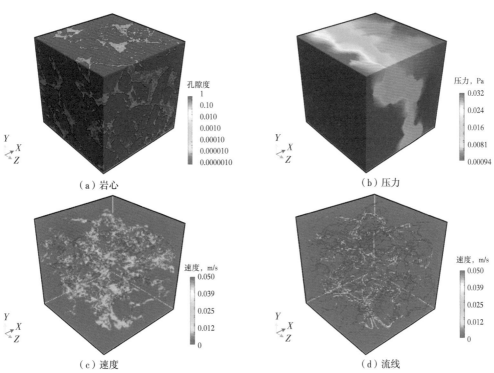

图 5-103　MT-04 岩心多尺度流动示意图

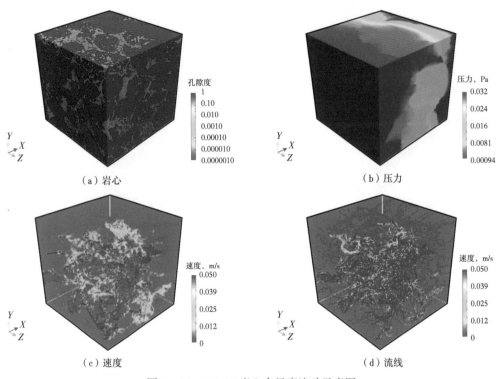

图 5-104　MT-05 岩心多尺度流动示意图

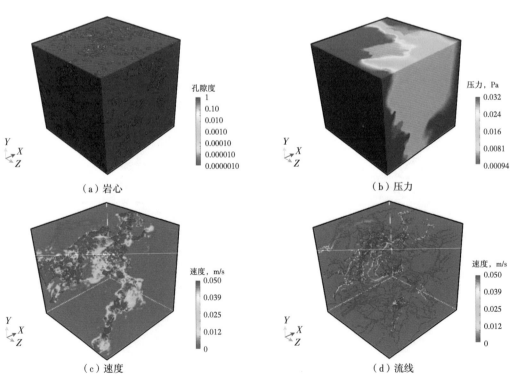

图 5-105　MT-06 岩心多尺度流动示意图

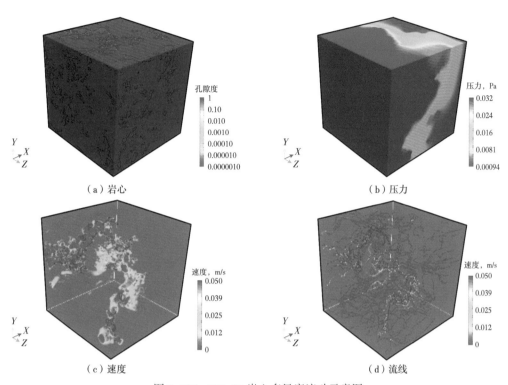

图 5-106　MT-07 岩心多尺度流动示意图

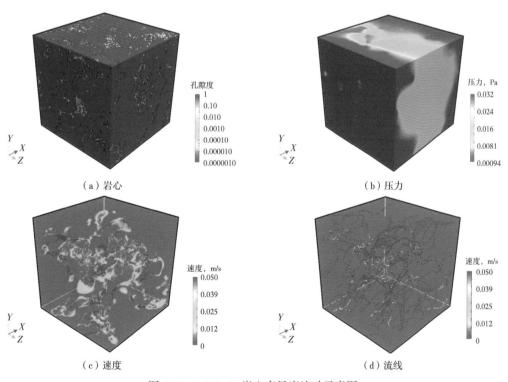

图 5-107　MT-08 岩心多尺度流动示意图

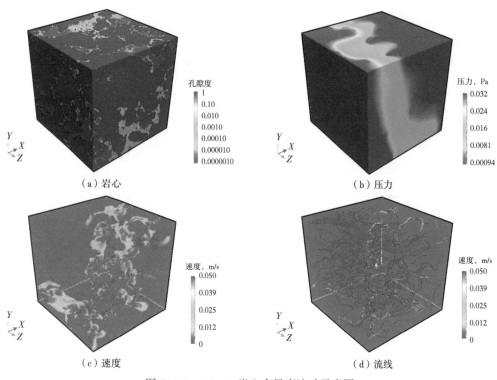

图 5-108　MT-09 岩心多尺度流动示意图

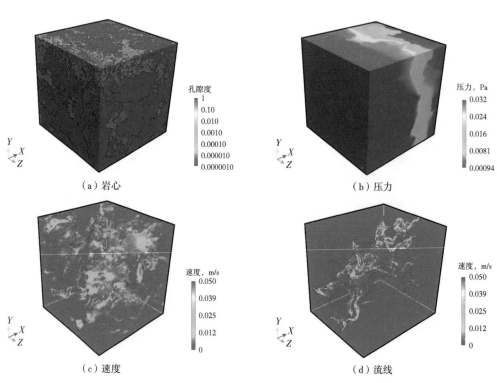

图 5-109　MT-10 岩心多尺度流动示意图

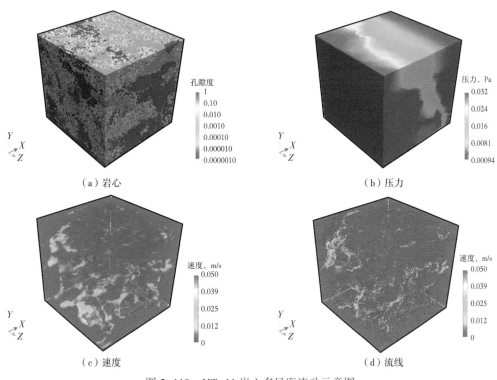

图 5-110 MT-11 岩心多尺度流动示意图

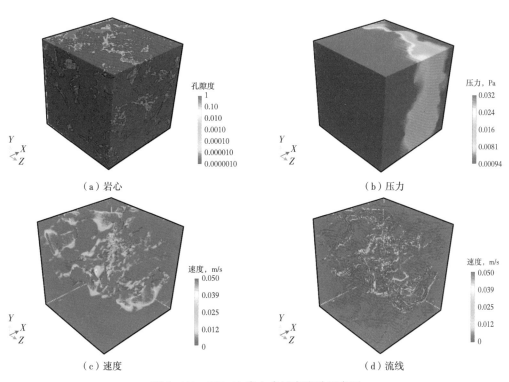

图 5-111 MT-12 岩心多尺度流动示意图

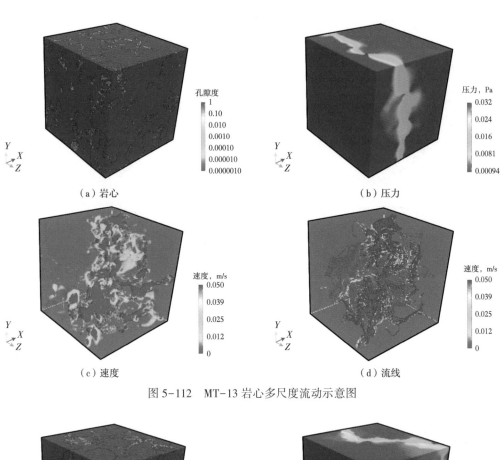

（a）岩心   （b）压力

（c）速度   （d）流线

图 5-112   MT-13 岩心多尺度流动示意图

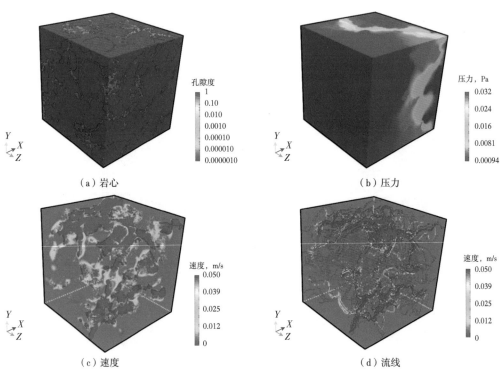

（a）岩心   （b）压力

（c）速度   （d）流线

图 5-113   MT-14 岩心多尺度流动示意图

14 块岩心中不同尺度内的渗流速度及其对岩心流量的贡献率见表 5-14 和图 5-114。对于 14 块岩心，其岩心渗流速度的平均值为 $2.04×10^{-9}$ m/s，P1、P2 和 P3 尺度孔隙内的渗流速度平均值分别为 $3.23×10^{-7}$ m/s、$1.34×10^{-9}$ m/s 和 $1.25×10^{-10}$ m/s。岩心渗流速度平均值与 P2 尺度孔隙内的渗流速度平均值在一个量级上，P1 尺度孔隙内的渗流速度平均值比 P2 尺度孔隙内的渗流速度平均值高近两个量级，P2 尺度孔隙内的渗流速度平均值比 P3 尺度孔隙内的渗流速度平均值高一个量级。

表 5-14　14 块多尺度数字岩心中不同尺度孔隙中渗流速度及其对岩心流量的贡献率

岩心编号	层位	岩石定名	P1 尺度渗流速度 m/s	P2 尺度渗流速度 m/s	P3 尺度渗流速度 m/s	岩石总渗流速度 m/s	P1 尺度流量贡献率 %	P2 尺度流量贡献率 %	P3 尺度流量贡献率 %
MT-01	T_1b_2	灰色砂质细砾岩	$1.31×10^{-7}$	$2.35×10^{-10}$	$6.20×10^{-11}$	$1.20×10^{-9}$	96.32	2.61	1.04
MT-02	T_1b_2	灰色含砾粗砂岩	$1.59×10^{-7}$	$1.00×10^{-9}$	$1.41×10^{-11}$	$7.45×10^{-10}$	81.17	18.61	0.22
MT-03	T_1b_2	灰色小—中砾岩	$1.75×10^{-7}$	$8.86×10^{-10}$	$8.00×10^{-12}$	$5.60×10^{-10}$	76.02	23.31	0.64
MT-04	T_1b_2	灰色含砾粗砂岩	$2.69×10^{-7}$	$3.11×10^{-10}$	$5.82×10^{-11}$	$8.14×10^{-10}$	94.92	4.39	0.67
MT-05	T_1b_2	灰色细砾岩	$6.67×10^{-7}$	$7.47×10^{-10}$	$3.04×10^{-10}$	$3.04×10^{-9}$	96.45	1.83	1.72
MT-06	T_2k_2	灰色含砾粗砂岩	$2.53×10^{-7}$	$9.74×10^{-9}$	$6.46×10^{-10}$	$3.29×10^{-10}$	25.43	65.28	9.25
MT-07	T_2k_2	灰色含砾粗砂岩	$3.51×10^{-7}$	$9.83×10^{-9}$	$4.01×10^{-10}$	$5.60×10^{-10}$	22.64	49.25	28.11
MT-08	T_1b_1	绿灰色泥质大—中砾岩	$4.95×10^{-7}$	$1.01×10^{-11}$	$4.17×10^{-13}$	$5.76×10^{-9}$	99.98	0.01	0.00
MT-09	T_1b_1	褐灰色泥质细砾岩	$7.71×10^{-7}$	$2.02×10^{-12}$	$4.30×10^{-13}$	$7.14×10^{-9}$	99.99	0.00	0.00
MT-10	T_1b_2	灰色大—中砾岩	$2.15×10^{-7}$	$3.62×10^{-9}$	$1.47×10^{-10}$	$1.16×10^{-9}$	80.00	19.07	0.93
MT-11	T_1b_2	灰色含砾粗砂岩	$7.68×10^{-8}$	$7.46×10^{-10}$	$2.29×10^{-11}$	$4.17×10^{-10}$	60.56	36.58	2.86
MT-12	T_1b_1	灰色含砾粗砂岩	$5.10×10^{-7}$	$2.64×10^{-10}$	$5.51×10^{-11}$	$4.20×10^{-10}$	99.57	0.21	0.22
MT-13	T_1b_1	灰色含砾粗砂岩	$1.47×10^{-7}$	$1.27×10^{-10}$	$1.95×10^{-11}$	$1.40×10^{-9}$	99.51	0.37	0.11
MT-14	T_1b_1	灰色含砾粗砂岩	$2.98×10^{-7}$	$8.14×10^{-11}$	$1.04×10^{-11}$	$1.15×10^{-9}$	99.51	0.15	0.03
平均值			$3.23×10^{-7}$	$1.34×10^{-9}$	$1.25×10^{-10}$	$2.04×10^{-9}$	80.88	15.83	3.27

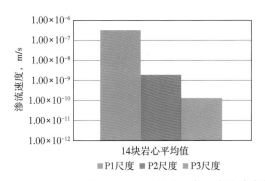
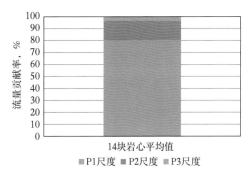

图 5-114　14 块岩心各尺度孔隙内的渗流速度和流量贡献率的平均值

　　图 5-115 显示了 14 块岩心内的渗流速度，图 5-116 至图 5-118 分别显示了 14 块岩心中 P1、P2、P3 尺度孔隙内的渗流速度。可以看出，对于不同岩心，不同尺度孔隙的渗流速度差异很大。14 块岩心 P1 尺度孔隙内的渗流速度分布范围为 $7.68 \times 10^{-8} \sim 7.71 \times 10^{-7}$ m/s，差异比较小。14 块岩心 P2 尺度孔隙内的渗流速度分布范围为 $2.02 \times 10^{-12} \sim 9.83 \times 10^{-9}$ m/s，跨了 3 个量级，差异较大。14 块岩心 P3 尺度孔隙内的渗流速度分布范围为 $4.17 \times 10^{-13} \sim 6.46 \times 10^{-10}$ m/s，也跨了 3 个量级，差异较大。不同岩心内各个尺度的孔隙对流量的贡献率差异也比较大。大多数岩心中对流量贡献率最大的为 P1 尺度孔隙，P2 尺度孔隙次之，P3 尺度孔隙最小。但也有部分岩心中 P2 尺度孔隙对流量的贡献率比较大。P3 尺度孔隙对流量的贡献率相对较小。这些表明玛 18 井区砂砾岩储层岩石的孔隙尺度及其分布对原油流动具有重要影响。

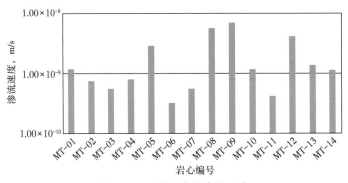

图 5-115　岩心内的渗流速度

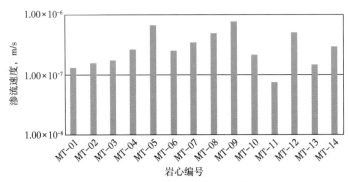

图 5-116　P1 尺度孔隙内的渗流速度

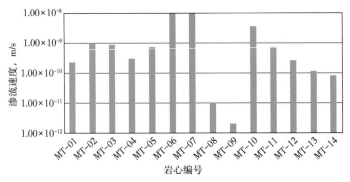

图 5-117　P2 尺度孔隙内的渗流速度

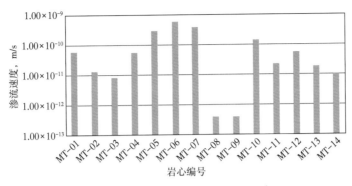

图 5-118　P3 尺度孔隙内的渗流速度

2）砂砾岩储层不同岩性岩石孔隙结构对原油多尺度流动的影响

为了进一步分析不同岩性岩心之间的差异，根据表 5-14 计算出不同岩性岩心中不同尺度内渗流速度及其对岩心流量贡献率的平均值。图 5-119 显示了不同岩性岩心中不同尺度内的渗流速度，图 5-120 显示了不同岩性岩心中不同尺度内孔隙对岩心流量的贡献率。从图 5-119 中可以看出，不同岩性岩心的不同尺度内渗流速度的差异较大。含砾粗砂岩的各个尺度的渗流速度差异相对较小，P1、P2 和 P3 尺度的渗流速度分别为 $2.58×10^{-7}$ m/s、$2.76×10^{-9}$ m/s 和 $1.53×10^{-10}$ m/s；砾岩的种类较多，各个尺度的渗流速度差异较大，不同砾岩内 P2、P3 尺度孔隙的渗流速度差异较大。

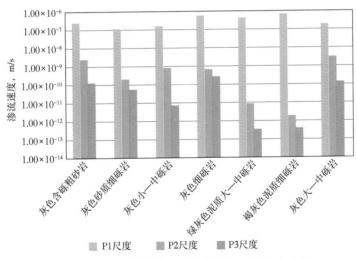

图 5-119　不同岩性岩心中各尺度孔隙的渗流速度

从图 5-120 中可知，含砾粗砂岩类岩心中 P1 尺度孔隙对流量的平均贡献率约为72.95%，P2 尺度孔隙的贡献率约为 21.85%，而 P3 尺度孔隙的贡献率约为 5.18%。砾岩类岩心中各个尺度对流量的贡献率差异较大。但整体来看，砾岩岩心中 P1 尺度孔隙对流量的贡献率占了绝大多数，多数砾岩岩心中 P1 尺度孔隙对流量的贡献率超过 95%，特别是泥质砾岩中 P1 尺度孔隙对流量的贡献率几乎达到了 100%。这说明该类砾岩的原油产量主要由大尺度孔隙决定。

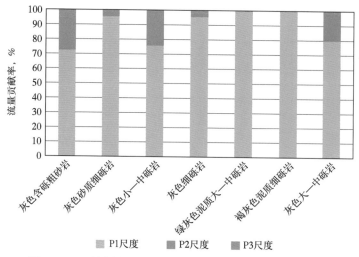

图 5-120 不同岩性岩心中各尺度孔隙对岩心流量的贡献率

3) 砂砾岩储层不同层位岩石孔隙结构对原油多尺度流动的影响

为了进一步分析不同岩性岩心之间的差异，根据表 5-14 计算出不同层位岩心中不同尺度孔隙内渗流速度及其对岩心流量贡献率的平均值。图 5-121 显示了不同层位岩心中不同尺度孔隙内的渗流速度，图 5-122 显示了不同层位岩心中各尺度孔隙对岩心流量的贡献率。从图 5-121 中可以看出，T_1b_1 层的岩心中各种尺度孔隙内的渗流速度差异最大，T_1b_2 次之，T_2k_2 最小。三个层位的岩心中 P1 尺度孔隙内的渗流速度差异很小，但 P2、P3 尺度内孔隙的渗流速度差异很大。

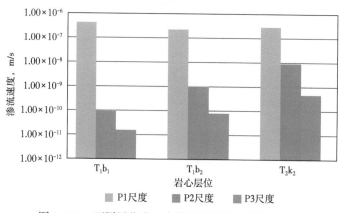

图 5-121 不同层位岩心中各尺度孔隙内的渗流速度

从图 5-122 中可以看出，T_1b_1 层岩心中 P1 尺度孔隙的贡献最大，T_1b_2 次之，T_2k_2 最小。而 P2、P3 尺度孔隙对流量的贡献率则是从 T_1b_1 到 T_1b_2 再到 T_2k_2 逐渐增大。结合之前对不同层位孔隙结构的分析，可以得到：T_1b_1 层岩心中 P1 尺度孔隙是影响其流量的主要原因，贡献率为 99.77%；T_1b_2 层岩心的孔隙结构复杂，其流量主要由 P1 尺度及 P2 尺度孔隙决定，贡献率分别为 83.64% 和 15.20%；T_2k_2 层岩心的中小尺度孔隙占比很大，其 P2、P3 尺度孔隙对流量的贡献率分别占 57.26% 和 18.68%。

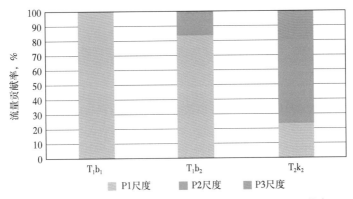

图5-122　不同层位岩心中各尺度孔隙对岩心流量的贡献率

3. 小结

（1）玛18井区砂砾岩储层岩石多尺度数字岩心的孔隙部分，根据平均孔隙半径，整体上可划分为大于 $3\mu m$、$0.2 \sim 3\mu m$ 和小于 $0.2\mu m$ 的3个尺度。

（2）通过14块数字岩心多尺度流动模拟，可得到直观和定量的压力、速度、流线等流场的分布图，实现各岩心中不同尺度孔隙流动特征的综合系统分析。

（3）根据玛18井区14块数字岩心的原油多尺度流动模拟结果，从整体上分析了不同尺度孔隙中渗流速度差异以及不同尺度孔隙对岩心流量的贡献率。

（4）分析了14块数字岩心中不同尺度孔隙中渗流速度差异以及不同尺度孔隙对岩心流量的贡献率。在 $160Pa/m$ 压力梯度下，大于 $3\mu m$ 尺度孔隙内的渗流速度分布范围为 $7.68 \times 10^{-8} \sim 7.71 \times 10^{-7} m/s$，差异比较小；$0.2 \sim 3\mu m$ 和小于 $0.2\mu m$ 尺度孔隙内的渗流速度分别范围分别为 $2.02 \times 10^{-12} \sim 9.83 \times 10^{-9} m/s$ 和 $4.17 \times 10^{-13} \sim 6.46 \times 10^{-10} m/s$，横跨3个数量级，差异较大。

（5）不同岩性岩石中的原油流动具有明显不同的特征。含砾粗砂岩的各个尺度的渗流速度差异相对较小，而砾岩的各个尺度的渗流速度差异较大。含砾粗砂岩中大于 $3\mu m$、$0.2 \sim 3\mu m$ 和小于 $0.2\mu m$ 的尺度孔隙对原油产量的贡献率分别为 72.95%、21.85% 和 5.18%；而砾岩中对原油产量起主要贡献的为 $3\mu m$ 以上的尺度孔隙，贡献率超过 95%。

（6）玛18井区不同层位岩石中的原油流动也具有明显不同的特征。T_1b_1 层岩心中各个尺度孔隙内的渗流速度差异最大，T_1b_2 次之，T_2k_2 最小。三个层位的岩心中 $0.2 \sim 3\mu m$ 和 $0.2\mu m$ 以下尺度孔隙内的渗流速度差异很大。从对原油产量贡献来看，T_1b_1 层岩石中 $3\mu m$ 以上尺度孔隙的贡献最大，占 99.77%；T_1b_2 层岩石中 $3\mu m$ 以上和 $0.2 \sim 3\mu m$ 尺度孔隙的贡献率分别为 83.64% 和 15.20%；T_2k_2 层的岩石中 $0.2 \sim 3\mu m$ 尺度孔隙的贡献率最大，占 57.26%。

参 考 文 献

陈贵敏，贾建援，韩琪，2006. 粒子群优化算法的惯性权值递减策略研究［J］. 西安交通大学学报，40 （1）：53-56.

付瑜，2019. 准噶尔盆地西北缘玛湖凹陷砂砾岩储层孔隙结构与渗流特征研究［D］. 西安：西北大学.

高慧梅，姜汉桥，陈民锋，2007. 多孔介质孔隙网络模型的应用现状［J］. 大庆石油地质与开发，26 （2）：74-79.

关华，2011. 三维模型的 Reeb 图提取及应用研究［D］. 合肥：中国科学技术大学.

黄坤武，唐杰，武港山，2006. 改进的多分辨率 Reeb 图骨架抽取算法［J］. 计算机应用，26（2）：415-418.

康立山，谢云，2003. 非数值并行算法（第一册）模拟退火算法［M］. 北京：科学出版社.

孔强夫，周灿灿，李潮流，等，2015. 数字岩心电性数值模拟方法及其发展方向［J］. 中国石油勘探，20 （1）：69-77.

李亮，张树生，白晓亮，2012. 基于局部形状分布的三维 CAD 模型检索算法［J］. 机械科学与技术，31 （12）：2048-2052.

林小竹，沙芸，籍俊伟，等，2005. 计算二维图像欧拉数的新公式［J］. 微电子学与计算机，22（11）：158-161.

林小竹，籍俊伟，赵国庆，2008. 计算三维图像欧拉数的新方法［C］. 图像图形技术与应用进展——图像图形技术与应用学术会议：220-224.

刘建军，代立强，李树铁，2005. 孔隙介质渗流微观数值模拟［J］. 辽宁工程技术大学学报，24（5）：680-682.

王晨晨，2013. 碳酸盐岩介质双孔隙网络模型构建理论与方法［D］. 青岛：中国石油大学（华东）.

王凌，2001. 智能优化算法及其应用［M］. 北京：清华大学出版社.

魏光锋，2003. 用遗传/模拟退火算法进行具有多流股换热器的换热网络综合［D］. 大连：大连理工大学.

闫国亮，2013. 基于数字岩心储层渗透率模型研究［D］. 青岛：中国石油大学（华东）.

杨海波，陈磊，孔玉华，2004. 准噶尔盆地构造单元划分新方案［J］. 新疆石油地质（6）：686-688.

姚军，赵秀才，2010. 数字岩心及孔隙级渗流模拟理论［M］. 北京：石油工业出版社.

岳文正，陶果，崔冬子，等，2011. 碳酸盐岩岩电特性数字岩心仿真［J］. 山东科技大学学报（自然科学版），30（3）：7-11.

张明，李娟，2012. 改进的三维模型形状分布检索算法［J］. 计算机应用，32（5）：1276-1279.

赵白，1993. 准噶尔盆地的构造特征与构造划分［J］. 新疆石油地质（3）：209-216.

赵松原，2006. 模拟退火结合正交分解算法的气动外形最优化设计［D］. 南京：南京航空航天大学.

左卿伶，2018. 克拉玛依油田七中区克下组砾岩储层特征及三维地质建模［D］. 北京：中国石油大学（北京）.

Adler P M，Jacquin C G，Thovert J F，1992. The formation factor of reconstructed porous media［J］. Water Resources Research，28（6）：1571-1576.

Berretti S，Del Bimbo A，Pala P，2006. Partitioning of 3D meshes using Reeb graphs［C］. International Conference on Pattern Recognition.

Biswal B，Manwart C，Hilfer R，et al，1999. Quantitative analysis of experimental and synthetic microstructures for sedimentary rock［J］. Physica A：Statistical Mechanics and its Applications，273（3-4）：452-475.

Chen F，Mourhatch R，Tsotsis T T，et al，2008. Pore network model of transport and separation of binary gas mixtures in nanoporous membranes［J］. Journal of Membrane Science，315（1/2）：48-57.

Cooper J W，2001. Characterization and reconstruction of three-dimensional porous media［D］. Houston：University of Houston.

David Bostick, Iosif I Vaisman, 2003. A new topological method to measure protein structure similarity [J]. Biochemical and Biophysical Research Communications, 304 (2): 320-325.

Debye P, Anderson J H R, Brumberger H, 1957. Scattering by an inhomogeneous solid. Ⅱ. The correlation function and its application [J]. Journal of Applied Physics, 28 (6): 679-683.

Escribano C, Giraldo A, Sastre M A, 2012. Digitally continuous multivalued functions, morphological operations and thinning algorithms [J]. Journal of Mathematical Imaging and Vision, 42 (1): 76-91.

Garboczi E J, 1998. Finite element and finite difference programs for computing the linear electric and elastic properties of digital images of random materials [R]. NIST Interagency Report NISTIR 6269, Building and Fire Research Laboratory, National Institute of Standards and Technology.

Gilles B, Michel C, 2014. Powerful parallel and symmetric 3D thinning schemes based on critical kernels [J]. Journal of Mathematical Imaging and Vision, 48 (1): 134-148.

Jennane R, Aufort G, Benhamou CL, et al, 2012. A new method for 3D thinning of hybrid shaped porous media using artificial Intelligence-Application to Trabecular Bone [J]. Journal Of Medical Systems, 36 (2): 497-510.

John A, Dodds P S, 2006. Capillary pressure curves of sphere packings: Correlation of experimental results and comparison with predictions from a network model of pore space [J]. Particle & Particle Systems Characterization, 23 (1): 29-39.

Keller L M, Holzer L, Wepf R, et al, 2011. 3D geometry and topology of pore pathways in Opalinus clay: Implications for mass transport [J]. Applied Clay Science, 52 (1-2): 85-95.

Kirkpatrick S, Gelatt C D, Vecchi M P, 1983. Optimization by simulated annealing [J]. Science, 220 (4598): 671-680.

Kree Cole-McLaughlin, Herbert Edelsbrunner, John Harer, et al, 2004. Loops in Reeb graphs of 2-manifolds [J]. Discrete&Computational Geometry, 32 (2): 344-350.

Liang Z, Ioannidis M A, Chatzis I, 2000. Geometric and topological analysis of three-dimensional porous media: Pore space partitioning based on morphological skeletonization [J]. Journal of Colloid and Interface Science, 221 (1): 13-24.

Liu Wenping, Jiang Hongbo, Bai Xiang, et al, 2013. Distance transform-based skeleton extraction and its applications in sensor networks [J]. IEEE Transactions on Parallel and Distributed Systems, 24 (9): 1763-1772.

Lu B, Torquato S, 1992. Lineal-path function for random heterogeneous materials. Ⅱ. Effect of polydispersivity [J]. Physical Review A, 45 (10): 7292-7301.

Martin Thullner P B, 2008. Computational pore network modeling of the influence of biofilm permeability on bioclogging in porous media [J]. Biotechnology and Bioengineering, 99 (6): 1337-1351.

Nagel W, Ohser J, Pischang K, 2000. An integral-geometric approach for the Euler-Poincarecharacteristic of spatial images, Journal of Microscopy, 198 (1): 54-62.

Ohser J, Nagel W, 1996. The estimation of the Euler-Poincark characteristic from observations on parallel sections [J]. Journal of Microscopy, 184 (2): 117-126.

Oren P E, Bakke S, Arntzen O, 1998. Extending Predictive Capabilities to Network Models [J]. SPE Journal (3): 324-336.

Osada R, Funkhouser T, Chazelle B, et al 2002. Shape distributions [J]. ACM Transactions on Graphics (TOG), 21 (4): 807-832.

Osada R, Funkhouser T, Chazelle B, et al, 2001. Matching 3D models with shape distributions [C]. Proceedings International Conference on Shape Modeling and Applications: 154-166.

Plougonven E, Bernard D, 2011. Optimal removal of topological artefacts in microtomographic images of porous materials [J]. Advances in Water Resources, 34 (6): 731-736.

Reynolds C, 1987. Flocks, Herds, and Schools: A Distributed Behavioral Model, in Computer Graphics [J]. ACM SIGGRAPH computer, Graphics, 1987: 21 (4).

Simms P H, Yanful E K, 2005. A pore-network model for hydromechanical coupling in unsaturated compacted clayey soils [J]. Canadian Geotechnical Journal, 42 (2): 499-514.

Sossa-Azuela J H, Cuevas-Jiménez E V, Zaldivar-Navarro D, 2010. Computation of the Euler number of a binary image composed of Hexagonal cells [J]. Journal of Appiled Research &Technology, 8 (3): 340-351.

Ta-Chih L, Rangasami L K, Chong-Nam C, 1994. Building skeleton models via 3-D medial surface/axis thinning algorithms [J]. CVGIP: Graphical Models and Image Processing, 56 (6): 462-478.

Torquato S, Avellaneda M, 1991. Diffusion and reaction in heterogeneous media: Pore size distribution, relaxation times, and mean survival time [J]. The Journal of Chemical Physics, 95 (9): 6477-6489.

Torquato S, Beasley J D, Chiew Y C, 1988. Two-point cluster function for continuum percolation [J]. The Journal of Chemical Physics, 88 (10): 6540-6547.

Wang C-Y, Sinha P, 2006. Probing effects of GDL microstructure on liquid water transport by pore network modeling [J]. ECS Transactions, 3 (1): 387-396.

Xiao Yijun, Paul Siebert, Naoufel Werghi, 2003. A discrete Reeb graph approach for the segmentation of human body scans [C]. International Conference on 3-D Digital Imaging and Modeling: 378-385.

Yeong C L Y, Torquato S, 1998. Reconstructing random media [J]. Physical Review E, 57 (1): 495.

Yue W Z, Tao G, Zheng X C, et al, 2011. Numerical experiments of pore scale for electrical. properties of saturated digital rock [J]. International Journal of Geosciences (2): 148-154.